この本の特色としくみ

本書は，中学3年のすべての内容を3段階のレベルに分けた，ハイレベルな問題集です。各単元は，StepA（標準問題）とStepB（応用問題）の順になっていて，章末にはStepC（難関レベル問題）があります。また，巻頭には「1・2年の復習」を，巻末には「総合実力テスト」を設けているため，復習と入試対策にも役立ちます。

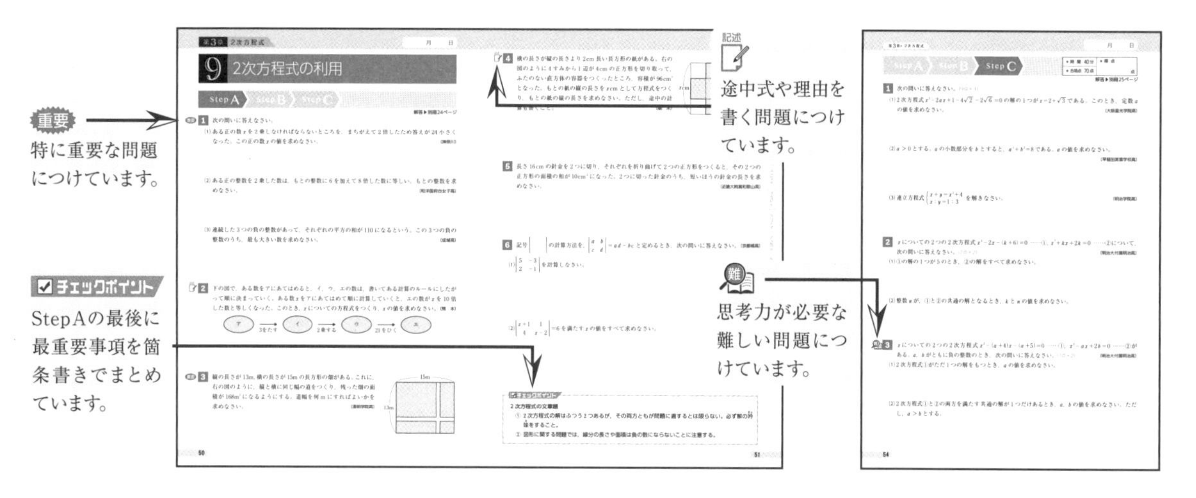

CONTENTS 目次

本書に関する最新情報は，小社ホームページにある**本書の「サポート情報」**をご覧ください。（開設していない場合もございます。）
なお，この本の内容についての責任は小社にあり，内容に関するご質問は直接小社におよせください。

月　　日

1 数と式の計算

●時間 35分
●合格点 80点
●得点　　点

解答▶別冊1ページ

1 次の計算をしなさい。(4点×5)

(1) $(-4)^2+8\div(-2)$ 〔千　葉〕

(2) $(-3)^2\times2-5\times3$ 〔茨　城〕

(3) $(-8)\div2\times4$ 〔宮　城〕

(4) $-2^3-\{5+4\times(-2)^2\}$ 〔広島大附高〕

(5) $\left(-\dfrac{3}{2}\right)^2\div\left(-\dfrac{3}{4}\right)^3-\dfrac{4}{3}\left\{1-\left(-\dfrac{3}{2}\right)^2\right\}$ 〔法政大高〕

重要 **2** 次の式の計算をしなさい。(4点×5)

(1) $2(x+3y)-(2x-y)$ 〔茨　城〕

(2) $2a+b-\dfrac{2a-b}{3}$ 〔青　森〕

(3) $6x^2\times(-3y)^2\div(-2xy)$ 〔山　形〕

(4) $(-2xy)^2\div\left(-\dfrac{1}{3}xy^2\right)^3\times(x^2y^3)^2$ 〔日本大第二高〕

(5) $\left(\dfrac{4}{3}x^2y^3\right)^2\times\dfrac{27}{8x^5y^4}\div\left(-\dfrac{3y^2}{2x}\right)^3$ 〔明治大付属中野高〕

3 次の等式を〔　〕内の文字について解きなさい。(5点×4)

(1) $2a-3b=1$ 〔b〕 〔千　葉〕

(2) $V=\dfrac{1}{3}\pi r^2h$ 〔h〕 〔鳥　取〕

(3) $S=\dfrac{(a+b)h}{2}$ 〔a〕 〔早稲田摂陵高〕

(4) $S=\dfrac{a-b}{a+b}$ 〔b〕 〔日本大第二高〕

要 **4** 次の式の値を求めなさい。(5点×4)

(1) $a=2$, $b=\dfrac{1}{3}$のとき，$2(2a+b)-(5a-b)$の値 〔山　口〕

(2) $x=-\dfrac{1}{2}$, $y=3$, $z=5$のとき，$yz\div\left(\dfrac{z}{xy}\right)^2\div\dfrac{3xy}{2z}$の値 〔開明高〕

(3) $x:y=1:3$のとき，$\dfrac{xy}{x^2-y^2}$の値 〔日本大豊山高〕

(4) $3a+2b=2a-b$のとき，$\dfrac{a-2b}{a+b}$の値(ただし，$a+b\fallingdotseq 0$) 〔西大和学園高〕

5 次の問いに答えなさい。(5点×4)

(1) 1から20までの整数の積をN($N=1\times2\times3\times\cdots\cdots\times19\times20$)とする。このとき，$N$は2で何回までわり切れますか。 〔福岡大附属大濠高〕

(2) 正の整数nは5でわると2余り，6でわると1余り，7でわると4余る。このようなnのうち，最も小さいものを求めなさい。 〔洛南高〕

(3) 2014をある2けたの整数でわると，商が余りの3倍になった。そのような2けたの整数を求めなさい。 〔成城高〕

(4) 自然数Aの一の位を〔A〕で表す。例えば，〔10〕$=0$，〔25〕$=5$である。このとき，〔3^{2013}〕×〔7^{2013}〕を計算しなさい。 〔巣鴨高〕

月　日

2 方程式

●時間 40分　●合格点 80点　●得点　点

解答▶別冊2ページ

1 次の方程式を解きなさい。(4点×3)

(1) $x-9=3(x-1)$　〔福岡〕

(2) $\dfrac{x-2}{4}+\dfrac{2-5x}{6}=1$　〔群馬〕

(3) $2(0.9x+2.1)=-0.3x$　〔金光八尾高〕

2 次の方程式を解きなさい。(4点×7)

(1) $\begin{cases} x+3y=8 \\ 2x-y=-5 \end{cases}$　〔広島〕

(2) $\begin{cases} 4x-3y=22 \\ 2x-5y=4 \end{cases}$　〔福井〕

(3) $\begin{cases} 2x+y=5 \\ y=4x-1 \end{cases}$　〔北海道〕

(4) $\begin{cases} 4x+12y=3 \\ (x+5):(y-1)=8:1 \end{cases}$　〔中央大附高〕

(5) $4x+y=x+\dfrac{1}{2}y=2x-y-5$　〔成蹊高〕

(6) $\begin{cases} 51x+49y=1 \\ 49x+51y=2 \end{cases}$　〔慶應義塾高〕

(7) $\begin{cases} \dfrac{10}{x+y}+\dfrac{1}{x-y}=18 \\ \dfrac{5}{x+y}+\dfrac{3}{x-y}=24 \end{cases}$　〔函館ラ・サール高〕

重要 **3** 次の問いに答えなさい。(6点×2)

(1) 連立方程式 $\begin{cases} ax-by=-3 \\ bx+ay=-4 \end{cases}$ の解が $x=1$, $y=-2$ のとき，a, b の値を求めなさい。　〔和洋国府台女子高〕

(2) 連立方程式 $\begin{cases} x+2y=1 \\ ax+by=4 \end{cases}$ の解と連立方程式 $\begin{cases} x+y=2 \\ ax-by=14 \end{cases}$ の解が等しくなるような定数 a, b の値を求めなさい。　〔帝塚山学院泉ヶ丘高〕

要 **4** 太郎さんの中学校では，毎月，アルミ缶とスチール缶の回収を行っている。6月に回収したアルミ缶とスチール缶は両方あわせて60kgであった。7月は6月に比べ，アルミ缶が30%増え，スチール缶は20%減り，全体で68kgであった。(8点×2) 〔富 山〕

(1) 6月に回収したアルミ缶をx kg，スチール缶をy kgとして連立方程式をつくりなさい。

(2) 6月に回収したアルミ缶とスチール缶の重さをそれぞれ求めなさい。また，7月に回収したアルミ缶とスチール缶の重さをそれぞれ求めなさい。

5 2つのビーカーA，Bがあり，Aには5%の食塩水が400g，BにはAの3倍の濃度の15%の食塩水が300g入っている。それぞれのビーカーからx gの食塩水を同時に取り出して，Aから取り出した分をBに，Bから取り出した分をAに入れてよくかき混ぜた。この操作の結果，Bの濃度はAの濃度のちょうど2倍になった。(8点×2) 〔成蹊高〕

(1) 操作後のAの食塩水の濃度(%)をxの式で表しなさい。

(2) xの値を求めなさい。

6 A君の家からP地までの間に峠Qがある。ある日，A君は家とP地の間を往復した。行きは家から峠Qまで登り，峠QからP地まで下り，かかった時間は102分であった。帰りはP地から峠Qまで登り，峠Qから家まで下り，かかった時間は96分であった。行きと帰りの登りの速さは等しく，行きと帰りの下りの速さも等しい。登りの速さと下りの速さの比は5：6である。(8点×2) 〔桐朋高〕

(1) 行きに家から峠Qまでにかかった時間をx分，峠QからP地までにかかった時間をy分とする。x，yの連立方程式をつくり，x，yの値を求めなさい。

(2) 家から峠Qを通ってP地まで行く道のりは5400mである。家から峠Qまでの道のりは何mですか。

3 関　数

●時間 40分　●合格点 80点　●得点　点

解答▶別冊3ページ

1 次の問いに答えなさい。(7点×4)

(1) y は x に比例し，$x=6$ のとき $y=9$ である。$x=4$ のとき y の値を求めなさい。〔明浄学院高〕

(2) y は x に反比例し，$x=-3$ のとき $y=2$ である。y を x の式で表しなさい。〔徳　島〕

(3) $y=\dfrac{18}{x}$ のグラフ上にあって，x 座標と y 座標がともに正の整数である点は何個ありますか。〔興國高〕

(4) x と y が反比例の関係にあるとき，x の値が25%増加すると y の値は何%減少しますか。〔大阪産業大附高〕

重要 **2** 次の問いに答えなさい。(7点×4)

(1) 2点$(-2,\ 1)$，$(3,\ 5)$を通る直線に平行で，点$(5,\ 1)$を通る直線の式を求めなさい。〔東京工業大附属科学技術高〕

(2) O$(0,\ 0)$，A$(2,\ 4)$，B$(3,\ 1)$を頂点とする三角形OABがある。点Bを通り，三角形OABの面積を2等分するような直線の式を求めなさい。〔清風南海高〕

(3) 2つの直線 $y=ax+b$，$y=-bx+a$ の交点の座標が$(3,\ 2)$であるとき，a，b の値を求めなさい。〔豊島岡女子学園高〕

(4) 3点$(1,\ 5)$，$(2,\ -6)$，$(p-2,\ p)$が同一直線上にあるとき，p の値を求めなさい。〔兵庫大附属須磨ノ浦高〕

3 次の問いに答えなさい。(6点×2)

(1) y は x に比例し，z は y に反比例していて，$x=3$ のとき $z=4$ である。$x=24$ のとき，z の値を求めなさい。

〔國學院大久我山高〕

(2) $y+1$ は $x-2$ に比例し，$x=4$ のとき $y=-5$ である。このとき，y を x の式で表しなさい。

〔國學院大久我山高〕

要 **4** 次の問いに答えなさい。(7点×2)

(1) 1次関数 $y=-2x+b$ において，x の変域が $-1 \leqq x \leqq 3$ のとき，y の変域は $2 \leqq y \leqq 10$ であるという。このとき，b の値を求めなさい。

〔和洋国府台女子高〕

(2) 1次関数 $y=ax+a+4$ $(a<0)$ について，x の変域が $-4 \leqq x \leqq 1$ のとき，y の変域が $2 \leqq y \leqq b$ となるような定数 a，b の値を求めなさい。

〔青雲高〕

5 右の図で，直線 ℓ は $y=-\dfrac{5}{4}x+5$ のグラフで，x 軸，y 軸とそれぞれ点 A, B で交わっている。直線 m は $y=\dfrac{1}{2}x$ のグラフで，直線 ℓ と点 P で交わっている。また，直線 m 上に x 座標が正の点 Q があり，2 点 A，Q を通る直線を n とする。(6点×3)

〔神港学園高〕

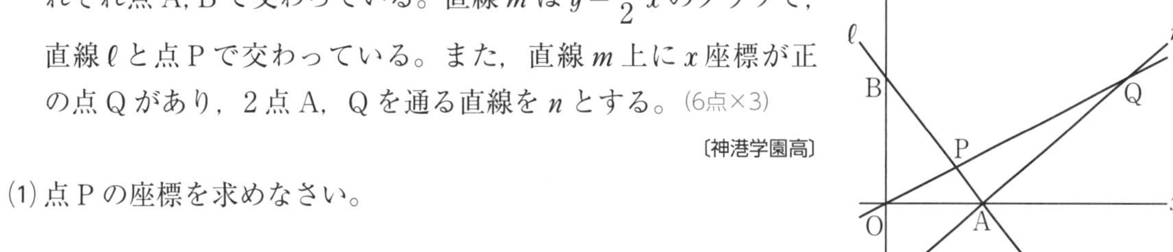

(1) 点 P の座標を求めなさい。

(2) △OBP と△AQP の面積が等しくなるとき，点 Q の座標を求めなさい。

(3) (2) のとき，直線 n の式を求めなさい。

　　月　　日

図　形 ①

●時 間 35分　●合格点 80点　●得 点　　点

解答▶別冊5ページ

（作図には定規とコンパスを用い，作図に用いた線は消さないでおくこと。）

1 次の問いに答えなさい。（10点×3）

(1) 半径が6cm，弧の長さが9πcmのおうぎ形の中心角を求めなさい。〔福　島〕

(2) 右の図のように，半径3cm，中心角90°のおうぎ形OABがある。このとき，$\overset{\frown}{AB}$と弦ABで囲まれた部分を，直線OAを軸として1回転させてできる立体の体積を求めなさい。〔福　井〕

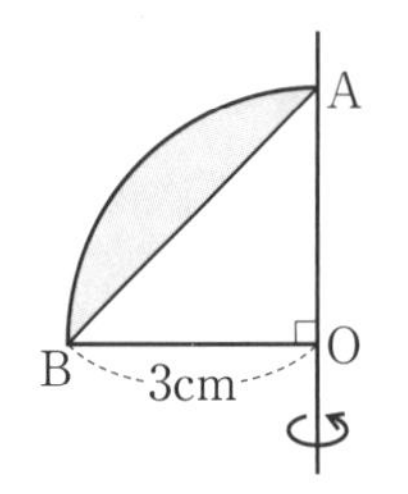

(3) 右の図は，円錐の展開図である。この円錐の表面積を求めなさい。〔岡山県立岡山朝日高〕

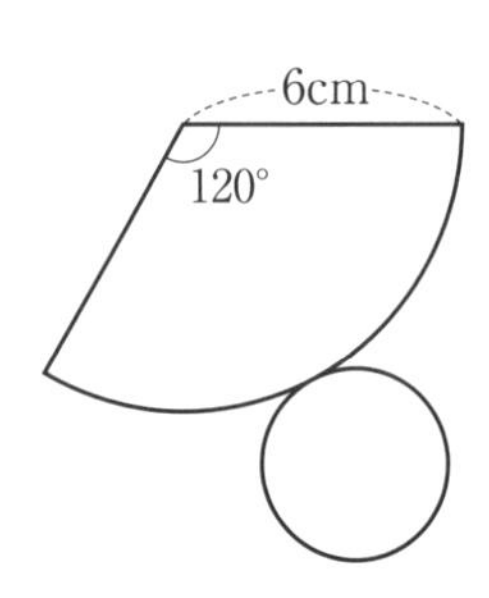

2 右のア，イは，体積が等しい立体の投影図である。アの立体のhの値を求めなさい。ただし，平面図は半径がそれぞれ4cm，3cmの円である。（10点）〔青　森〕

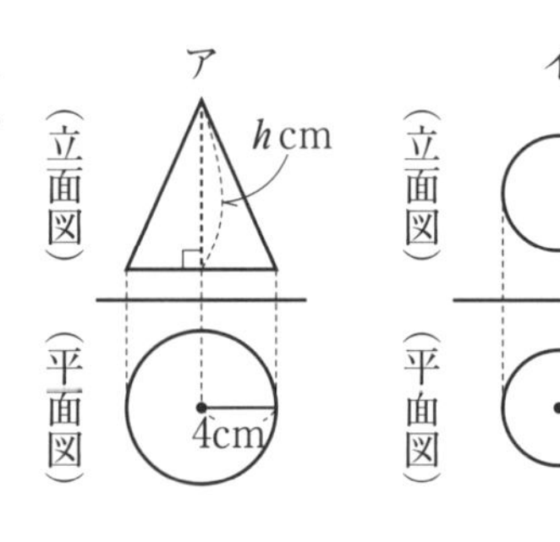

3 右の図のような縦2cm，横2cm，高さ4cmの直方体がある。この直方体の各辺の中点を頂点とする立体の体積と表面積をそれぞれ求めなさい。（10点×2）〔立教新座高〕

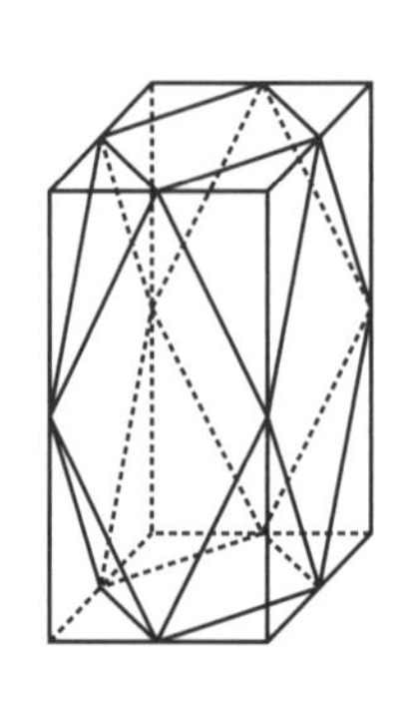

4 右の図で，円Oの周上の点Pを通る接線を作図しなさい。(10点)〔山　梨〕

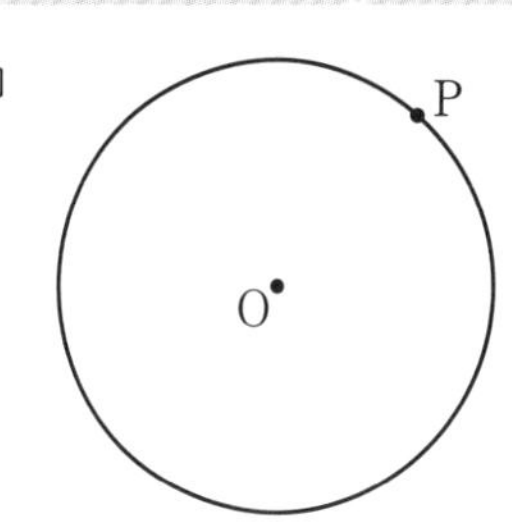

5 右の図において，△ABCの辺AB，BC，CA上にそれぞれ点D，E，Fをとり，ひし形ADEFを作図しなさい。(10点)〔大　分〕

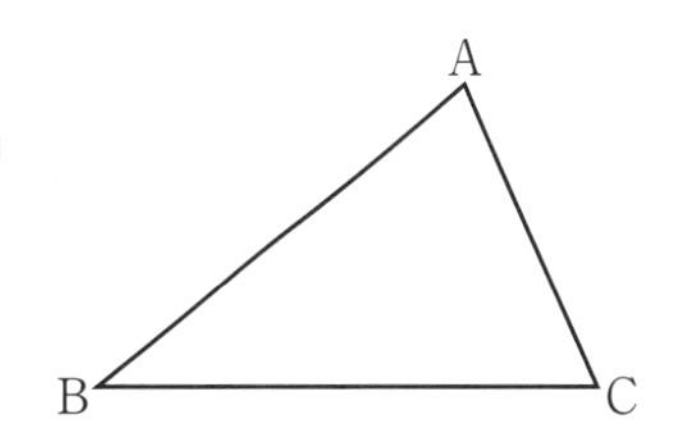

要 **6** 右の図のように，線分ABと，線分AB上にない点Cがある。ABを直径とする円の周上にあって，Cからの距離が最も短くなる点Pを作図しなさい。(10点)〔熊　本〕

C

7 右の図のように，点Aを通る円Oと，円Oの外部の点Bがあり，直線ℓは，点Aを接点とする円Oの接線である。下の条件①，②をともに満たす点Pを作図しなさい。(10点)〔山　形〕

(条件)
①点Pは，直線ℓと直線ABから等しい距離にある。
②円Oの円周上の点Pは，点Aとは異なる位置にあり，
　∠PABの大きさは45°より小さい。

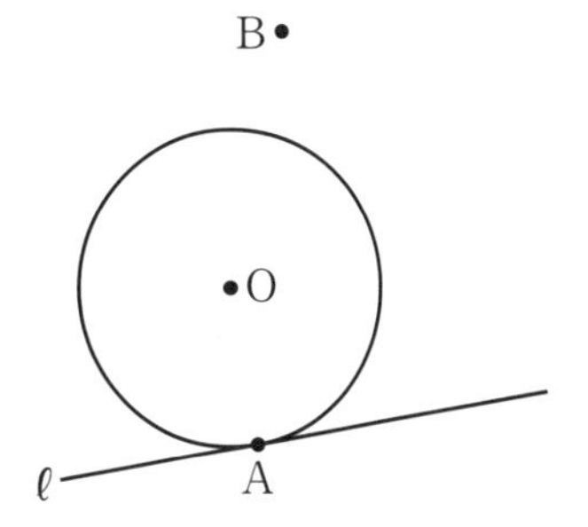

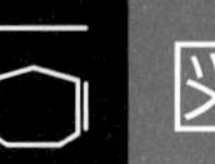

図　形 ②

●時 間 40分　●合格点 80点　●得 点　　点

解答▶別冊6ページ

1 右の図のように，正五角形ABCDEの頂点B，Dを通る直線をそれぞれℓ, mとする。$\ell /\!/ m$であるとき，$\angle x$の大きさを求めなさい。

(8点)〔青　森〕

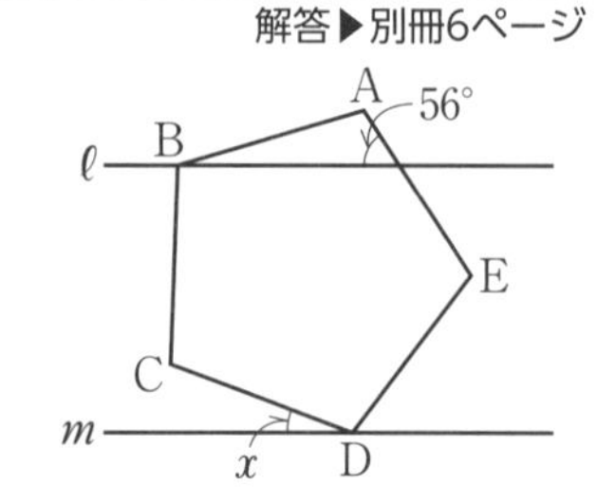

2 右の図のように，∠BAC＝42°，AB＝ACの二等辺三角形ABCがあり，辺AC上にAD＝BDとなる点Dをとる。このとき，$\angle x$の大きさを求めなさい。(8点)　〔山　口〕

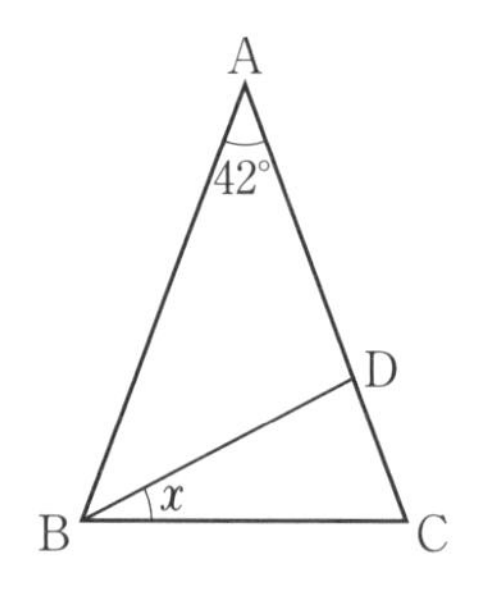

重要 **3** 右の図のように，∠ABC＝54°である△ABCの辺AB上に点Dをとり，線分CDを折り目として△ABCを折り返し，頂点Aが移った点をPとする。PD//BCのとき，∠PDCの大きさを求めなさい。

(8点)〔大　分〕

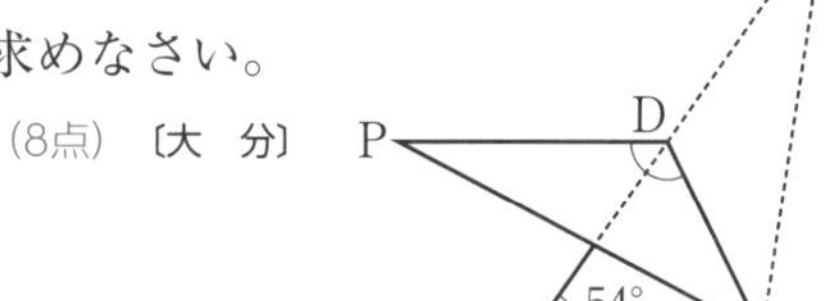

4 右の図のように，AB＝AC，∠BAC＝50°の二等辺三角形ABCがある。辺BC，AC上にそれぞれ点D，Eをとり，線分AD，BEの交点をFとする。∠ADC＝∠AEBのとき，∠AFBの大きさを求めなさい。

(8点)〔福　岡〕

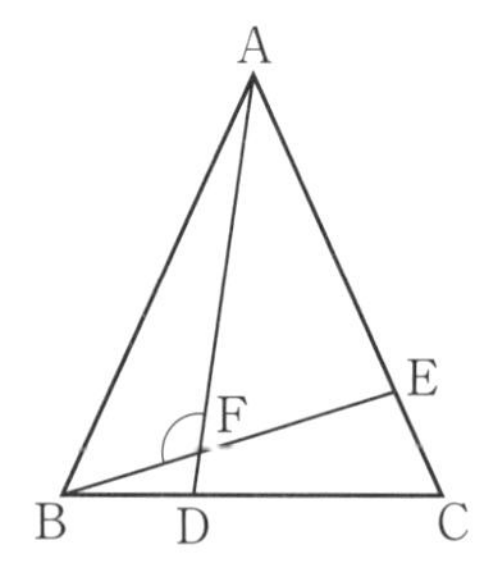

重要 **5** 右の図のように，△ABCの∠ABCを3等分する直線と∠ACBを3等分する直線との交点をそれぞれP，Q，R，Sとする。
∠BQC＝123°，∠BSC＝117°のとき，∠ABCと∠ACBの大きさをそれぞれ求めなさい。(8点)　〔近畿大附属和歌山高〕

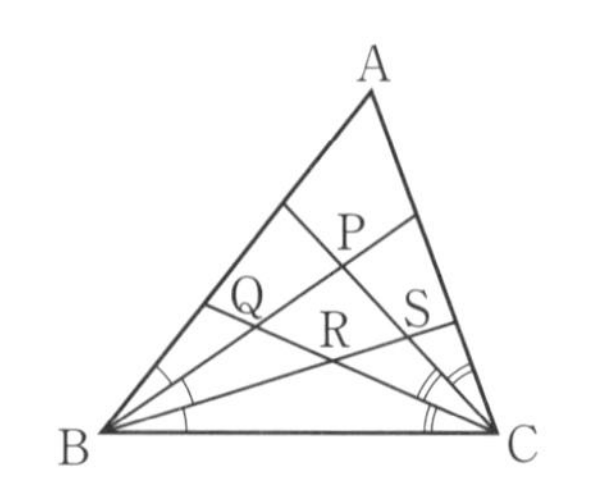

要 **6** 右の図のように，1つの平面上に∠BAC＝90°の直角二等辺三角形ABCと正方形ADEFがある。ただし，∠BADは鋭角とする。このとき，△ABD≡△ACFであることを証明しなさい。（15点）

〔広島〕

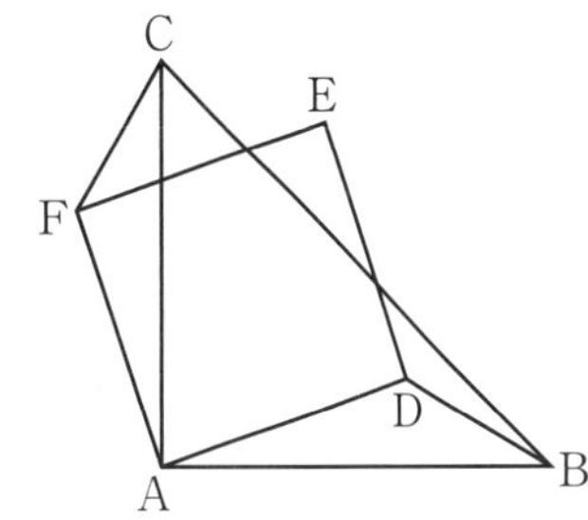

要 **7** 右の図のように，平行四辺形ABCDの対角線の交点Oを通る直線と辺AD, BCとの交点をそれぞれP, Qとする。このとき，AP＝CQであることを証明しなさい。（15点）〔栃木〕

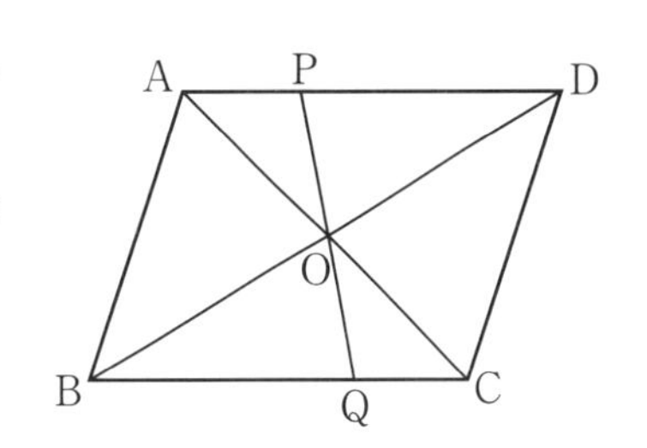

8 右の図において，四角形ABCDは平行四辺形である。点Eは点Aから辺BCにひいた垂線とBCとの交点である。また，点Fは∠BCDの二等分線と辺ADとの交点であり，点GはFから辺CDにひいた垂線とCDとの交点である。このとき，AE＝FGであることを証明しなさい。（15点）〔福島〕

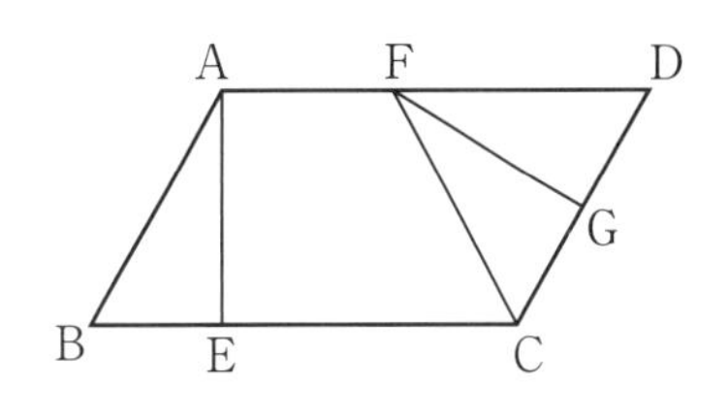

9 右の図で，点C, D, Eはそれぞれ線分AF, AB, DF上にある。また，∠ADF＝90°，∠BCE＝90°，EC＝EFである。このとき，△ABCは二等辺三角形であることを証明しなさい。

（15点）〔京都教育大附高〕

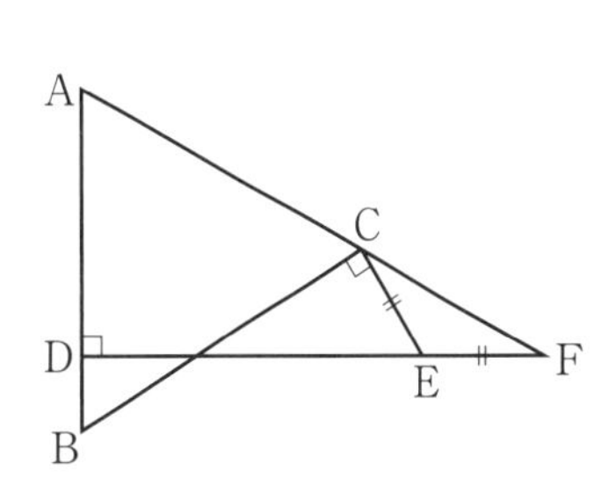

データの整理・確率

●時間 35分　●合格点 80点　●得点　点

解答▶別冊7ページ

重要 **1** 右の度数分布表は，あるクラスの生徒35人が受けた小テストの結果をまとめたものである。(5点×3)　〔兵　庫〕

得点(点)	人数(人)
1	2
2	x
3	9
4	y
5	6
計	35

(1) $x=5$，$y=13$ のとき，得点の最頻値(モード)を求めなさい。

(2) 得点の平均値が3.4点となるとき，x と y の値を求めなさい。

(3) 得点の中央値(メジアン)が3点となるのは，得点が4点であった生徒の人数が何人以上何人以下のときですか。

2 右の表は，ある中学校の1年生男子の握力を調べ，その結果を度数分布表に表したものである。表の中のア，イ，ウにあてはまる数をそれぞれ求めなさい。(5点×3)　〔愛　知〕

握力(kg)	度数(人)	相対度数
以上　未満 20～25	4	0.10
25～30	ア	イ
30～35	12	0.30
35～40	8	0.20
40～45	6	0.15
45～50	2	0.05
計	ウ	1.00

3 次のデータは，生徒10人のハンドボール投げの距離を小さい順に並べたものである。(7点×2)

16，21，23，25，26，28，28，30，32，35(m)

(1) このデータを箱ひげ図に表しなさい。

(2) このデータの四分位範囲を求めなさい。

4 袋の中に，赤玉が3個，白玉が2個，あわせて5個の玉が入っている。この袋の中から同時に2個の玉を取り出すとき，少なくとも1個は白玉である確率を求めなさい。ただし，どの玉が取り出されることも同様に確からしいとする。(8点) 〔東　京〕

要 **5** 1つのさいころを2回投げて，1回目に出た目の数をa，2回目に出た目の数をbとする。(8点×2)

(1) $a+b=6$になる確率を求めなさい。

(2) aを十の位の数，bを一の位の数として2けたの整数Pをつくるとき，Pが素数にならない確率を求めなさい。

6 袋の中には1，2，3の数字が書かれたカードがそれぞれ1枚，2枚，4枚入っている。この袋の中から2枚のカードを同時に取り出すとき，次の問いに答えなさい。(8点×2) 〔成城高〕

(1) 2枚のカードに書かれた数字の積が偶数となる確率を求めなさい。

(2) 2枚のカードに書かれた数字が同じ数字となる確率を求めなさい。

7 右の図のような正五角形ABCDEがある。この正五角形の頂点Aの上にある点Pを，以下の規則にしたがって，B→C→……の順に左回りに移動させる。(8点×2) 〔青山学院高〕

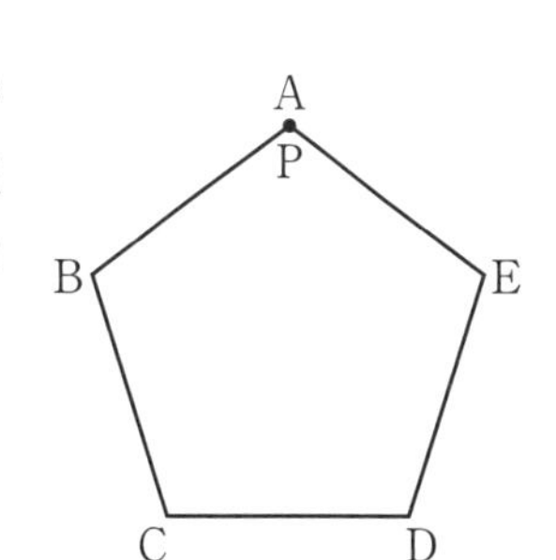

(規則) 1個のさいころを投げ，
・奇数の目が出たら出た目の数だけ移動させる。
・偶数の目が出たら出た目の半分の数だけ移動させる。

(1) さいころを2回投げたとき，点Pが頂点Aにある確率を求めなさい。

(2) さいころを2回投げたとき，点Pがいる確率が最も高い頂点を答え，その確率を求めなさい。

1 多項式の計算

Step A　Step B　Step C

解答▶別冊8ページ

1 次の計算をしなさい。

(1) $(3a^2b+8a)\div a$ 〔山　口〕

(2) $(12a^2-8ab)\div 4a$ 〔熊　本〕

(3) $(10x^2y-5xy)\div(-5xy)$ 〔英真学園高〕

(4) $(3ab-9ab^3)\div\dfrac{3}{2}b$ 〔大阪学芸高〕

2 次の式を展開しなさい。

(1) $(x-2)^2$ 〔栃　木〕

(2) $(2x-1)^2$ 〔沖　縄〕

(3) $(3x+y)^2$ 〔大　阪〕

(4) $(2x-1)(x+3)$ 〔群　馬〕

(5) $(2x+1)(2x-1)$ 〔栃　木〕

(6) $(x+2y)(x-2y)$ 〔群　馬〕

重要 **3** 次の式を展開して簡単にしなさい。

(1) $(x-7)(x-4)+8x$ 〔奈　良〕

(2) $(x+2)(x-5)-6x$ 〔滋　賀〕

(3) $(x-3)(x+5)-(x-2)^2$ 〔神奈川〕

(4) $(x-1)(x+2)-x(x-4)$ 〔和歌山〕

(5) $(x+5)^2-(x+3)(x-3)$ 〔熊　本〕

(6) $(x-1)^2-(x+2)(x-8)$ 〔神奈川〕

4 次の式を展開しなさい。

(1) $(a+b+2)(a+b-2)$ 〔大阪商業大堺高〕

(2) $(a+b+c)(a-b-c)$ 〔初芝富田林高〕

(3) $(3a-b+2c)(3a+b-2c)$ 〔関西学院高〕

(4) $(2x-3y)(4x^2+9y^2)(2x+3y)$ 〔京都成章高〕

要 **5** 展開の公式を利用して，次の計算をしなさい。

(1) $2013\times2013-2012\times2014$ 〔姫路女学院高〕

(2) $97^2+98^2+99^2+100^2+101^2+102^2+103^2$ 〔立命館高〕

(3) $365\times365-364\times366+363\times367-362\times368$ 〔大阪教育大附高（平野）〕

✓チェックポイント

① 乗法公式

・$(x+a)(x+b)=x^2+(a+b)x+ab$

・$(x+a)^2=x^2+2ax+a^2$

・$(x-a)^2=x^2-2ax+a^2$

・$(x+a)(x-a)=x^2-a^2$

② **置きかえの利用による展開**

例 $(x+y+z)^2$ の展開…$x+y=A$ と置きかえて展開すると，

$(x+y+z)^2=(A+z)^2=A^2+2Az+z^2=(x+y)^2+2z(x+y)+z^2=x^2+2xy+y^2+2xz+2yz+z^2$

月　日

Step A　Step B　Step C

●時 間 30分　●得 点
●合格点 80点　点

解答▶別冊9ページ

1 次の計算をしなさい。(6点×5)

(1) $3(x+y)^2-2x(x-y)$ 〔日本大第三高〕

(2) $(2a-b)^2-(a+3b)(a-2b)$ 〔青雲高〕

(3) $(2x+y+1)(2x+y-2)-(2x+y)^2$ 〔京都廣学館高〕

(4) $(3x+4)(3x-4)-(2x+5)^2-(x-4)^2$ 〔法政大国際高〕

(5) $\left(\dfrac{1}{a}+\dfrac{1}{b}\right)^2\times ab-(a-b)^2\div ab$ 〔中央大附高〕

重要 **2** 次の式の値を求めなさい。(7点×3)

(1) $x=250$ のとき，$(x-8)(x+2)+(4-x)(4+x)$ の値 〔愛 知〕

(2) $a=-\dfrac{1}{8}$ のとき，$(2a+3)^2-4a(a+5)$ の値 〔静 岡〕

(3) $x=-1$，$y=100$ のとき，$x(x+2y)-(x-y)(x+4y)$ の値 〔滝川高〕

3 展開の公式を利用して，次の計算をしなさい。(7点×4)

(1) $1.01\times0.99+(0.01+100)^2$ 〔大阪桐蔭高〕

(2) $19\times21+20^2-40\times19+19^2$ 〔清風高〕

(3) $2014^3-2014^2\times2013-2013^2$ 〔清風南海高〕

(4) $2013^2-3\times2012^2+2\times2013\times2012+3\times2012\times2011-3\times2011\times2013$ 〔大阪教育大附高(池田)〕

要 **4** 次の式を展開しなさい。(7点×3)

(1) $(x-1)(x-2)(x-3)(x+6)$ 〔三田学園高〕

(2) $(ab+a-b-1)(ab-a+b-1)$ 〔東邦大付属東邦高〕

(3) $(a+b+c)^2-(a-b-c)^2-(a-b+c)^2+(a+b-c)^2$ 〔近畿大附属和歌山高〕

2 因数分解

Step A　Step B　Step C

解答▶別冊10ページ

1 次の式を因数分解しなさい。

(1) $x^2+7x+10$ 〔佐　賀〕　(2) $x^2+5x-24$ 〔徳　島〕　(3) x^2-5x+6 〔岡　山〕

(4) x^2-x-30 〔新　潟〕　(5) $x^2-8x-20$ 〔大　阪〕　(6) $x^2+17x+72$ 〔広　島〕

2 次の式を因数分解しなさい。

(1) $16x^2-81$ 〔鹿児島〕　(2) $4x^2-25$ 〔茨　城〕　(3) $x^2-20x+100$ 〔大阪偕星学園高〕

(4) $x^2-8xy-48y^2$ 〔山　形〕　(5) $4x^2+12xy+9y^2$ 〔羽衣学園高〕

重要 **3** 次の式を因数分解しなさい。

(1) $(x+1)^2-(x+1)-6$ 〔秋　田〕　(2) $x(y-2)+y-2$ 〔香　川〕

(3) $x^2-(y+3)^2$ 〔群　馬〕　(4) $x(x+7)-8$ 〔神奈川〕

(5) $(x-2)(x-5)+2(x-8)$ 〔山　形〕　(6) $(a+b)^2-6(a+b)+8$ 〔同志社高〕

要 **4** 次の式を因数分解しなさい。

(1) $ax^2-4ax+4a$ 〔清風高〕

(2) $x^3-3x^2y-10xy^2$ 〔高知学芸高〕

(3) $ab-10+2b-5a$ 〔専修大附高〕

(4) $2ab+2a-b-1$ 〔洛南高〕

(5) $(2a-b)(a+3b)-a(a+7b)$ 〔成蹊高〕

(6) $2a(a+2b)-2b(2b+3a)-(a+b)(a-b)$ 〔立命館高〕

要 **5** 次の式の値を求めなさい。

(1) $x=13$ のとき，$x^2-8x+15$ の値 〔埼　玉〕

(2) $a=-3$，$b=5$ のとき，$a^2+2ab+b^2$ の値 〔長　崎〕

(3) $x=4.3$，$y=1.7$ のとき，x^2-y^2 の値 〔比叡山高〕

☑チェックポイント

因数分解の公式

・共通因数でくくる…$ma+mb=m(a+b)$　〔分配法則を利用する。〕

・乗法公式の逆　① $x^2+(a+b)x+ab=(x+a)(x+b)$

〔和が x の係数，積が定数項になる 2 数 a，b を見つける〕

② $x^2\pm2ax+a^2=(x\pm a)^2$　〔(　　$)^2$ となる 3 項の組み合わせ〕

③ $x^2-a^2=(x+a)(x-a)$　〔2 乗の差は和と差の積〕

月　日

Step A　Step B　Step C

●時 間 30分　●得 点　点
●合格点 80点

解答▶別冊10ページ

重要 **1** 次の式を因数分解しなさい。(5点×6)

(1) $(a+b)^2-2a-2b-3$ 〔豊島岡女子学園高〕

(2) $(a-b)^2-a+b-2$ 〔姫路女学院高〕

(3) $x^2+6x+9-4(x+3)-5$ 〔法政大第二高〕

(4) $2(x-2)^2-32$ 〔洛南高〕

(5) $(x+2)^2-(y-2)^2$ 〔報徳学園高〕

(6) $a(x-y)+b(y-x)$ 〔賢明学院高〕

2 次の式を因数分解しなさい。(5点×6)

(1) $(x+y-1)(x+y-2)-12$ 〔京都市立堀川高〕

(2) $(x-2)^2-6x(2-x)$ 〔青山学院高〕

(3) $3(a+2b)(3a+6b-2)+1$ 〔奈良学園高〕

(4) $a^2+2ab+b^2+a^2b+ab^2$ 〔市川高(千葉)〕

(5) $b(a+1)+a^2+3a+2$ 〔國學院大久我山高〕

(6) $9x^2-12xy+4y^2-12x+8y-12$ 〔愛光高〕

3 因数分解を利用して，次の計算をしなさい。(5点×3)

(1) 75^2-25^2 〔夙川高〕

(2) $191^2-2\times191\times66+66^2-17^2-16\times17-64$ 〔京都府立桃山高〕

(3) $25^2-24^2+23^2-22^2+\cdots\cdots+3^2-2^2+1^2-0^2$ 〔江戸川学園取手高〕

要 **4** 次の式の値を求めなさい。(5点×3)

(1) $x=1.25$，$y=0.75$ のとき，$x^2+y^2+2xy-x-y$ の値 〔須磨学園高〕

(2) $x=0.25$，$y=0.75$ のとき，$17x^2+2xy+y^2$ の値 〔十文字高〕

(3) $x=3.96$，$y=0.32$ のとき，$x^2-6xy+9y^2+1$ の値 〔土浦日本大高〕

5 次の問いに答えなさい。(5点×2)

(1) $(3x-y)(7x+3y)=5$ を満たす整数 x，y の組 $(x,\ y)$ をすべて求めなさい。 〔法政大高〕

(2) $a^2-b^2=24$ を満たす自然数 a，b について，$a+b$ の値をすべて求めなさい。 〔京都文教高〕

3 いろいろな因数分解

解答▶別冊11ページ

重要 **1** 次の式を因数分解しなさい。

(1) x^2-x-y^2+y 〔中央大附高〕

(2) $x^2-xz+yz-y^2$ 〔関西学院高〕

(3) $(x-y)^3-x+y$ 〔立命館高〕

(4) $x^2(y-1)-y+1$ 〔東京電機大高〕

(5) a^2-b^2+2b-1 〔清真学園高〕

(6) $x^2-6y-1-9y^2$ 〔城北高(東京)〕

2 次の式を因数分解しなさい。

(1) $(x^2-2x)^2-2(x^2-2x)-3$ 〔帝塚山高〕

(2) $(x^2-2x)^2-5x^2+10x-6$ 〔明治大付属中野高〕

(3) $x^2+xy-4x-y+3$ 〔西大和学園高〕

(4) $x^2+xy+2x-2y-8$ 〔愛光高〕

(5) $4x(x-1)-9y(y-1)-3y$ 〔ラ・サール高〕

(6) $(x^2+6x-6)(x^2+6x-8)+1$ 〔沖縄尚学高〕

3 次の計算をしなさい。

(1) $65^2-4\times2015+4\times31^2$ 〔三重高〕

(2) $76^2-76\times72+72^2-(74^2-2^2)$ 〔名城大附高〕

要 **4** 次の問いに答えなさい。

(1) $xy-2x-3y+6$ を因数分解しなさい。

(2) $xy-2x-3y+1=0$ を満たす自然数 x, y の組をすべて求めなさい。

5 次の問いに答えなさい。

(1) p を素数とするとき，$a^2-p^2=15$ となるような自然数 a の値を求めなさい。 〔西武学園文理高〕

(2) 自然数 n に対して $P=n^2+10n-56$ が素数となるとき，P の値を求めなさい。 〔早稲田実業学校高〕

☑チェックポイント

① **複雑な式の因数分解**

・置きかえを利用して，因数分解の公式が使える形にする。

・最低の次数の文字について整理し，共通因数を見つける。

② 等式を満たす整数(自然数)の値は，因数分解を利用して，$A\times B=$整数 の形に変形する。

Step A　Step B　Step C

●時 間 35分	●得 点
●合格点 80点	点

解答▶別冊13ページ

重要 **1** 次の式を因数分解しなさい。(5点×10)

(1) $x^2(x-1)-4(x^2+2x-3)$ 〔成蹊高〕

(2) $x^2y+xy^2-xy-x-y+1$ 〔城北高(東京)〕

(3) $x^2y-3xyz-y-xy^2+x-3z$ 〔昭和学院秀英高〕

(4) $x(x-1)(x-3)+4(1-x)(x+2)$ 〔清真学園高〕

(5) $a^2-2b^2+ab+bc-ca$ 〔京都女子高〕

(6) $x^2+2x(y-1)-3(y-1)^2$ 〔智辯学園和歌山高〕

(7) x^4-13x^2+36 〔法政大高〕

(8) $(x+2y-3)^2-x-2y-3$ 〔ラ・サール高〕

(9) $x^2-4x^2y^2+y^2z^2+2xyz$ 〔東大寺学園高〕

(10) $x^3+(5y+1)x^2+(6y+5)xy+6y^2$ 〔開成高〕

要 **2** 次の問いに答えなさい。(5点×2) 〔青山学院高〕

(1) $a^2-4ab+3b^2$ を因数分解しなさい。

(2) $a^2-4ab+3b^2=16$ を満たす自然数の組$(a,\ b)$をすべて求めなさい。

3 次の問いに答えなさい。(8点×3)

(1) $a^2+2a+24=b^2$ を満たす正の整数 a, b の値を求めなさい。 〔東洋大附属牛久高〕

(2) n を自然数とするとき，$(n-1)^2+8(n-1)-180$ の値が素数となるような n の値を求めなさい。 〔城北高(東京)〕

(3) a^2-a が 100 でわり切れるとき，2 けたの奇数 a を求めなさい。 〔東邦大付属東邦高〕

4 次の式を因数分解しなさい。(8点×2)

(1) $-500-3x^2+100x-280-x$ 〔お茶の水女子大附高〕

(2) $ab+b^2-ac-c^2-2b+2c$ 〔灘　高〕

4 式の計算の利用

Step A　Step B　Step C

解答▶別冊14ページ

重要 **1** 次の式の値を求めなさい。

(1) $a-b=1$ のとき，$a^2-5a+b^2+5b-2ab+5$ の値　〔城西大付属川越高〕

(2) $x+y=4$，$xy=-1$ のとき，x^2+y^2 の値　〔日本大豊山高〕

(3) $x+y=2$，$xy=-8$ のとき，$(x+y)(x-2y)+y(2x+3y)$ の値　〔明治学院高〕

(4) $ab=1$，$a+b=5$ のとき，$ab^2+3ab-b-3$ の値　〔巣鴨高〕

(5) $x\neq0$，$y\neq0$，$x\neq y$ で，$x+\frac{1}{y}=y+\frac{1}{x}$ のとき，x^2y^2-xy-6 の値　〔立命館高〕

(6) $a+b=4$，$(a+1)(b+1)=2$ のとき，$a^2b+ab^2-a^2b^2$ の値　〔報徳学園高〕

2 奇数の平方から1をひいた数は4の倍数であることを，文字を使って説明しなさい。

3 右の図のように，線分OA，OBを半径とする2つの円に囲まれたドーナツ型の面積をS，ABの真ん中を通る円周の長さをℓ，ABの長さをaとする。このとき，$S=a\ell$となることを証明しなさい。

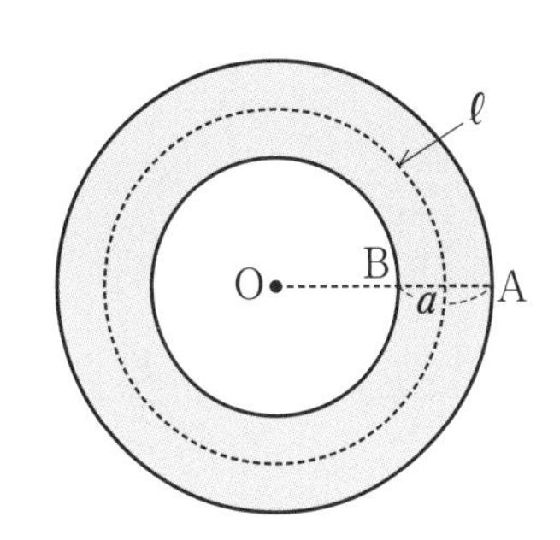

4 右の図は，直角をはさむ2辺の長さがa，b，斜辺の長さがcの直角三角形を4つ並べて，正方形をつくったものである。このとき，$a^2+b^2=c^2$が成り立つことを，右の図を利用して証明しなさい。

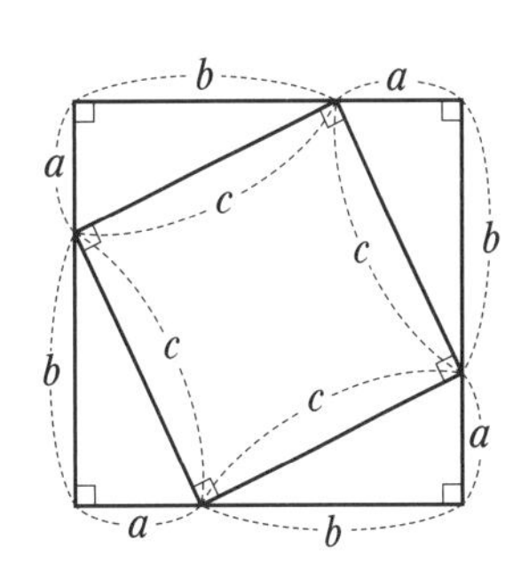

チェックポイント

① **対称式の利用**

$a+b$，abのように，文字を入れかえてももとの式と同じになるものを**対称式**という。
和$(a+b)$と積(ab)が条件で与えられたときは，
$a^2+b^2=(a+b)^2-2ab$，$(a+1)(b+1)=ab+(a+b)+1$などを利用する。

② **文字による説明**

mを整数として，偶数は$2m$，奇数は$2m+1$，3の倍数は$3m$などとおく。

Step A　Step B　Step C

●時間 40分	●得点
●合格点 80点	点

解答▶別冊14ページ

重要 **1** 次の式の値を求めなさい。(6点×3)

(1) $m-n=2$，$mn=4$ のとき，$(n^2+1)m-(m^2+1)n$ の値　〔東大寺学園高〕

(2) $ab=4$，$ab^2-a^2b+a-b=48$ のとき，a^2+b^2 の値　〔西大和学園高〕

(3) $x^2y+xy^2=1$，$\dfrac{y}{x}+\dfrac{x}{y}=6$ のとき，x^2+y^2 の値　〔昭和学院秀英高〕

2 a，b が，$\begin{cases} 5ab+3a+3b-23=0 \\ ab+2a+2b-13=0 \end{cases}$ を満たすとき，次の式の値を求めなさい。(6点×3)

〔ラ・サール高〕

(1) $a+b$　　(2) ab　　(3) a^2+b^2

3 次の問いに答えなさい。(6点×3)　〔渋谷教育学園幕張高〕

(1) $(a+c)(b+1)$ を展開しなさい。

(2) $a+bc-ab-c$ を因数分解しなさい。

(3) 次の条件を満たす自然数 a，b，c の値の組 $(a,\ b,\ c)$ を求めなさい。

$$\begin{cases} a+bc=106 \\ ab+c=29 \\ a \leqq b \leqq c \end{cases}$$

4 x を正の整数としたとき，x^2 の形で表される数を平方数という。(6点×3)　〔慶應義塾女子高〕

(1) 等式 $6^2+8^2+17^2+x^2=5^2+9^2+18^2+y^2$ を満たす正の整数 x，y を求めなさい。

(2) (1) の等式のように，左辺と右辺のそれぞれが 4 つの平方数の和で表される等式を考える。
$a+b=c+d$ のとき，次の［ア］～［ウ］に a，b，c，n を用いた最も適切な式を入れなさい。
$a^2+b^2+(c+n)^2+(d+n)^2=(\boxed{ア})^2+(\boxed{イ})^2+\boxed{ウ}^2+d^2$

(3) (2) を利用して，等式 $24^2+27^2+29^2+30^2=p^2+q^2+r^2+s^2$ を満たす正の整数 p，q，r，s を求めなさい。ただし，$p>24$，$p \leqq q \leqq r \leqq s$ とする。

重要 **5** 次の問いに答えなさい。(7点×4)　〔東大寺学園高〕

(1) $(ab+cd)^2+(ac-bd)^2$ を因数分解しなさい。

(2) 2 つの自然数 M, N の一の位をそれぞれ m, n とする。M, N の積 MN の一の位が 3 であるとき，m，n の組 $(m,\ n)$ をすべて求めなさい。

(3) 2173 は 2 つの 2 けたの素数の積として表せる。それを書きなさい。

(4) 2173 を 2 つの平方数の和として 2 通りに表しなさい。ただし，平方数とは自然数の 2 乗で表される数である。

Step A　Step B　Step C

●時 間 40分	●得 点
●合格点 70点	点

解答▶別冊16ページ

1 次の問いに答えなさい。(6点×2)

(1) $(2x^2-4x+5)(3x^3+x^2-2x-3)$ を展開したときの x^3 の係数を求めなさい。〔西武学園文理高〕

(2) $(a-1)(a-2)(a^2+a+1)(a^2+2a+4)$ を展開し，整理したときの a^3 の係数を求めなさい。〔昭和学院秀英高〕

2 次の計算をしなさい。(7点×2)

(1) $\{(2\times4\times6\times8\times10)^2-(1\times2\times3\times4\times5)^2\}\div31$ 〔大阪教育大附高(池田)〕

(2) $\dfrac{(2^8-1)(3^8-1)}{6^4-2^4-3^4+1}$ 〔弘学館高〕

重要 **3** 次の式を因数分解しなさい。(7点×2)

(1) $(x+1)(x+2)(x+3)(x+4)+1$ 〔昭和学院秀英高〕

(2) $(ab+4)^2+(a^2-4)(b^2-4)-4(a+b)^2$ 〔東大寺学園高〕

4 2つの数 a, b が, $a-b=3$, $b=\dfrac{6}{a}$ を満たすとき，次の式の値を求めなさい。(6点×3)

〔慶應義塾高〕

(1) a^2+b^2　　(2) a^3-b^3　　(3) $(a+3)(b-3)$

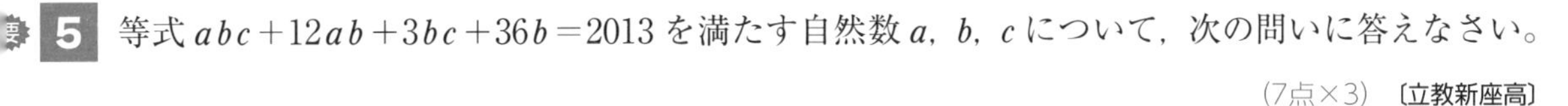

要 **5** 等式 $abc+12ab+3bc+36b=2013$ を満たす自然数 a, b, c について，次の問いに答えなさい。

(7点×3)　〔立教新座高〕

(1) $a=30$ のとき，b, c の値をそれぞれ求めなさい。

(2) 等式の左辺を因数分解しなさい。

(3) 自然数の組 $(a,\ b,\ c)$ は何組ありますか。

6 次の問いに答えなさい。(7点×3)　〔渋谷教育学園幕張高〕

(1) x^2y-1-x^2+y を因数分解しなさい。

(2) x が3でわりきれない正の整数であるとき，x^2 は3でわると1余る整数である。その理由を説明しなさい。

難 (3) $2x^2z-x^2+2z=946$ を満たす0以上の整数 x, z の組 $(x,\ z)$ をすべて求めなさい。

5 平方根

Step A　Step B　Step C

解答▶別冊17ページ

1 次の文の下線部が正しければ○をつけ，誤りであれば正しく直しなさい。

(1) 64の平方根は$\underline{8}$である。

(2) $\sqrt{(-3)^2}=\underline{3}$である。

(3) $\sqrt{25}=\underline{\pm 5}$である。

(4) $\sqrt{36}$の平方根は$\underline{\pm 6}$である。

2 次の**ア**～**カ**の数の中から，無理数をすべて選びなさい。

ア $\sqrt{\dfrac{9}{16}}$　**イ** 3.14　**ウ** $\sqrt{0.9}$　**エ** π　**オ** $-\sqrt{16}$　**カ** 0

3 次の**ア**～**エ**の数を小さい順に並べて，記号を書きなさい。

(1) **ア** 2　**イ** $\sqrt{3}$　**ウ** 4　**エ** $\sqrt{5}$

(2) **ア** $\dfrac{\sqrt{2}}{3}$　**イ** $\dfrac{2}{\sqrt{3}}$　**ウ** $\sqrt{\dfrac{2}{3}}$　**エ** $\dfrac{2}{3}$

重要 **4** 次の問いに答えなさい。

(1) $2<\sqrt{a}<\dfrac{10}{3}$を満たす正の整数aは何個ありますか。〔奈 良〕

(2) $5<\sqrt{3n}+1<6$を満たす整数nの個数を求めなさい。〔関西大第一高〕

要 **5** 次の問いに答えなさい。

(1) $\sqrt{90n}$ の値が自然数となるような自然数 n のうち，最も小さいものを求めなさい。〔福　井〕

(2) n を1けたの自然数とする。$\sqrt{n+18}$ が整数となるような n の値を求めなさい。〔鹿児島〕

(3) $\sqrt{72.3}$ に最も近い整数を求めなさい。〔西大和学園高〕

6 次の問いに答えなさい。

(1) ある国の人口を10万人の位で四捨五入したら1億8千万人になった。この国の人口の真の値を a 人とするとき，a の値の範囲を，不等号を使って表しなさい。

(2) あるデータを，誤差が0.05以下になるように記録したいとき，どの位を四捨五入したらよいか，最も大きい位を答えなさい。

(3) 次の数を四捨五入し，有効数字が3けたの近似値を求め，$a\times10^n$ または $a\times\frac{1}{10^n}$ $(1\leqq a<10)$ の形で表しなさい。

① 4843　② 0.45698　③ 54709.69　④ 0.0006999

✓チェックポイント

① 平方根…2乗(平方)して a になる数を a の平方根という。

例 2乗して9になる数は3と-3だから，9の平方根は3と-3(±3)である。

例 2乗して0になる数は0しかないので，0の平方根は0である。

例 2乗して負の数になる数はない。したがって，負の数の平方根はない。

② 2乗して a になる数が正確に求められないときは，$\sqrt{\ }$ の記号を使う。

例 2乗して3になる数は $\sqrt{3}$ と $-\sqrt{3}$ だから，3の平方根は $\pm\sqrt{3}$ である。

③ 近似値…真の値に近い値のこと。また，近似値と真の値の差を**誤差**という。

有効数字…近似値を表す数字のうちで，信頼できる数字のこと。

Step A　Step B　Step C

●時 間 40分	●得 点
●合格点 80点	点

解答▶別冊17ページ

1 次の問いに答えなさい。(8点×2)

(1) $\dfrac{2}{5}$, $\dfrac{2}{\sqrt{5}}$, $\dfrac{\sqrt{2}}{5}$, $\sqrt{\dfrac{2}{5}}$ の中で最も大きい数を答えなさい。〔駒込高〕

(2) $-1<a<0$ のとき，4つの数 $-a^3$, $\dfrac{1}{a}$, $-\dfrac{1}{a^2}$, $\sqrt{(-a)^2}$ を小さいほうから順に並べなさい。〔青雲高〕

2 次の問いに答えなさい。(7点×4)

(1) $2\sqrt{3}$ より大きく，$5\sqrt{2}$ より小さい整数は何個ありますか。〔駿台甲府高〕

(2) $\sqrt{6+2a}$ の整数部分が4になるような自然数 a は何個ありますか。〔函館ラ・サール高〕

(3) $4<\sqrt{x}<5$ を満たし，$\sqrt{5x}$ を整数にする整数 x の値を求めなさい。〔巣鴨高〕

(4) n を自然数とするとき，$\sqrt{a}$ の値が n より大きく $n+2$ より小さくなるような自然数 a は何個あるか。n を用いて表しなさい。〔大 阪〕

3 次の問いに答えなさい。(8点×5)

(1) $\sqrt{\dfrac{1350}{a}}$ が整数になるような最も小さい自然数 a を求めなさい。〔樟蔭高〕

(2) $\sqrt{\dfrac{2^4\times3^3}{n}}$ が整数となるような自然数 n の個数を求めなさい。〔佐賀清和高〕

(3) n を 50 以下の自然数とする。$\sqrt{2(n+3)}$ の値が整数となる n の値は何個ありますか。

(4) $\sqrt{270-18m}$ が整数となるような自然数 m をすべて求めなさい。〔愛光高〕

(5) $\sqrt{153n}$ の値が整数となるような自然数 n のうち，n が小さいものから 5 番目の数を求めなさい。〔東海高〕

4 m，n を自然数とするとき，次の問いに答えなさい。(8点×2)

(1) $8\leqq\sqrt{n}\leqq9$ を満たす n の個数を求めなさい。

(2) $m\leqq\sqrt{n}\leqq m+1$ を満たす n が 40 個あるとき，m の値を求めなさい。

月　日

6 根号を含む式の計算

Step A　Step B　Step C

解答▶別冊18ページ

1 次の計算をしなさい。

(1) $\sqrt{2}+\sqrt{18}-\sqrt{8}$ 〔沖　縄〕

(2) $\sqrt{48}-\sqrt{27}+5\sqrt{3}$ 〔千　葉〕

(3) $(2+\sqrt{3})(\sqrt{12}-3)$ 〔佐　賀〕

(4) $(2\sqrt{10}-5)(\sqrt{10}+4)$ 〔新　潟〕

(5) $(\sqrt{3}+2)^2$ 〔岩　手〕

(6) $(2\sqrt{3}-1)^2$ 〔香　川〕

(7) $\dfrac{6}{\sqrt{2}}-\sqrt{50}$ 〔石　川〕

(8) $\sqrt{45}+\dfrac{30}{\sqrt{5}}$ 〔神奈川〕

重要 **2** 次の計算をしなさい。

(1) $\sqrt{24}+\dfrac{30}{\sqrt{6}}-\sqrt{6}$ 〔青　森〕

(2) $\sqrt{27}+\sqrt{2}(\sqrt{24}-\sqrt{6})$ 〔長　野〕

(3) $\sqrt{27}\times\sqrt{32}\div\sqrt{24}$ 〔愛　知〕

(4) $\dfrac{10}{\sqrt{5}}-(1+\sqrt{5})(3-\sqrt{5})$ 〔愛　媛〕

(5) $(2-\sqrt{3})^2+6\sqrt{3}$ 〔静　岡〕

(6) $(3\sqrt{2}+3\sqrt{3})(\sqrt{2}-\sqrt{3})$ 〔大阪産業大附高〕

要 **3** 次の計算をしなさい。

(1) $\sqrt{2}(\sqrt{6}-\sqrt{2})+(\sqrt{3}-1)^2$ 〔清風高〕

(2) $(\sqrt{2}-\sqrt{6})^2-\dfrac{1}{\sqrt{3}}(3+\sqrt{48})$ 〔桐朋高〕

(3) $(\sqrt{5}-\sqrt{2})^2-\dfrac{\sqrt{50}+2\sqrt{5}}{\sqrt{2}}$ 〔國學院大久我山高〕

(4) $\dfrac{6-\sqrt{18}}{\sqrt{2}}+(1-\sqrt{2})^2$ 〔京都教育大附高〕

(5) $\sqrt{0.32}-\sqrt{0.18}+\sqrt{0.72}$ 〔初芝立命館高〕

(6) $(\sqrt{27}+\sqrt{18}-\sqrt{50})^2$ 〔近畿大附属和歌山高〕

4 次の式の分母を有理化しなさい。

(1) $\dfrac{2\sqrt{3}+\sqrt{6}}{\sqrt{2}}$

(2) $\dfrac{\sqrt{5}+\sqrt{3}}{\sqrt{5}-\sqrt{3}}$

チェックポイント

① $\sqrt{\ }$ のついた数は，文字と同じように扱う。ただし，2 乗すると根号がはずれる。

例 $3\sqrt{5}+4\sqrt{5}=(3+4)\sqrt{5}=7\sqrt{5}$ ($3x+4x=7x$ と同じように考える。)

例 $(\sqrt{2}+\sqrt{3})^2=(\sqrt{2})^2+2\times\sqrt{2}\times\sqrt{3}+(\sqrt{3})^2=2+2\sqrt{6}+3=5+2\sqrt{6}$

($(x+a)^2=x^2+2ax+a^2$ と同じように考える。)

② 分母の有理化…分母に$\sqrt{\ }$のついた数があるときは，分母を有理数にしておく。

例 $\dfrac{3}{\sqrt{2}}=\dfrac{3\times\sqrt{2}}{\sqrt{2}\times\sqrt{2}}=\dfrac{3\sqrt{2}}{2}$， $\dfrac{1}{\sqrt{5}+1}=\dfrac{\sqrt{5}-1}{(\sqrt{5}+1)(\sqrt{5}-1)}=\dfrac{\sqrt{5}-1}{4}$ など

Step A　Step B　Step C

●時 間 35分	●得 点
●合格点 80点	点

解答▶別冊19ページ

重要 **1** 次の計算をしなさい。(8点×6)

(1) $\dfrac{(3+2\sqrt{2})(2\sqrt{2}-3)+(5-\sqrt{3})^2}{\sqrt{3}}$　〔日本大習志野高〕

(2) $(\sqrt{320}+\sqrt{48}-\sqrt{80})(\sqrt{75}+\sqrt{45}-\sqrt{192})$　〔明治大付属明治高〕

(3) $\dfrac{(\sqrt{2}-2)(\sqrt{2}-1)(\sqrt{2}+1)(\sqrt{2}+2)}{\sqrt{2}}$　〔高知学芸高〕

(4) $(\sqrt{2}+\sqrt{3}+\sqrt{5})(-\sqrt{2}-\sqrt{3}+\sqrt{5})-(\sqrt{2}-\sqrt{3})^2$　〔東京学芸大附高〕

(5) $\dfrac{(2-\sqrt{10})^2}{\sqrt{2}}-(\sqrt{10}-4)\left(\sqrt{5}-\sqrt{\dfrac{1}{2}}\right)$　〔愛光高〕

(6) $\left(\dfrac{1}{\sqrt{5}}+\dfrac{1}{\sqrt{3}}\right)\left(\dfrac{1}{\sqrt{15}}-\dfrac{1}{3}\right)(\sqrt{7}+\sqrt{2})(\sqrt{14}-2)$　〔成城高〕

2 次の計算をしなさい。

(1) $\sqrt{2018\times2004+49}$ (8点) 〔函館ラ・サール高〕

(2) $(\sqrt{3}+\sqrt{2}+\sqrt{6})^2-(\sqrt{3}-\sqrt{2}+\sqrt{6})^2$ (8点) 〔白陵高〕

(3) $\left(\dfrac{\sqrt{3}+2}{2}\right)^2+\left(\dfrac{\sqrt{3}-2}{2}\right)^2-\dfrac{(\sqrt{3}+2)(\sqrt{3}-2)}{2}$ (9点) 〔同志社国際高〕

(4) $(\sqrt{2}+\sqrt{3}+\sqrt{5})(\sqrt{2}-\sqrt{3}+\sqrt{5})(\sqrt{2}+\sqrt{3}-\sqrt{5})(\sqrt{2}-\sqrt{3}-\sqrt{5})$ (9点) 〔立命館高〕

(5) $\dfrac{1}{1+\sqrt{2}}+\dfrac{1}{\sqrt{2}+\sqrt{3}}+\dfrac{1}{\sqrt{3}+2}$ (9点) 〔京都女子高〕

(6) $(\sqrt{2}+1)^{10}(\sqrt{2}-1)^{11}-(3+2\sqrt{2})^{12}(3-2\sqrt{2})^{13}$ (9点) 〔立命館守山高〕

7 平方根の利用

Step A　Step B　Step C

解答▶別冊20ページ

1 $x=\sqrt{7}+2$ のとき，$(x-2)^2=$ ア であることを利用すると，$x^2-4x+3=$ イ である。ア，イ にあてはまる数を求めなさい。

重要 **2** $x=\sqrt{7}+2$，$y=\sqrt{7}-2$ のとき，次の式の値を求めなさい。

(1) $x+y$　(2) xy　(3) $x-y$

(4) x^2+xy+y^2　(5) x^2-y^2

重要 **3** 次の式の値を求めなさい。

(1) $x=\sqrt{5}+3$，$y=3$ のとき，$x^2-2xy+y^2$ の値　〔茨　城〕

(2) $x=\sqrt{6}+2$，$y=\sqrt{6}-2$ のとき，x^2y+xy^2 の値　〔神奈川〕

(3) $x=\sqrt{5}-2$ のとき，x^2+4x+4 の値　〔岐　阜〕

(4) $a=2\sqrt{3}+1$，$b=\sqrt{3}-3$ のとき，$(a-b)^2-8(a-b)$ の値　〔大　阪〕

4 $\sqrt{5}$ の整数部分を a，小数部分を b とするとき，次の値を求めなさい。

(1) a　　(2) b　　(3) b^2+4b+1

重要 **5** 次の式の値を求めなさい。

(1) $x=\sqrt{3}-2$ のとき，x^2+4x+5 の値　〔園田学園高〕

(2) $a=3+2\sqrt{2}$, $b=3-2\sqrt{2}$ のとき，$a^2+3ab+b^2$ の値　〔清風高〕

(3) $x=\sqrt{5}+\sqrt{3}$, $y=\sqrt{5}-\sqrt{3}$ のとき，$\dfrac{y}{x}+\dfrac{x}{y}$ の値　〔久留米大附高〕

(4) $a=\sqrt{3}+\sqrt{2}$, $b=\sqrt{3}-\sqrt{2}$ のとき，$(2a+b)^2-(a+2b)^2$ の値　〔洛南高〕

(5) $\sqrt{7}$ の小数部分を a とするとき，a^2+4a の値　〔同志社高〕

✓チェックポイント

① 式の値を求めるときは，求める式を代入しやすい形に変形してから代入する。

② **対称式の利用**…$x+y$，xy の値がわかれば，x^2+y^2，$\dfrac{y}{x}+\dfrac{x}{y}$ などの値を求めやすい。

③ 整数部分と小数部分

例 $\sqrt{6}=2.449\cdots$ だから，$\sqrt{6}$ の整数部分は 2，小数部分は $0.449\cdots$
$=2.449\cdots-2=\sqrt{6}-2$

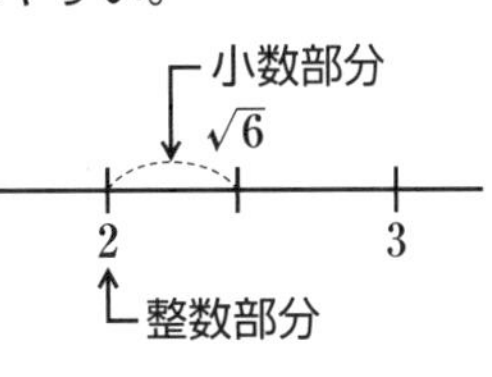

Step A　Step B　Step C

●時間 40分	●得点
●合格点 80点	点

解答▶別冊20ページ

1 次の式の値を求めなさい。(8点×3)

(1) $x=\dfrac{-3+\sqrt{5}}{2}$ とするとき，$4x^2+12x-7$ の値　〔同志社高〕

(2) $x=\dfrac{2\sqrt{7}+3\sqrt{3}}{2}$，$y=\dfrac{2\sqrt{7}-3\sqrt{3}}{2}$ のとき，$x^2+6xy+y^2$ の値　〔函館ラ・サール高〕

(3) $\sqrt{6}$ の整数部分を a，小数部分を b とするとき，$b^2+ab-a-1$ の値　〔京都府立桃山高〕

重要 **2** 次の式の値を求めなさい。(8点×3)

(1) $x=1+\sqrt{3}$ のとき，x^3-3x^2+2x の値　〔東海大付属相模高〕

(2) $x=\dfrac{\sqrt{3}-\sqrt{2}}{\sqrt{3}+\sqrt{2}}$，$y=\dfrac{\sqrt{3}+\sqrt{2}}{\sqrt{3}-\sqrt{2}}$ のとき，$x+y$，$3x^2+5xy+3y^2$ の値　〔本郷高〕

(3) $\sqrt{5}+2$ の小数部分を x とするとき，$2x^2+8x+3$ の値　〔城北高(東京)〕

3 x, yが連立方程式$\begin{cases} x+y=4 \\ x-y=\sqrt{2} \end{cases}$を満たすとき，$xy$と$x^2+y^2$の値を求めなさい。(6点×2)

〔成城高〕

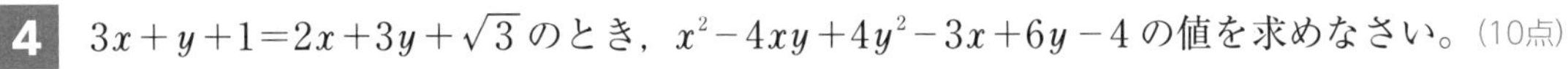

4 $3x+y+1=2x+3y+\sqrt{3}$のとき，$x^2-4xy+4y^2-3x+6y-4$の値を求めなさい。(10点)

〔明治大付属明治高〕

要 **5** 次の式の値を求めなさい。(10点×3)

(1) $a=\dfrac{\sqrt{6}+\sqrt{2}}{\sqrt{3}}$，$b=\dfrac{\sqrt{6}-\sqrt{2}}{\sqrt{3}}$のとき，$a^2+5ab+b^2$の値　〔東邦大付属東邦高〕

(2) $x=\dfrac{\sqrt{3}-1}{\sqrt{2}}$，$y=\dfrac{\sqrt{3}+1}{\sqrt{2}}$のとき，$x^4y^3+x^3y^4$の値　〔明治大付属中野高〕

(3) $x+y=\dfrac{1}{\sqrt{2}}$，$x^2-y^2=1$のとき，xyの値　〔東大寺学園高〕

月　日

Step A　Step B　Step C

●時間 40分	●得点
●合格点 70点	点

解答▶別冊21ページ

1 次の計算をしなさい。(8点×2)　〔慶應義塾高〕

(1) $(\sqrt{2}+\sqrt{3}+\sqrt{5})(\sqrt{2}+\sqrt{3}-\sqrt{5})$

(2) $\dfrac{1}{\sqrt{5}+\sqrt{3}+\sqrt{2}}+\dfrac{1}{\sqrt{5}-\sqrt{3}-\sqrt{2}}$

重要 **2** 次の問いに答えなさい。(8点×2)　〔京都市立堀川高〕

(1) a, bを有理数とする。$(3+2\sqrt{2})(a+b\sqrt{2})=1$が成り立つとき，$a$, bの値を求めなさい。ただし，c, dが有理数であるとき，$c+d\sqrt{2}=1$ならば$c=1$, $d=0$であることを用いてもよい。

(2) 次の方程式を解きなさい。ただし，答えは$c+d\sqrt{2}$ (c, dは有理数)の形で答えなさい。

$6\sqrt{2}x+2x+6=8x+2\sqrt{2}x+14$

3 次の問いに答えなさい。(8点×2)

(1) $\sqrt{7}+\sqrt{8}+\sqrt{9}$を小数で表したとき，その整数部分を$a$，小数部分を$b$とする。このとき，$b^2+10b+26-2a$の値を求めなさい。　〔昭和学院秀英高〕

(2) $x=4-3\sqrt{2}$，$y=-1+\sqrt{2}$のとき，$x^2+8xy+17y^2-x-2\sqrt{2}y+1$の値を求めなさい。　〔東大寺学園高〕

4 次の計算をしなさい。(10点×2)

(1) $\{(2+\sqrt{5})^{99}+(2-\sqrt{5})^{99}\}^2-\{(2+\sqrt{5})^{99}-(2-\sqrt{5})^{99}\}^2$ 〔四天王寺高〕

(2) $\dfrac{(5\sqrt{2}+4\sqrt{3})^8}{(3\sqrt{2}-2\sqrt{3})^4}\times\dfrac{(5\sqrt{2}-4\sqrt{3})^8}{(3\sqrt{2}+2\sqrt{3})^4}$ 〔ラ・サール高〕

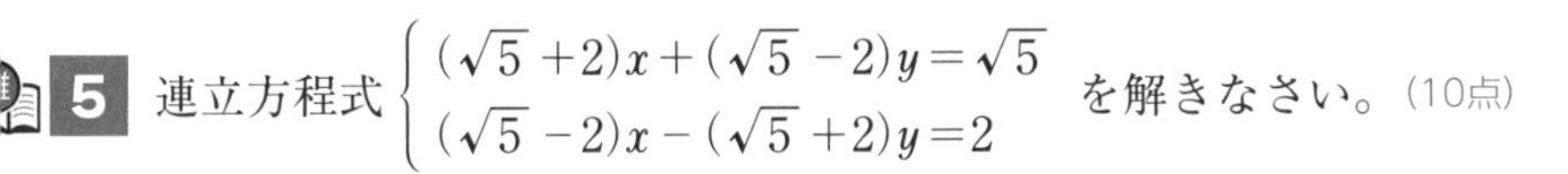

5 連立方程式 $\begin{cases}(\sqrt{5}+2)x+(\sqrt{5}-2)y=\sqrt{5}\\(\sqrt{5}-2)x-(\sqrt{5}+2)y=2\end{cases}$ を解きなさい。(10点) 〔慶應義塾高〕

6 $(x+\sqrt{2}+\sqrt{3})(x-\sqrt{2}+\sqrt{3})(x+\sqrt{2}-\sqrt{3})(x-\sqrt{2}-\sqrt{3})$ を展開しなさい。(10点) 〔開成高〕

7 $(x+y+z)(x^2+y^2+z^2-xy-yz-zx)$ を展開すると［①］であるから，
$(1+\sqrt{2}+\sqrt{3})^3+(1-\sqrt{2}+\sqrt{3})^3+(-2-2\sqrt{3})^3=$［②］である。［　］にあてはまる数や式を答えなさい。(6点×2) 〔灘　高〕

2次方程式の解き方

Step A　Step B　Step C

解答▶別冊22ページ

1 平方根を利用して，次の2次方程式を解きなさい。

(1) $x^2=20$　(2) $x^2+1=10$　(3) $4x^2-5=11$

(4) $(x+3)^2=12$ 〔高　知〕　(5) $3(2x-3)^2=27$　(6) $(x+1)^2-4=0$ 〔石　川〕

2 因数分解を利用して，次の2次方程式を解きなさい。

(1) $x^2+2x-15=0$ 〔宮　城〕　(2) $x^2-8x+12=0$ 〔奈　良〕　(3) $x^2-5x-6=0$ 〔島　根〕

(4) $x^2-12x-28=0$ 〔富　山〕　(5) $x^2+15x+36=0$ 〔京　都〕　(6) $x^2-14=5x$ 〔宮　崎〕

3 解の公式を利用して，次の2次方程式を解きなさい。

(1) $x^2+7x+2=0$ 〔青　森〕　(2) $x^2-5x-1=0$ 〔栃　木〕　(3) $5x^2+3x-2=0$ 〔愛　媛〕

(4) $2x^2+6x-1=0$ 〔秋　田〕　(5) $5x^2-9x+3=0$ 〔埼　玉〕　(6) $2x^2-3x+1=2$ 〔愛　知〕

4 次の２次方程式を解きなさい。

(1) $(x-3)^2=x$ 〔滋　賀〕

(2) $x^2-x=7(x-1)$ 〔愛　知〕

(3) $x(x-6)=-4(x-2)$ 〔福　岡〕

(4) $(3x+4)(x-2)=6x-9$ 〔山　形〕

(5) $(x+4)(x-3)=3(x+1)$ 〔大　分〕

(6) $0.3x^2-0.4x-\frac{1}{15}=0$ 〔大阪教育大附高(平野)〕

5 次の問いに答えなさい。

(1) ２次方程式 $x^2+(a+1)x+12=0$ の解の１つが $x=4$ のとき，a の値を求めなさい。 〔京都成章高〕

(2) x についての２次方程式 $x^2+ax+b=0$ の解が２と -3 であるとき，a と b の値を求めなさい。 〔報徳学園高〕

チェックポイント

① **２次方程式の解き方**

- 平方根を利用する…$(x+m)^2=n$ ならば，$x+m=\pm\sqrt{n}$　$x=-m\pm\sqrt{n}$
- 因数分解の利用…$(x+a)(x+b)=0$ ならば，$x+a=0$ または $x+b=0$　$x=-a, -b$
- 解の公式…２次方程式 $ax^2+bx+c=0$ の解は，$x=\frac{-b\pm\sqrt{b^2-4ac}}{2a}$

② **定数の値を求める問題**…２次方程式の１つの解がわかっているとき，その解を方程式に代入して定数の値を求め，さらに他の解を求める。

Step A　Step B　Step C

●時 間 40分	●得 点
●合格点 80点	点

解答▶別冊22ページ

1 次の2次方程式を解きなさい。(6点×6)

(1) $3(x+1)(x-4)-(x-3)^2=-20$ 〔法政大高〕

(2) $\left(x+\frac{1}{2}\right)^2=3\left(x+\frac{1}{2}\right)$ 〔土浦日本大高〕

(3) $(x-1)^2-12(x-1)+35=0$ 〔青雲高〕

(4) $(100-x)(101-x)=104-x$ 〔東邦大付属東邦高〕

(5) $x^2-\frac{(2x+1)(x-2)}{3}=0$ 〔東京電機大高〕

(6) $40000x^2-1500x+9=0$ 〔大阪教育大附高(天王寺)〕

重要 **2** 次の問いに答えなさい。(6点×3)

(1) x についての2次方程式 $x^2-3kx-1=0$ の解の1つが $x=k-2$ のとき，k の値を求めなさい。 〔豊島岡女子学園高〕

(2) x の2次方程式 $x^2-ax-a^2+1=0$ の解の1つが $x=3$ である。$a>0$ であるとき，a の値ともう1つの解を求めなさい。 〔成城高〕

(3) 2次方程式 $x^2+ax+b=0$ の解が -2，1のとき，2次方程式 $x^2+bx+a=0$ の解を求めなさい。 〔福岡大附属大濠高〕

3 次の問いに答えなさい。(7点×4)

(1) a を正の数とする。2次方程式 $x^2-ax+72=0$ の2つの解がともに整数のとき，a の最小値を求めなさい。 〔開明高〕

(2) 2次方程式 $x^2-x-12=0$ の2つの解は，2次方程式 $x^2+ax+b=0$ の2つの解よりそれぞれ1だけ大きいという。このとき，定数 a，b の値を求めなさい。 〔近畿大泉州高〕

(3) 2次方程式 $x^2-2x-1=0$ の2つの解を a，$b\,(a<b)$ とするとき，$2a^2-4a+b^2+b-1$ の値を求めなさい。 〔大宮開成高〕

(4) 2次方程式 $\sqrt{3}x^2-2\sqrt{15}x+\sqrt{3}=0$ を解きなさい。 〔成田高〕

4 A君とB君が2次方程式 $x^2+ax+b=0$ を解いたが，A君は係数 a を書きまちがえたので，3と -4 という解を得た。B君は b を書きまちがえたので，7と -1 という解を得た。(9点×2) 〔金沢大附高〕

(1) a，b の値を求めなさい。

(2) 2次方程式 $x^2+ax+b=0$ の正しい解を求めなさい。

9 2次方程式の利用

Step A　Step B　Step C

解答▶別冊24ページ

重要 **1** 次の問いに答えなさい。

(1) ある正の数xを2乗しなければならないところを，まちがえて2倍したため答えが24小さくなった。この正の数xの値を求めなさい。〔神奈川〕

(2) ある正の整数を2乗した数は，もとの整数に6を加えて8倍した数に等しい。もとの整数を求めなさい。〔和洋国府台女子高〕

(3) 連続した3つの負の整数があって，それぞれの平方の和が110になるという。この3つの負の整数のうち，最も大きい数を求めなさい。〔成城高〕

記述 **2** 下の図で，ある数をアにあてはめると，イ，ウ，エの数は，書いてある計算のルールにしたがって順に決まっていく。ある数xをアにあてはめて順に計算していくと，エの数がxを10倍した数と等しくなった。このとき，xについての方程式をつくり，xの値を求めなさい。〔熊　本〕

重要 **3** 縦の長さが13m，横の長さが15mの長方形の畑がある。これに，右の図のように，縦と横に同じ幅の道をつくり，残った畑の面積が168m^{2}になるようにする。道幅を何mにすればよいかを求めなさい。〔清明学院高〕

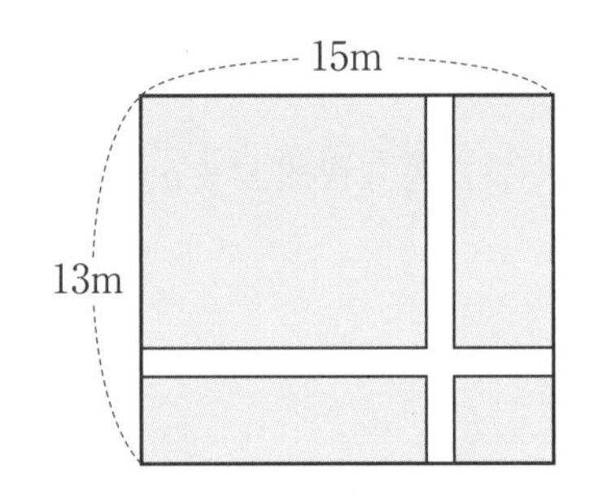

記述 **4** 横の長さが縦の長さより2cm長い長方形の紙がある。右の図のように4すみから1辺が4cmの正方形を切り取って，ふたのない直方体の容器をつくったところ，容積が96cm³となった。もとの紙の縦の長さを$x$cmとして方程式をつくり，もとの紙の縦の長さを求めなさい。ただし，途中の計算も書くこと。〔栃　木〕

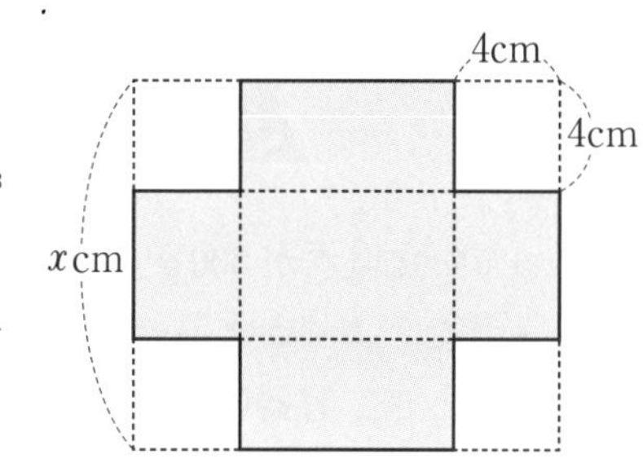

5 長さ16cmの針金を2つに切り，それぞれを折り曲げて2つの正方形をつくると，その2つの正方形の面積の和が10cm²になった。2つに切った針金のうち，短いほうの針金の長さを求めなさい。〔近畿大附属和歌山高〕

6 記号$\begin{vmatrix} & \\ & \end{vmatrix}$の計算方法を，$\begin{vmatrix} a & b \\ c & d \end{vmatrix} = ad - bc$と定めるとき，次の問いに答えなさい。〔京都橘高〕

(1) $\begin{vmatrix} 5 & -3 \\ 2 & -1 \end{vmatrix}$を計算しなさい。

(2) $\begin{vmatrix} x+1 & 1 \\ 4 & x-2 \end{vmatrix} = 6$を満たす$x$の値をすべて求めなさい。

チェックポイント

2次方程式の文章題

① 2次方程式の解はふつう2つあるが，その両方ともが問題に適するとは限らない。必ず解の吟味(ぎんみ)をすること。

② 図形に関する問題では，線分の長さや面積は負の数にならないことに注意する。

Step A　Step B　Step C

●時 間 40分	●得 点
●合格点 80点	点

解答▶別冊24ページ

1 6%の食塩水が300g入っている容器から，xgの食塩水をくみ出し，そのかわりにxgの水を入れた。よくかき混ぜてから，また，xgの食塩水をくみ出し，そのかわりにxgの水を入れた。このとき，容器に残っている食塩の量は8gになった。(10点×2)　〔明治大付属中野高〕

(1) はじめにくみ出したあとの容器の中に残っている食塩水中の食塩の量をxを用いた式で表しなさい。

(2) xの値を求めなさい。

記述 **2** 原価2000円の商品にx%の利益を見込んで定価をつけたが，売れないので，定価のx%引きで売ったところ，45円の損失となった。xについての方程式をつくり，計算過程を書いてxの値を求めなさい。(10点)　〔東京電機大高〕

3 学校からキャンプ場までは21km離れている。A君は学校からキャンプ場に向かって一定の速さで進み，B君はA君が出発してから30分後に，キャンプ場から学校に向かって一定の速さで進み，ちょうど午前11時に2人は出会った。その後，そのまま目的地に向かって進み，A君が午後2時20分にキャンプ場に，B君は午後1時15分に学校に着いた。(10点×2)　〔立命館宇治高〕

(1) A君が出発してから，2人が出会うまでの時間は何時間何分ですか。

(2) B君は時速何kmで進みましたか。

4 ある動物園では，入園料を a%値上げすると，入場者数は $\frac{5}{6}a$%減少する。ただし，$a>0$ とする。(10点×2)　〔梅花高〕

(1) 入園料を 30%値上げすると，収入は何%増えるか，または減るか，求めなさい。

(2) 収入の増減がないのは，入園料を何%値上げしたときですか。

5 縦 30m，横 60m の長方形の土地がある。右の図のように，長方形の各辺と平行になるように同じ幅の通路を，縦に 3 本，横に 2 本つくり，残りの土地に花を植えたい。花を植える土地の面積をもとの土地の面積の 78%にするには，通路の幅を何 m にすればよいですか。(10点)　〔関西学院高〕

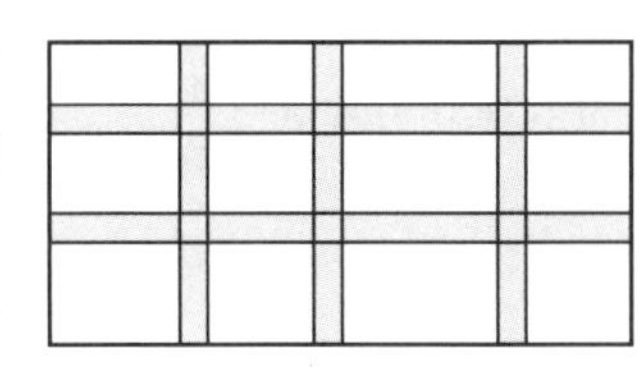

6 あるクラスでは女子の人数が男子より 4 人多い。このクラスでカードを配ることにした。1 人 18 枚ずつで女子から配り始めたところ，女子全員には配ることができたが男子にはちょうど 5 人分配ることができなかった。また，男子には男子の人数と同じ枚数を，女子には女子の人数と同じ枚数を配ることにすると 8 枚不足した。(10点×2)　〔奈良学園高〕

(1) このクラスの男子の人数を求めなさい。

(2) カードを 1 人に何枚かずつ配ると，クラス全員にちょうど配ることができた。1 人に配った枚数を求めなさい。

月　日

Step A　Step B　Step C

●時 間 40分	●得 点
●合格点 70点	点

解答▶別冊25ページ

1 次の問いに答えなさい。(9点×3)

(1) 2次方程式 $x^2-2ax+1-4\sqrt{2}-2\sqrt{6}=0$ の解の1つが $x=2+\sqrt{3}$ である。このとき，定数 a の値を求めなさい。 〔大阪星光学院高〕

(2) $a>0$ とする。a の小数部分を b とすると，$a^2+b^2=8$ である。a の値を求めなさい。

〔早稲田実業学校高〕

(3) 連立方程式 $\begin{cases} x+y=x^2+4 \\ x:y=1:3 \end{cases}$ を解きなさい。 〔明治学院高〕

2 x についての2つの2次方程式 $x^2-2x-(k+6)=0$ ……①，$x^2+kx+2k=0$ ……②について，次の問いに答えなさい。(7点×2) 〔明治大付属明治高〕

(1) ①の解の1つが5のとき，②の解をすべて求めなさい。

(2) 整数 n が，①と②の共通の解となるとき，k と n の値を求めなさい。

難 **3** x についての2つの2次方程式 $x^2-(a+4)x-(a+5)=0$ ……①，$x^2-ax+2b=0$ ……②がある。a，b がともに負の整数のとき，次の問いに答えなさい。(7点×2) 〔明治大付属明治高〕

(1) 2次方程式①がただ1つの解をもつとき，a の値を求めなさい。

(2) 2次方程式①と②の両方を満たす共通の解が1つだけあるとき，a，b の値を求めなさい。ただし，$a>b$ とする。

4 右の図の六角形ABCDEFは長方形から正方形を切り取った図形で，DE＝12cm，EF＝8cmである。2点P，Qはそれぞれ，正方形の対角線，長方形の対角線の交点である。直線PQによってこの図形を2つの部分に分けたとき，色のついた面積が24cm^2になった。このとき，切り取った正方形の1辺の長さを求めなさい。(10点)　〔智辯学園和歌山高〕

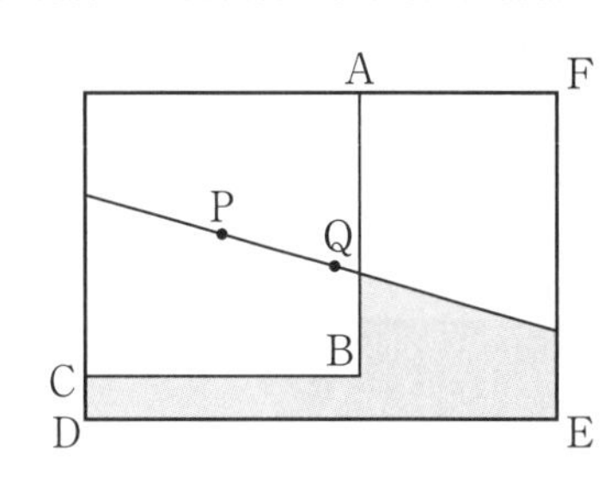

5 xの整数部分を〔x〕，小数部分を⟨x⟩で表す。例えば，$x=1.3$のとき，〔x〕$=1$，⟨x⟩$=0.3$である。

(7点×3)　〔明星高(大阪)〕

(1) あるxが，〔x〕$=2$，⟨x⟩$=0.8$を満たすとき，〔$3x$〕，⟨$3x$⟩の値をそれぞれ求めなさい。

(2) $2 \leqq x < 2\sqrt{2}$のとき，

① $\left[\dfrac{1}{4}x^2\right]$の値を求めなさい。

② $\left\langle\dfrac{1}{4}x^2\right\rangle=\dfrac{1}{3}x-\dfrac{5}{12}$を満たす$x$の値を求めなさい。

要 **6** 右の図のように2直線ℓ：$y=-2x+k$，m：$y=x+1$が点Qで交わっている。直線ℓのx切片，直線mのy切片をそれぞれP，Rとしたとき，次の問いに答えなさい。(7点×2)

〔神戸弘陵学園高〕

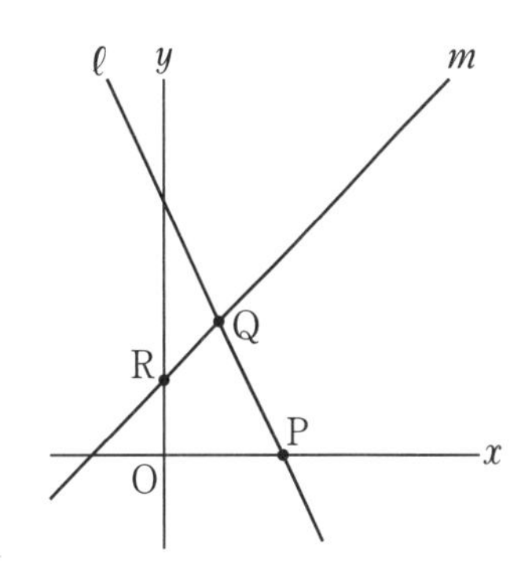

(1) $k=10$のとき，四角形OPQRの面積を求めなさい。

(2) 四角形OPQRの面積が$\dfrac{5}{2}$になるkの値を求めなさい。

10 関数$y=ax^2$とそのグラフ

Step A　Step B　Step C

解答▶別冊27ページ

1 次のxとyの関係を式に表し，yがxの2乗に比例するかどうかをいいなさい。また，そのときの比例定数をいいなさい。

(1) 1辺が$x$cmの正方形の面積を$y$cm²とする。

(2) 1辺が$x$cmの正方形のまわりの長さを$y$cmとする。

(3) 1辺が$x$cmの立方体の表面積を$y$cm²とする。

(4) 直角二等辺三角形の直角をはさむ2辺の長さを$x$cm，面積を$y$cm²とする。

重要 **2** yはxの2乗に比例し，$x=4$のとき，$y=8$である。

(1) yをxの式で表しなさい。

(2) $x=-6$のとき，yの値を求めなさい。

(3) $y=2$のとき，xの値を求めなさい。

3 物体が自然に落下するとき，落ちる距離は落ち始めてからの時間の2乗に比例する。物体が落ち始めてから3秒後に45m落ちた。落ち始めてからx秒後に落ちた距離をymとして，次の問いに答えなさい。

(1) yをxの式で表しなさい。

(2) 右の表の空欄㋐～㋓にあてはまる数を書きなさい。

x(秒)	1	2	3	4	5
y(m)	㋐	㋑	45	㋒	㋓

(3) 2秒後から3秒後までの1秒間には，何m落ちますか。

4 右の図で，**ア**は $y = x^2$ のグラフである。**イ**～**オ**は，次の(1)～(4)のどれかの関数のグラフである。次の関数を表すグラフを図から選び，記号で答えなさい。

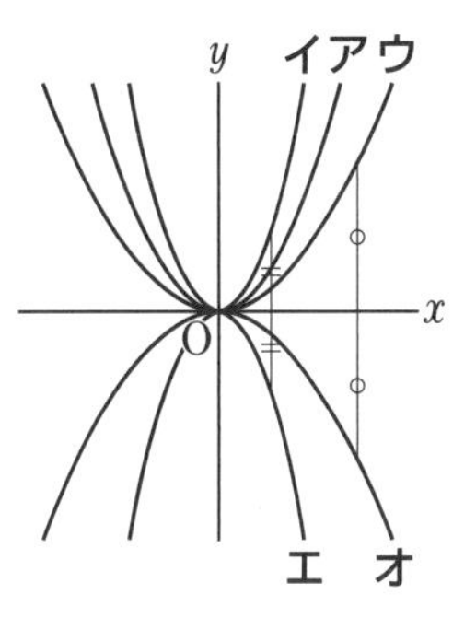

(1) $y = 2x^2$

(2) $y = -\frac{1}{2}x^2$

(3) $y = \frac{1}{2}x^2$

(4) $y = -2x^2$

5 下の**ア**～**ク**の関数のグラフについて，次の問いに記号で答えなさい。

ア $y = -3x^2$　**イ** $y = \frac{1}{6}x^2$　**ウ** $y = 2x^2$　**エ** $y = -\frac{1}{12}x^2$

オ $y = -\frac{1}{6}x^2$　**カ** $y = 3x^2$　**キ** $y = 10x^2$　**ク** $y = 0.1x^2$

(1) グラフが上に開いているものはどれですか。

(2) グラフが下に開いているものはどれですか。

(3) グラフの開き方が最も小さいものはどれですか。

(4) グラフの開き方が最も大きいものはどれですか。

(5) 2つのグラフが x 軸について対称になっているものは，どれとどれですか。

チェックポイント

① **関数 $y=ax^2$**…y は x^2 に比例する関数である。x の値が2倍，3倍，4倍，…と変わるとき，y の値は 2^2 倍，3^2 倍，4^2 倍，…と変わる。y は x^2 に比例するとあれば，$y = ax^2$ とおき，a の値を求める。

② **関数 $y=ax^2$ のグラフの特徴**

㋐ 原点を頂点とし，y 軸について対称な放物線である。

㋑ $a > 0$ のとき，放物線は上に開く。
　$a < 0$ のとき，放物線は下に開く。

㋒ a の絶対値が等しく符号が逆の2つのグラフは，x 軸について対称。

㋓ a の絶対値が大きいほど開き方は小さい。

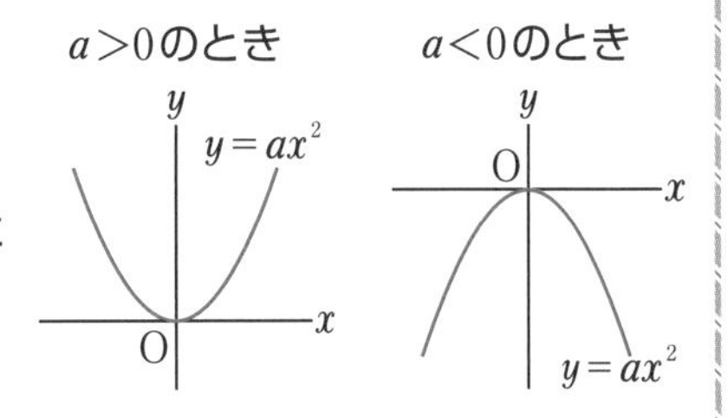

Step A　Step B　Step C

●時 間 35分	●得 点
●合格点 80点	点

解答▶別冊27ページ

重要 **1** 次の問いに答えなさい。(9点×4)

(1) y は x の 2 乗に比例し，$x=2$ のとき $y=1$ である。y を x の式で表しなさい。〔千　葉〕

(2) 関数 $y=ax^2$ について，$x=2$ のとき $y=12$ である。このとき，定数 a の値を求めなさい。〔岡　山〕

(3) y は x^2 に比例し，$x=1$ のとき $y=2$ である。$x=7$ のときの y の値を求めなさい。〔須磨学園高〕

(4) 右の図の曲線は，$y=ax^2$ のグラフである。グラフから，a の値を求めなさい。〔埼　玉〕

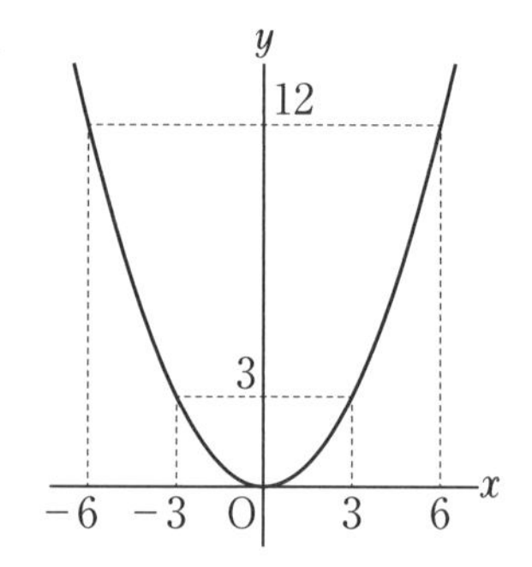

2 時速 80 km で走っている自動車が，ブレーキをかけてから止まるまでに進む距離は 40 m であった。時速を x km，ブレーキをかけてから止まるまでに進む距離を y m とすると，y は x の 2 乗に比例するという。(8点×3)

(1) y を x の式で表しなさい。

(2) 時速 40 km で走っているとき，ブレーキをかけてから止まるまでに何 m 進みますか。

(3) ブレーキをかけてから 4 m で止まるには，時速何 km で走ればよいですか。($\sqrt{10}=3.2$ とする)

3 右の図のように，関数 $y=x^2$ のグラフ上に，2 点 A，B がある。A，B の x 座標がそれぞれ -3，1 であるとき，2 点 A，B を通る直線の式を求めなさい。(10点) 〔滋 賀〕

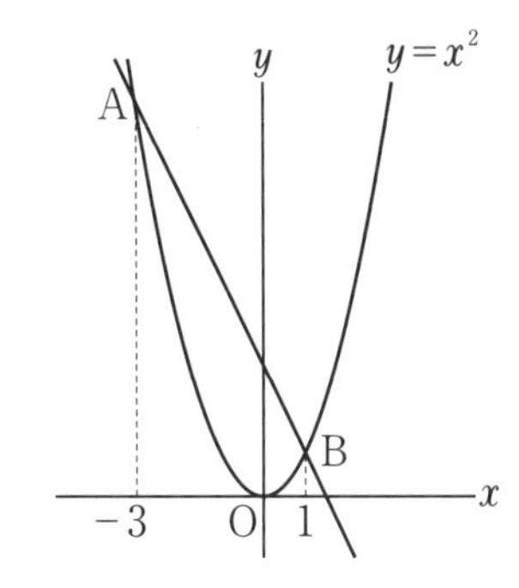

4 右の図のように，関数 $y=ax^2$ のグラフ上に，x 座標が -1 となる点 A をとる。また，x 軸上の座標が $(1,\ 0)$ となる点を B とする。直線 AB の切片が 2 のとき，a の値を求めなさい。(10点) 〔宮 城〕

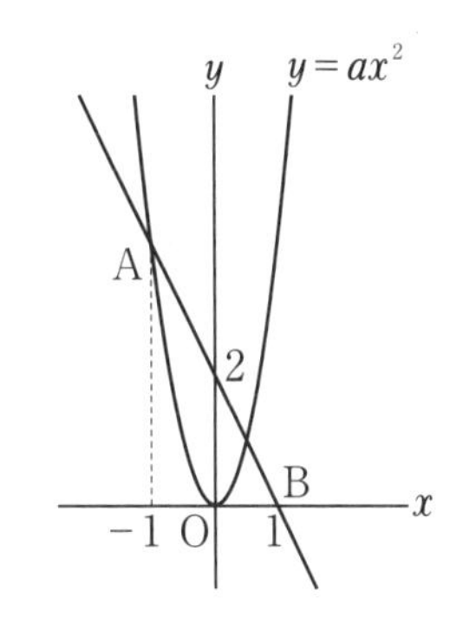

5 右の図は，2 つの関数 $y=ax^2\ (a>0)$，$y=-x^2$ のグラフである。それぞれのグラフ上の x 座標が 2 である点を A，B とする。AB$=10$ となるときの a の値を求めなさい。(10点) 〔栃 木〕

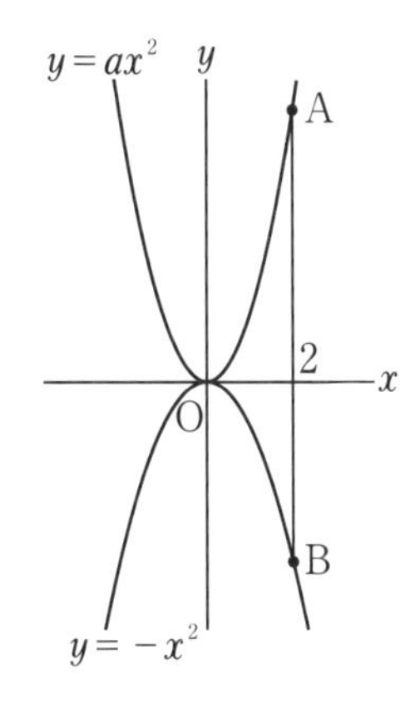

6 右の図のように，x 軸に平行な直線が，関数 $y=\frac{2}{5}x^2$ のグラフと 2 点 A，B で交わり，y 軸と点 C で交わっている。AB$=$OC のとき，点 A の x 座標を求めなさい。ただし，点 A の x 座標は正の数とする。(10点) 〔宮 城〕

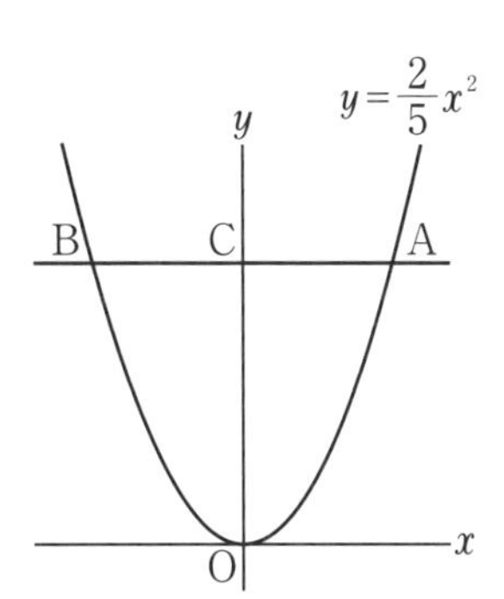

11 関数$y=ax^2$の値の変化

Step A　Step B　Step C

解答▶別冊28ページ

重要 **1** 次の問いに答えなさい。

(1) 関数 $y=2x^2$ について，x の変域が $-2\leqq x\leqq 3$ のとき，y の変域を求めなさい。〔青　森〕

(2) 関数 $y=\frac{1}{2}x^2$ について，x の変域が $-4\leqq x\leqq 2$ のとき，y の変域を求めなさい。〔茨　城〕

(3) 関数 $y=x^2$ について，x の変域が $-1\leqq x\leqq \frac{3}{2}$ のとき，y の変域に含まれる整数をすべてあげなさい。〔宮　城〕

(4) 関数 $y=2x^2$ について，x の変域が $a\leqq x\leqq 1$ のとき，y の変域は $0\leqq y\leqq 18$ である。このとき，a の値を求めなさい。〔新　潟〕

重要 **2** 次の問いに答えなさい。

(1) 関数 $y=-2x^2$ について，x の値が 2 から 4 まで増加するときの変化の割合を求めなさい。〔徳　島〕

(2) 関数 $y=ax^2$ で，x の値が 1 から 3 まで増加するときの変化の割合が 2 となった。このとき，a の値を求めなさい。〔埼　玉〕

(3) x の値が 1 から 4 まで増加するとき，2 つの関数 $y=ax^2$ と $y=2x$ の変化の割合が等しくなるような a の値を求めなさい。〔神奈川〕

3 関数$y=ax^2$(aは定数，$a<0$)について説明した次の**ア**から**エ**までの文の中から正しいものをすべて選び，その記号を書きなさい。〔愛 知〕

ア グラフはy軸を対称の軸として線対称である。

イ グラフは原点を通り，x軸の上側にある。

ウ 変化の割合は一定で，aに等しい。

エ $x \leqq 0$の範囲では，xの値が増加するにつれて，yの値は増加する。

4 5つの関数$y=ax^2$，$y=bx^2$，$y=cx^2$，$y=dx^2$，$y=ex^2$は，下の①～④の条件を満たしている。〔兵 庫〕

(条件)
①関数$y=ax^2$のグラフは点(3，3)を通る。
②関数$y=bx^2$のグラフは，x軸を対称の軸として関数$y=ax^2$のグラフと線対称である。
③関数$y=cx^2$について，xの値が1から3まで増加するときの変化の割合は2である。
④$c<d$，$e<b$とする。

(1) aの値を求めなさい。

(2) bの値を求めなさい。

(3) cの値を求めなさい。

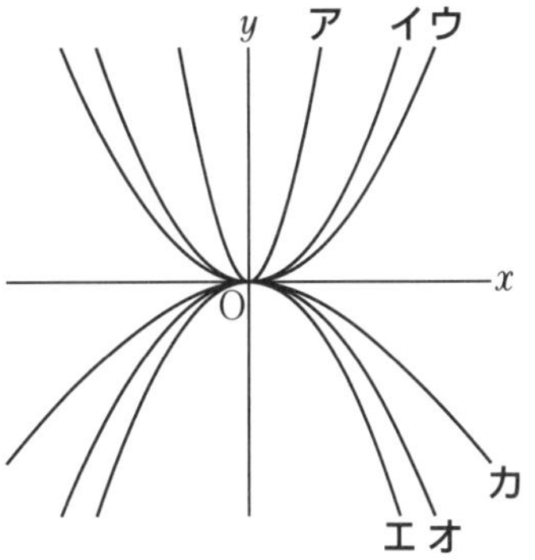

(4) 5つの関数のグラフは，右上の図の**ア**～**カ**のいずれかである。また，図の**イ**と**エ**，**ウ**と**オ**はそれぞれx軸を対称の軸として線対称である。関数$y=cx^2$と関数$y=ex^2$のグラフを，**ア**～**カ**からそれぞれ1つずつ選んで，その記号を書きなさい。

チェックポイント

① **関数$y=ax^2$の値の変化**

㋐ $a>0$のとき…xの値が増加するにつれて，$x<0$の範囲ではyの値は減少し，$x=0$のとき最小値0をとる。$x>0$の範囲ではyの値は増加する。

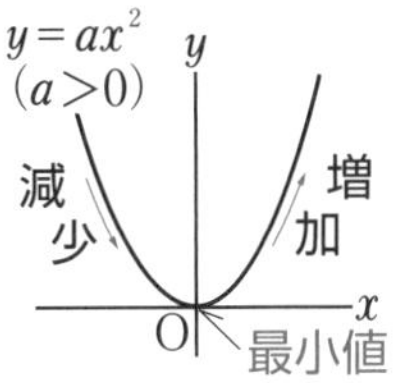

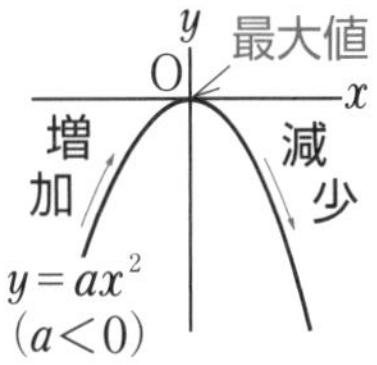

㋑ $a<0$のとき…xの値が増加するにつれて，$x<0$の範囲ではyの値は増加し，$x=0$のとき最大値0をとる。$x>0$の範囲ではyの値は減少する。

② 変化の割合…(変化の割合)$=\dfrac{(y\text{の増加量})}{(x\text{の増加量})}$

③ 1次関数$y=ax+b$の変化の割合は一定で，傾きaに等しい。関数$y=ax^2$の変化の割合は一定でない。

Step A　Step B　Step C

●時 間 35分	●得 点
●合格点 80点	点

解答▶別冊29ページ

重要 **1** 次の問いに答えなさい。(7点×3)

(1) 関数 $y=-3x^2$ について，x の変域が $-4<x<1$ のときの y の変域を求めなさい。〔法政大国際高〕

(2) 関数 $y=-3x^2$ において，x の変域が $-1\leqq x\leqq a$ のとき，y の変域が $-27\leqq y\leqq b$ である。a，b の値を求めなさい。〔日本大豊山高〕

(3) x の変域を $-2\leqq x\leqq 3$ とする。関数 $y=ax-2$ の最小値が，関数 $y=-x^2$ の最小値よりも大きいとき，a のとりうる値の範囲を求めなさい。〔明治大付属明治高〕

重要 **2** 次の問いに答えなさい。(7点×3)

(1) 関数 $y=ax^2$ で，x の値が1から3まで変化するときの変化の割合が $\frac{4}{3}$ のとき，a の値を求めなさい。

〔土浦日本大高〕

(2) 2つの関数 $y=ax^2$ と $y=x+3$ において，x の値が $-\frac{1}{2}$ から $\frac{5}{2}$ まで変化するときの変化の割合が等しくなるとき，a の値を求めなさい。〔豊島岡女子学園高〕

(3) a を定数とする。2つの関数 $y=ax^2$ と $y=\frac{1}{x}$ について，x の値が1から5まで変わるときの変化の割合が等しいとき，a の値を求めなさい。〔國學院大久我山高〕

3 高いところから物を落とすとき，t 秒間に落ちる距離を S m とすれば，およそ，$S=5t^2$ という関係が成り立つ。(7点×2)

(1) 落ち始めてから3秒後までに落ちる距離を求めなさい。

(2) 落ち始めて1秒後から4秒後までの間の平均の速さを求めなさい。

4 右の図において，①は関数 $y=ax^2$ のグラフ，②は関数 $y=bx^2$ のグラフ，③は関数 $y=cx^2$ のグラフである。(7点×2)　〔山　形〕

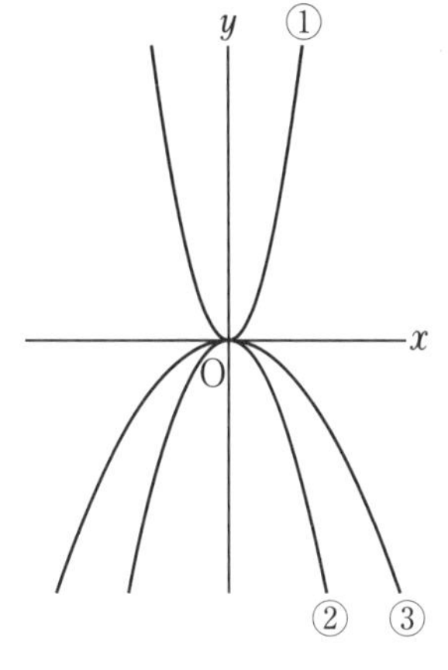

(1) 3つの数 a，b，c を左から小さい順に並べなさい。

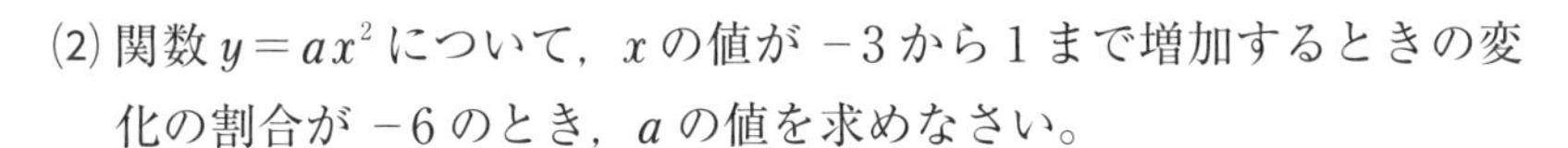

(2) 関数 $y=ax^2$ について，x の値が -3 から 1 まで増加するときの変化の割合が -6 のとき，a の値を求めなさい。

5 右の図の**ア**～**エ**は，関数 $y=ax^2$ のグラフである。(7点×2)　〔群　馬〕

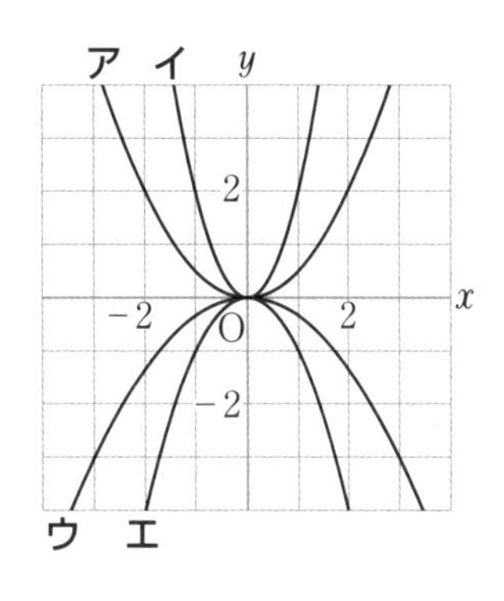

(1) 関数 $y=\frac{1}{2}x^2$ のグラフを，右の図の**ア**～**エ**から選びなさい。

(2) x の値が -2 から -1 まで増加するときの変化の割合が最も大きい関数のグラフを，右の図の**ア**～**エ**から選びなさい。また，そのときの変化の割合を求めなさい。

6 右の図は，関数 $y=2x^2$ のグラフと，関数 $y=ax^2$ のグラフを同じ座標軸を使ってかいたものであり，直線 ℓ は x 軸に平行である。(8点×2)　〔山　口〕

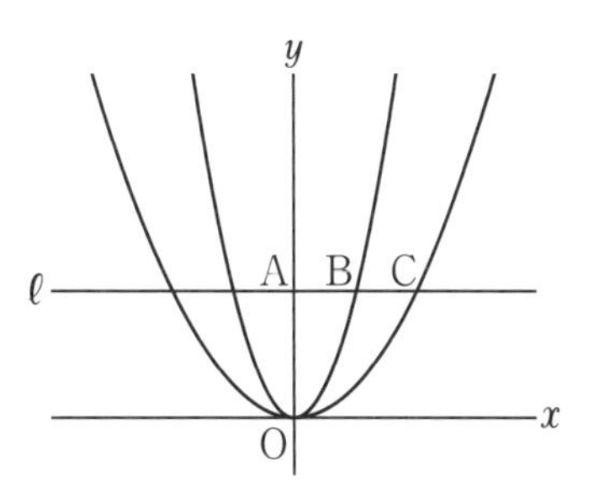

(1) 直線 ℓ と y 軸との交点をA，直線 ℓ と関数 $y=2x^2$，関数 $y=ax^2$ のグラフとの交点のうち，x 座標が正である点をそれぞれB，Cとする。また，点Bの x 座標が1で，AB＝BCである。このとき，a の値を求めなさい。

(2) 関数 $y=2x^2$ について，次の［ア］，［イ］にあてはまる数を求めなさい。
x の変域が $-1\leqq x\leqq$［ア］のとき，y の変域は［イ］$\leqq y\leqq 18$ となる。

12 放物線と図形

Step A　Step B　Step C

解答▶別冊30ページ

重要 **1** 次の放物線と直線の交点の座標を求めなさい。

(1) 放物線 $y = x^2$ と直線 $y = x + 6$

(2) 放物線 $y = -\frac{1}{2}x^2$ と直線 $y = \frac{1}{2}x - 6$

(3) 放物線 $y = \frac{1}{2}x^2$ と直線 $y = 2x - 2$

重要 **2** 次の図において，直線 ℓ の式を求めなさい。

(1)

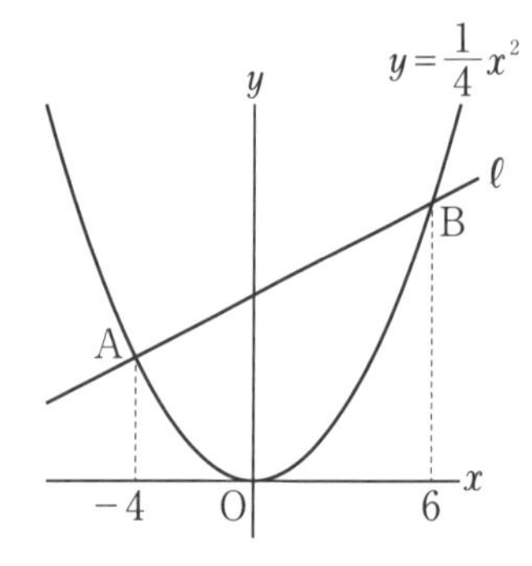

(2)

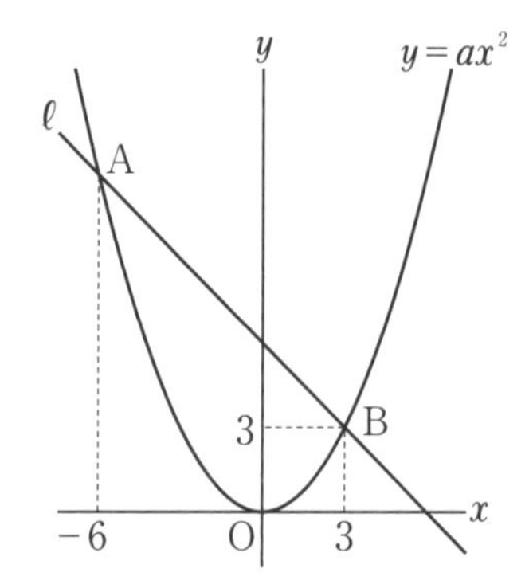

3 次の問いに答えなさい。

(1) 放物線 $y = ax^2$ と直線 $y = ax + b$ の交点の1つが(2, 6)であるとき，他の交点の座標を求めなさい。〔日本大第二高〕

(2) 関数 $y = \frac{1}{2}x^2$ のグラフ上に x 座標がそれぞれ6と -4 である2つの点Aと点Bがある。このとき，直線ABの式を求めなさい。〔明治大付属明治高〕

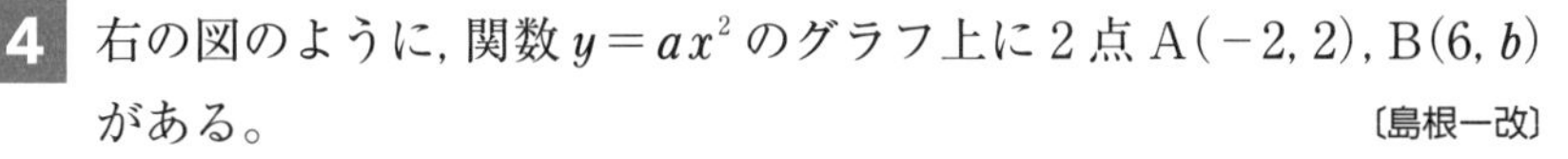

4 右の図のように，関数 $y=ax^2$ のグラフ上に 2 点 A$(-2, 2)$，B$(6, b)$ がある。　〔島根一改〕

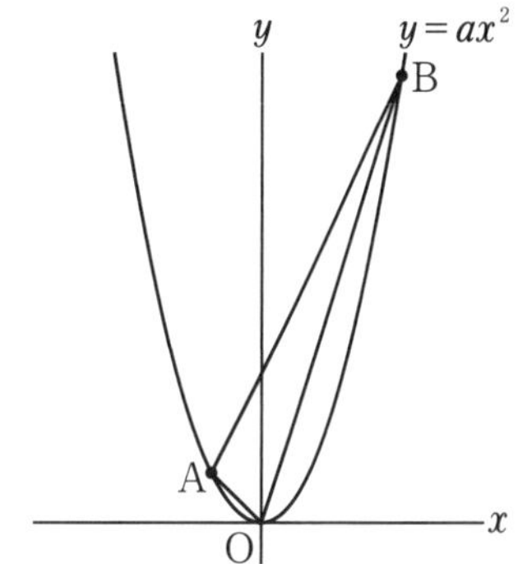

(1) a，b の値を求めなさい。

(2) 直線 AB の式を求めなさい。

(3) △OAB の面積を求めなさい。

(4) 原点 O を通り，△OAB の面積を 2 等分する直線の式を求めなさい。

(5) 放物線上で点 O と点 B の間に点 P をとると，△OAB の面積と△PAB の面積が等しくなった。このとき，点 P の座標を求めなさい。

チェックポイント

① **放物線と直線の交点**…放物線 $y=ax^2$ と直線 $y=mx+n$ の交点の x 座標は，2 次方程式 $ax^2=mx+n$ の 2 つの解である。交点の座標はふつう 2 つある。

② **等積変形の利用**…右の図で，AB∥OP ならば，△OAB＝△PAB

y　平行　B　A　P　O　x

③ **面積を 2 等分する直線**

・三角形の面積を 2 等分する直線は，頂点とその対辺の中点を結べばよい。

・平行四辺形や長方形などを 2 等分する直線は，対角線の交点を通ればよい。

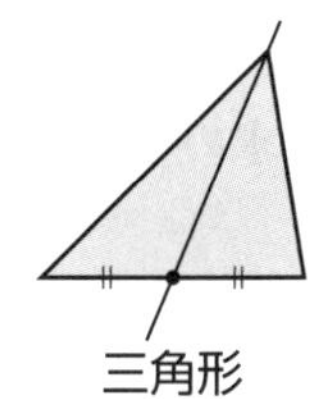
三角形

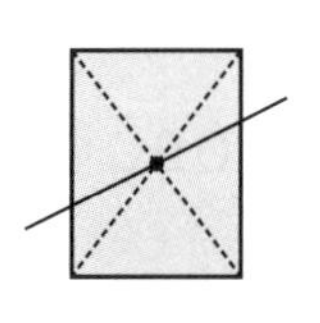
平行四辺形

長方形

Step A　Step B　Step C

●時 間 40分	●得 点
●合格点 80点	点

解答▶別冊31ページ

1 右の図において，放物線①，②はそれぞれ関数 $y=\frac{1}{4}x^2$，$y=x^2$ のグラフである。また，点Aは②上の $x>0$ の範囲を動く点である。点Aを通り y 軸に平行な直線と①との交点をBとし，点Aを通り x 軸に平行な直線と①との交点をCとする。線分AB，ACを2辺とする長方形ABDCをつくり，点Aの x 座標を t とするとき，次の問いに答えなさい。(8点×3)　〔愛媛一改〕

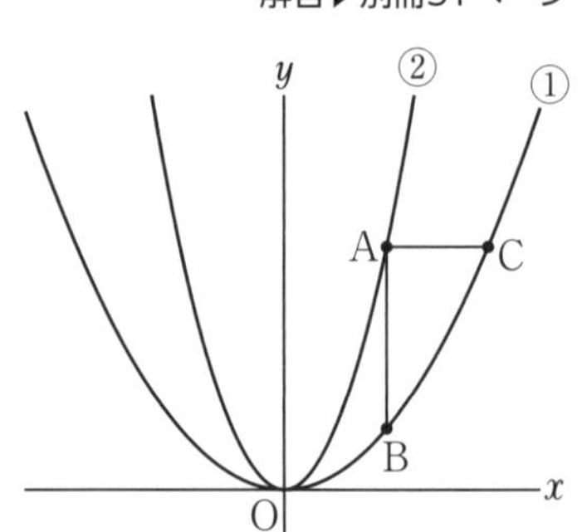

(1) 点Dの座標を t を使って表しなさい。

(2) 長方形ABDCが正方形となるような t の値を求めなさい。

(3) 点(3，2)が長方形ABDCの周上にあるような t の値をすべて求めなさい。

重要 **2** 右の図のように，放物線 $y=ax^2$ と直線 $y=bx+2$ が2点A，Bで交わっている。点Aの x 座標は -2 で，点Bの x 座標は3である。また，四角形AOBCが平行四辺形になるように点Cをとる。(7点×4)　〔高知学芸高〕

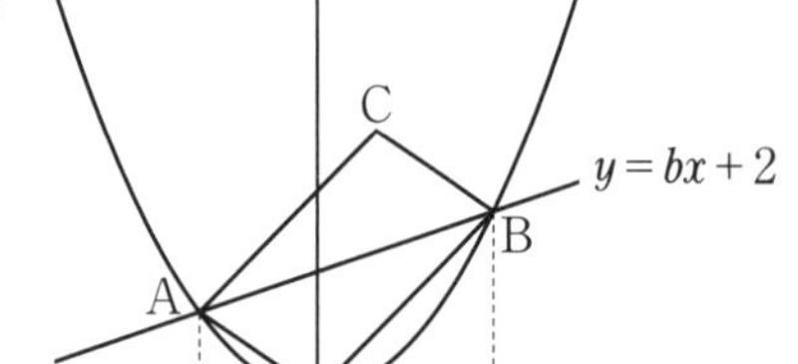

(1) a，b の値を求めなさい。

(2) 点Cの座標を求めなさい。

(3) 平行四辺形AOBCの面積を求めなさい。

(4) 直線BCに平行で，平行四辺形AOBCの面積を2等分する直線の式を求めなさい。

要 **3** 右の図のように，関数 $y=ax^2(a>0)$ のグラフ上に 2 点 A，B がある。A，B の x 座標はそれぞれ -1，2 で，直線 AB の傾きは $\frac{1}{2}$ である。直線 AB と y 軸との交点を C とするとき，次の問いに答えなさい。(8点×3)　〔筑波大附属駒場高〕

(1) a の値を求めなさい。

(2) 直線 OB 上に点 D があり，直線 CD は△OAB の面積を 2 等分する。D の座標を求めなさい。

(3) $y=ax^2$ のグラフ上に点 P をとる。(2) で求めた D について，△PBC と△DBC の面積が等しくなるような P の x 座標をすべて求めなさい。

4 右の図のように，関数 $y=ax^2$ のグラフ上に 4 点 A，B，C，D があり，x 座標は順に，-2，1，t，$t+5$ である。AB∥CD であるとき，次の問いに答えなさい。(8点×3)　〔中央大附高〕

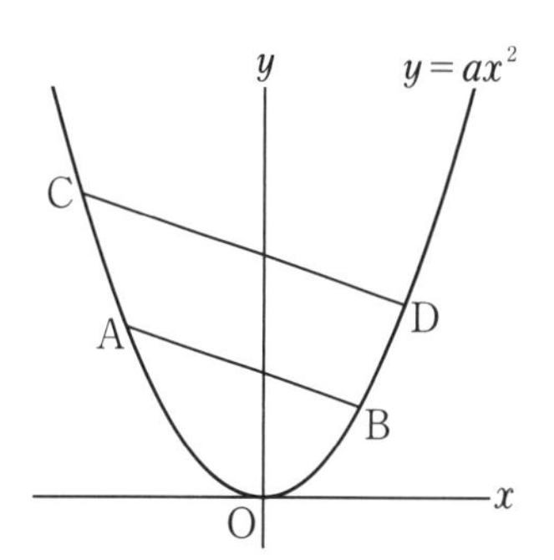

(1) 直線 AB の傾きを a を用いて表しなさい。

(2) t の値を求めなさい。

(3) 四角形 ABDC の面積が 6 であるとき，a の値を求めなさい。

13 点の移動とグラフ

Step A Step B Step C

解答▶別冊32ページ

1 右の図1のように，AB＝12cm，BC＝6cm の長方形ABCDがあり，辺ABの中点をMとする。点PはAを出発し，長方形ABCDの辺上を毎秒2cmの速さでA→D→C→Bの順に進む。点Qは点Pが出発すると同時にAを出発し，辺AB上を毎秒2cmの速さでAからMへ進み，Mに着いたらt秒間停止する。その後，点Qは毎秒$a$cmの速さでMからBへ進む。このとき，点PはCに，点QはBに同時に着く。点Qはそこで停止し，点Pはその後Bまで進んで停止する。〔栃　木〕

(図1)

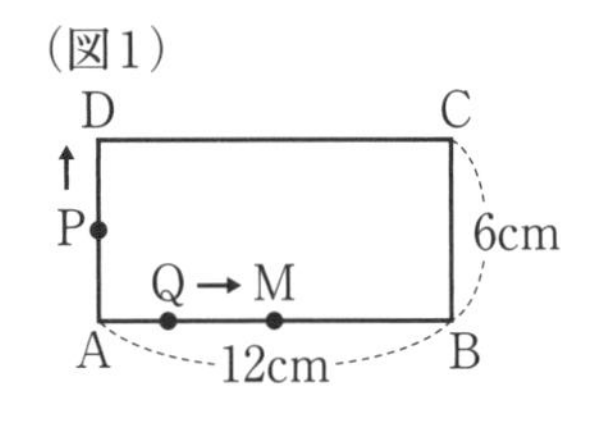

(1) 点PがAを出発してから1秒後の△APQの面積を求めなさい。

(2) 右の図2のグラフは，点QがMで4秒間停止したとき，2点P，QがAを出発してからx秒後の△APQの面積を$y$cm²として，xとyの関係を表したものである。ただし，2点P，Qが一致するとき，$y=0$とする。

①点QがMからBへ進む速さは毎秒何cmですか。

(図2)

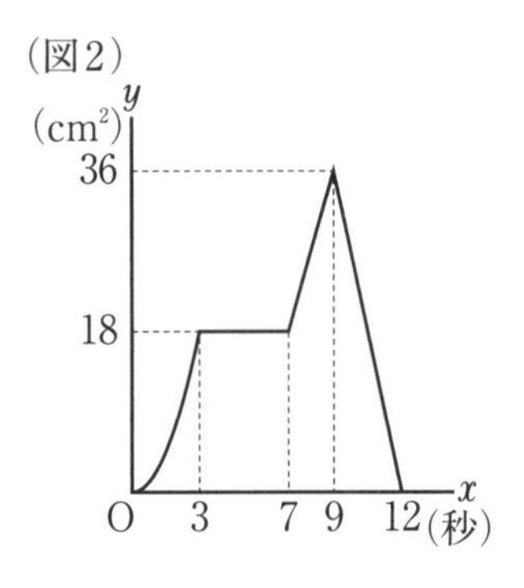

記述 ②点Pが辺CB上にあるとき，△APQの面積が12cm²になるのは，点PがAを出発してから何秒後ですか。ただし，途中の計算も書くこと。

(3) 点PがAを出発してから7秒後に△APQの面積が28cm²となるためには，点QはMで何秒間停止すればよいですか。

2 右の図の長方形ABCDは，AB＝4cm，AD＝2cmであり，辺AB,CDの中点をそれぞれE,Fとし,線分EFをひく。2点P,Qは,同時にAを出発し，Pは毎秒1cmの速さでA→E→B→Cの順に動き，Cで停止する。Qは毎秒1cmの速さで辺および線分上をA→D→F→Eの順に動き，Eで停止する。P，Qが出発してからx秒後の三角形APQの面積を$y$cm^{2}として，その変化の様子を調べる。ただし，3点A，P，Qが一直線上にあるとき，$y=0$とする。 〔群 馬〕

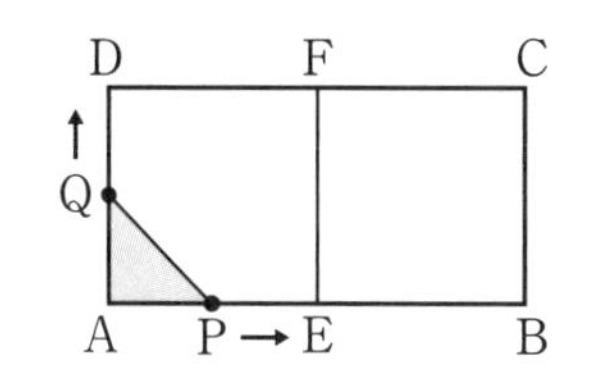

(1) $x=3$，$x=\frac{9}{2}$のとき，yの値をそれぞれ求めなさい。

(2) $4 \leqq x \leqq 6$のとき，

① $y=0$となるxの値を求めなさい。

② xの範囲を2通りに分けて，yをxの式で表しなさい。

(3) P，Qが出発してから停止するまでの，xとyの関係を表すグラフをかきなさい。

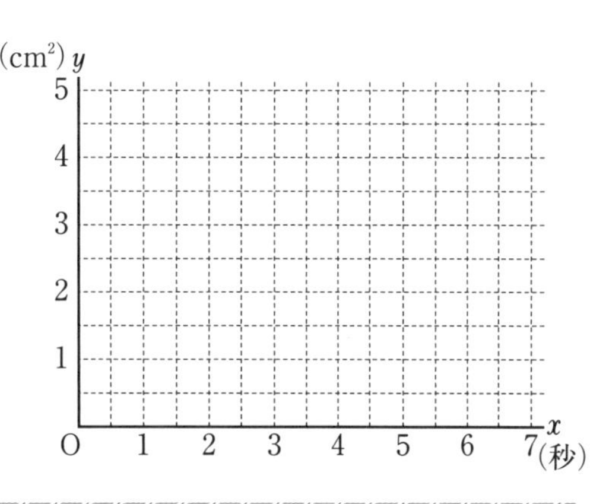

チェックポイント

点の移動とグラフ…移動する点が図形の頂点を曲がるときや停止するとき，または，速さが変わるときに状況が変化する。

→xの変域を場合分けして考える。

→実際に図をかいて考える。

Step A　Step B　Step C

●時間 40分	●得点
●合格点 80点	点

解答▶別冊33ページ

1 右の図1のように，正方形ABCDの辺上を2点P，Qはそれぞれ点A，Bを同時に出発して，ともに同じ速さで動く。点PはBまで，点QはC，Dを通ってAまで移動し，点Pは点QがAに到着するまでBに止まっている。2点P，Qがそれぞれ点A，Bを出発してからx秒後の△APQの面積を$y$cm^{2}とする。図2のグラフは，点QがCに到着するまでの辺BC上にあるときのxとyの関係である。(8点×4)　〔梅花高〕

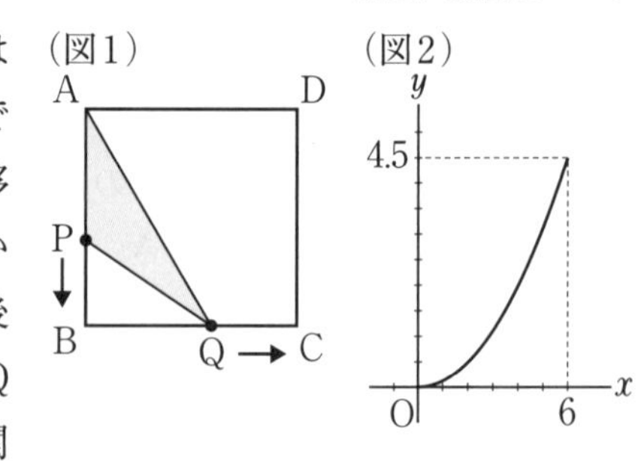

(1) 点P，Qの速さは毎秒何cmですか。

(2) 正方形ABCDの1辺の長さは何cmですか。

(3) 点Qが辺DA上にあるとき，xの変域を求め，yをxの式で表しなさい。

(4) $y=3$となるときのxの値をすべて求めなさい。

重要 **2** 右の図のような縦10cm，横5cmの長方形ABCDの辺上を動く2点P，Qがある。点Pは点Aを出発し，毎秒1cmの速さで辺上を時計と逆回りに動く。また，点Qは点Pと同時に点Aを出発し，毎秒3cmの速さで辺上を時計回りに動く。ただし，2点P，Qは出会った時点で動きを止めるものとする。2点P，Qが点Aを出発してからx秒後の△APQの面積を$y$cm^{2}とするとき，下の文にあてはまる数や式を答えなさい。(4点×8)　〔城南学園高〕

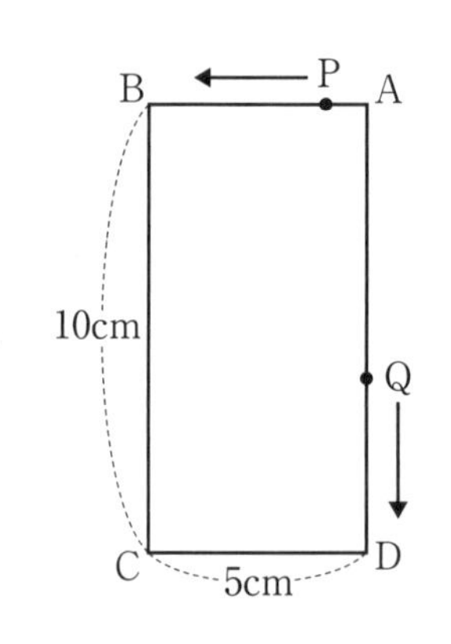

△APQの面積yは，出発してから[①]秒後までは$y=$[②]で表され，その後，[③]秒後までは$y=$[④]で表され，さらに，その後[⑤]秒後までは$y=$[⑥]で表される。そして，その面積が最も大きくなるのは[⑦]秒後で，その面積は[⑧]cm^{2}である。

3 右の図1のような，AB＝9cm，AD＝8cm，AE＝12cm の直方体 ABCD－EFGH がある。点 P は A を出発し，長方形 ABFE の辺上を毎秒 3cm の速さで A → B → F → E の順に進み，E で停止する。点 Q は点 P が出発すると同時に A を出発し，長方形 ADHE の辺上を毎秒 2cm の速さで A → D → H の順に進み，H で停止する。点 P が A を出発してから x 秒後の三角錐 AEPQ の体積を y cm^3 とする。ただし，点 P が A または E にあるときは $y=0$ とする。図 2 は点 P が A を出発してから 4 秒後までの x と y の関係を表したグラフである。(9点×4) 〔栃 木〕

（図1）

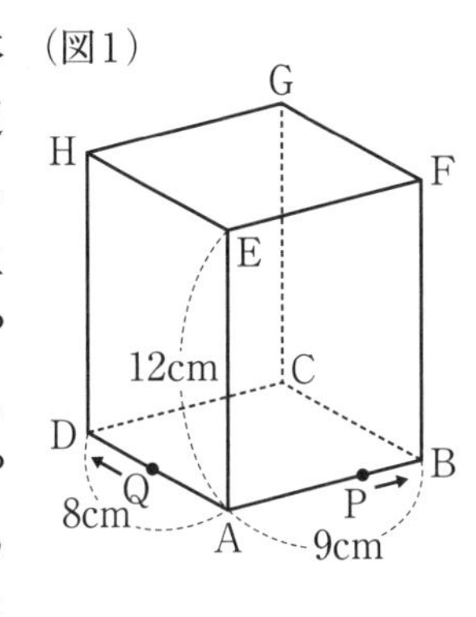

(1) 点 P が A を出発してから 2 秒後の三角錐 AEPQ の体積を求めなさい。

（図2）

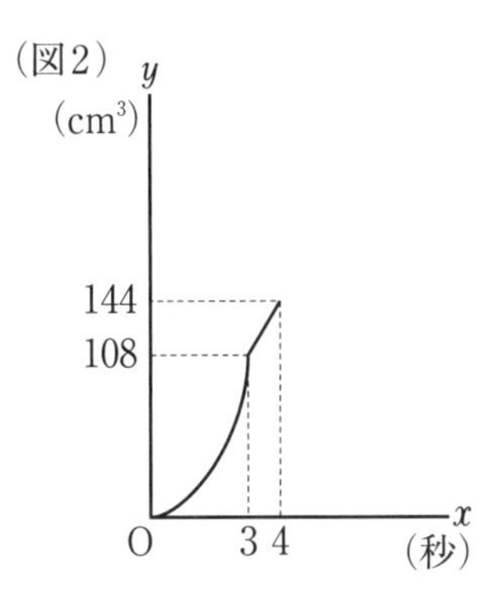

記述
(2) 点 P が A を出発してから 3 秒後から 4 秒後までの x と y の関係を式で表しなさい。ただし，求め方も書くこと。

(3) 点 P が A を出発してから 7 秒後までの x と y の関係を表すグラフとして正しいものを，次のうちから 1 つ選んで記号で答えなさい。

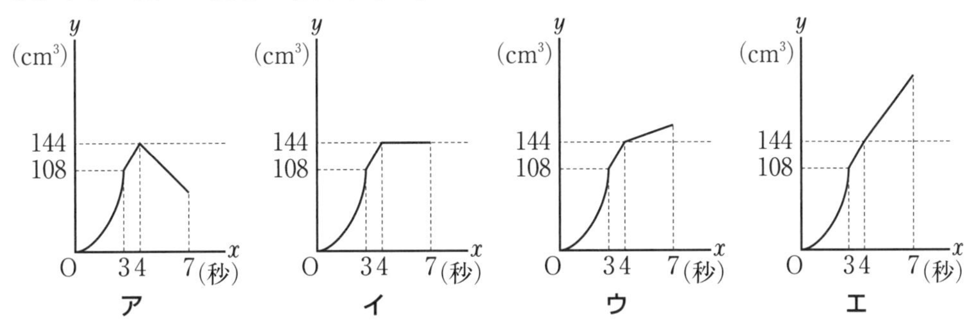

(4) 三角錐 AEPQ の体積が直方体 ABCD－EFGH の体積の $\frac{1}{32}$ になるのは，点 P が A を出発してから何秒後か。すべて求めなさい。

Step A　Step B　Step C

●時間 40分	●得点
●合格点 70点	点

解答▶別冊34ページ

1 右の図のように，放物線 $y=\frac{1}{2}x^2$ 上に2点 $P\left(-1,\ \frac{1}{2}\right)$，$Q\left(t,\ \frac{1}{2}t^2\right)\ (t>0)$ があり，直線PQが x 軸，y 軸と交わる点をそれぞれR，Sとする。(8点×3)　〔明治大付属明治高〕

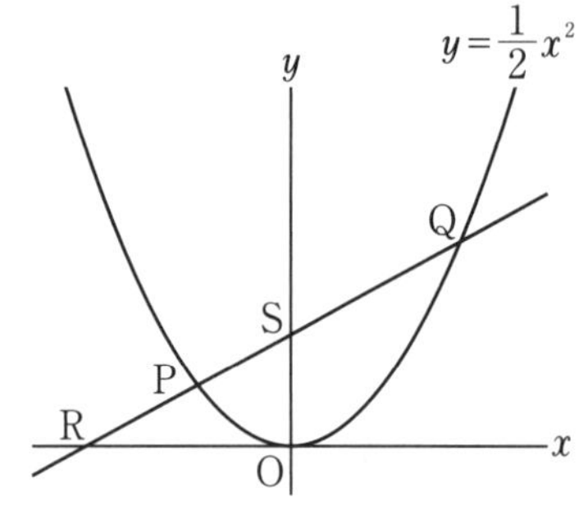

(1) 点Sの y 座標を t を用いて表しなさい。

(2) y 軸上に点Tをとり，△OPS＝△SQTとするとき，点Tの y 座標を t を用いて表しなさい。ただし，点Tの y 座標は点Sの y 座標よりも大きいものとする。

(3) △ORS＝△OPQとなるとき，t の値を求めなさい。

2 右の図において，点P，Qは放物線 $y=\frac{1}{2}x^2$ 上の点であり，x 座標はそれぞれ -2，4である。また，ℓ は点Pを通る傾き $-\frac{1}{2}$ の直線である。四角形ABCDは長方形であり，頂点Aは線分PQ上，頂点Bは直線 ℓ 上，頂点Cは放物線上にそれぞれあり，辺ABは y 軸と平行である。(8点×3)　〔城北高(東京)〕

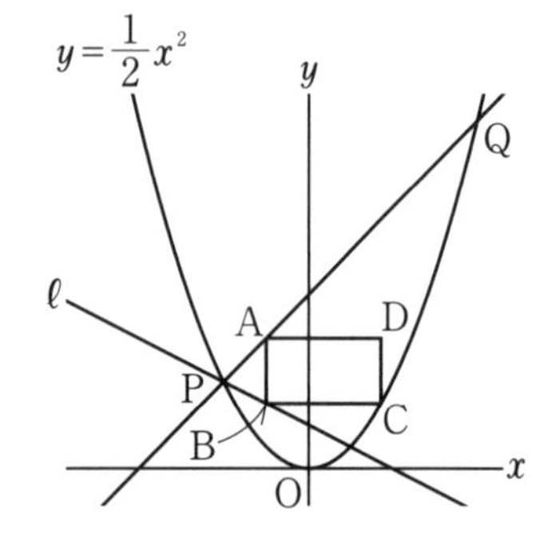

(1) 直線PQの式を求めなさい。

(2) 点Cの x 座標を t とするとき，点Aの座標を t を用いて表しなさい。

(3) 四角形ABCDが正方形となるとき，点Cの x 座標を求めなさい。

3 右の図のように，放物線 $y=ax^2(a>0)$ 上に3点A，B，Cがあり，それぞれの x 座標は -4，2，8である。また，直線ABの式は $y=-\frac{1}{2}x+b$ である。(8点×3)　〔桐朋高〕

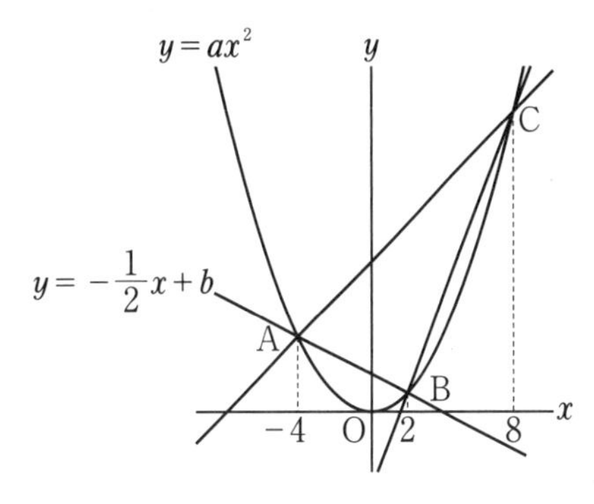

(1) a，b の値を求めなさい。

(2) 直線BCの式を求めなさい。

(3) x 軸上に，点Dを△DBCの面積が△ABCの面積の2倍になるようにとるとき，点Dの x 座標をすべて求めなさい。

4 右の図のように，放物線 $y=x^2$ 上に2点A，Bがあり，Aの x 座標は -1 である。放物線 $y=-\frac{1}{2}x^2$ 上に2点C，Dがあり，Cの x 座標は -4 である。直線AB，直線CDの傾きはともに1であるとき，次の問いに答えなさい。　〔東大寺学園高〕

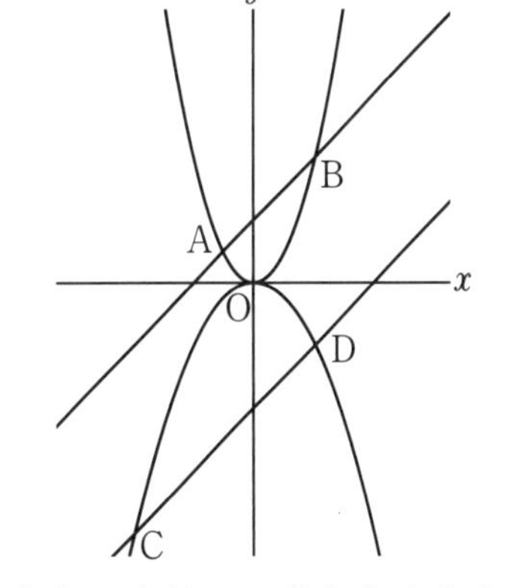

(1) B，Dの座標を求めなさい。また，四角形ACDBの面積 S を求めなさい。(4点×3)

(2) 原点Oと線分AB上の点を通り，四角形ACDBの面積を2等分する直線 ℓ の式を求めなさい。(8点)

(3) Cを通り，四角形ACDBの面積を2等分する直線 m の式を求めなさい。(8点)

1・2年の復習 第1章 第2章 第3章 第4章 第5章 第6章 第7章 第8章 総合実力テスト

14 相似な三角形

Step A　Step B　Step C

解答▶別冊36ページ

重要 **1** 右の図のような，AB＝12cm，BC＝15cm，CA＝9cm，∠A＝90° の直角三角形ABCにおいて，Aから辺BCに垂線ADをひく。

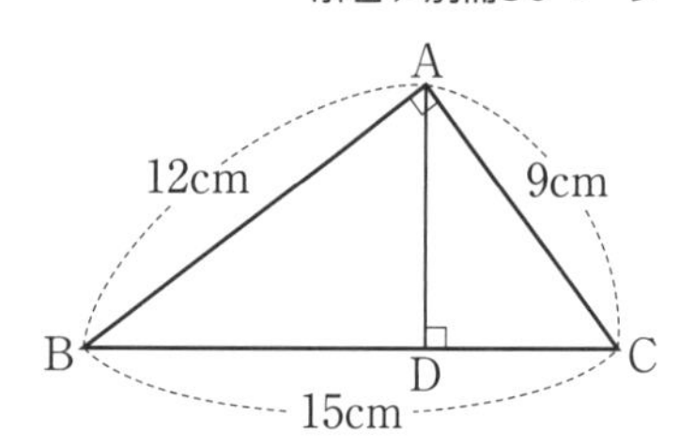

(1) △ABC∽△DBAであることを証明しなさい。

(2) BDの長さを求めなさい。

重要 **2** 右の図について，次の問いに答えなさい。

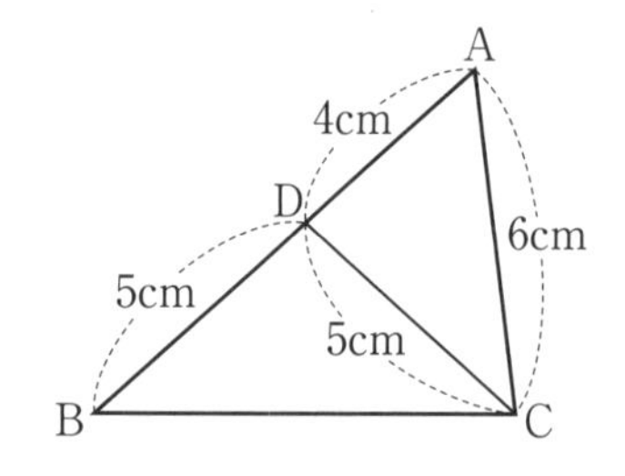

(1) △ABC∽△ACDであることを証明しなさい。

(2) BCの長さを求めなさい。

3 右の図は，長方形ABCDの辺AB上に点Eをとり，線分DEを折り目として△AEDの部分を折りかえしたもので，Fは頂点Aが移った点である。

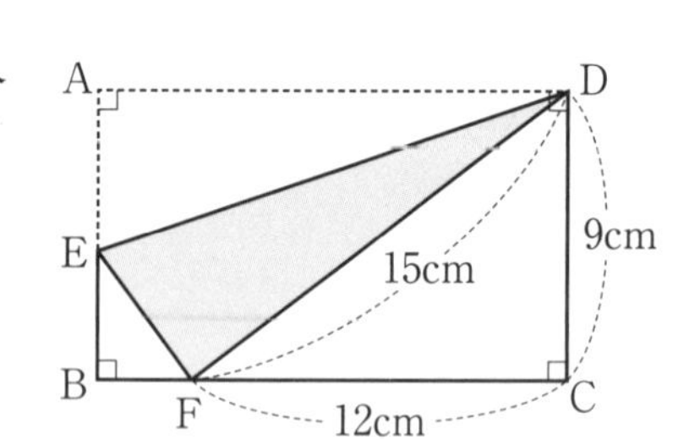

(1) △EBF∽△FCDであることを証明しなさい。

(2) EBの長さを求めなさい。

4 右の図は，正三角形 ABC の辺 BC 上に点 D をとり，AD を 1 辺とする正三角形 ADE をかいたもので，F は辺 AC と辺 DE の交点である。

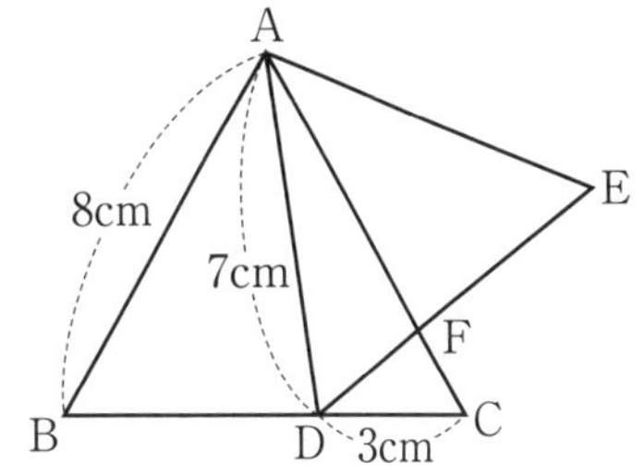

(1) △ABD ∽ △AEF であることを証明しなさい。

(2) EF の長さを求めなさい。

5 右の図は，1 辺の長さが 15cm の正三角形 ABC の辺 BC 上に BF＝3cm となる点 F をとり，線分 DE を折り目として A が F と重なるように折りかえしたものである。

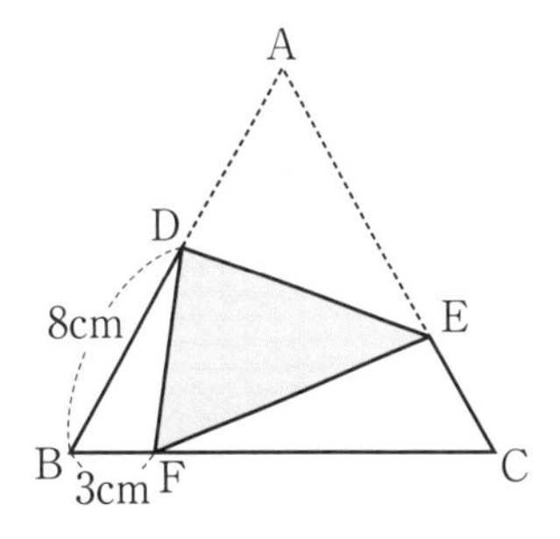

(1) △DBF ∽ △FCE であることを証明しなさい。

(2) AE の長さを求めなさい。

チェックポイント

① 三角形の相似条件…次のいずれかの条件を満たすとき，2 つの三角形は相似である。

㋐ 3 組の辺の比がすべて等しい。

$a : a' = b : b' = c : c'$

㋑ 2 組の辺の比とその間の角がそれぞれ等しい。

$a : a' = c : c'$，$\angle B = \angle B'$

㋒ 2 組の角がそれぞれ等しい。

$\angle A = \angle A'$，$\angle B = \angle B'$

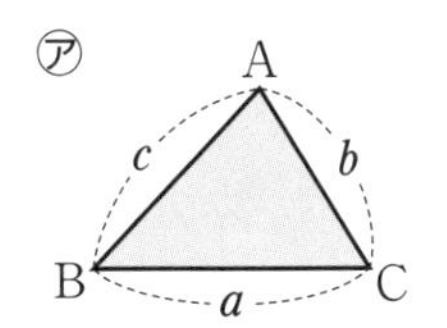

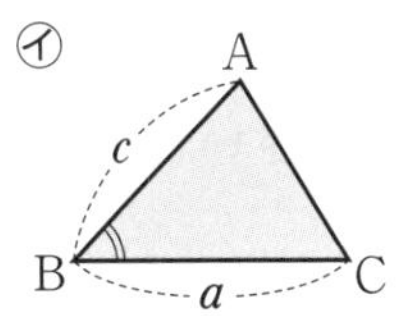

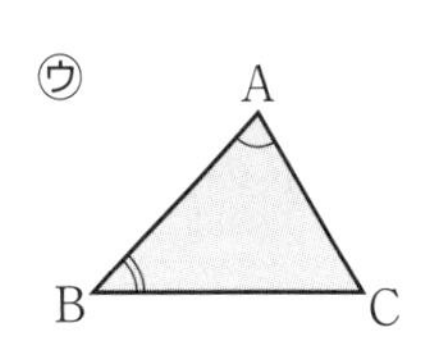

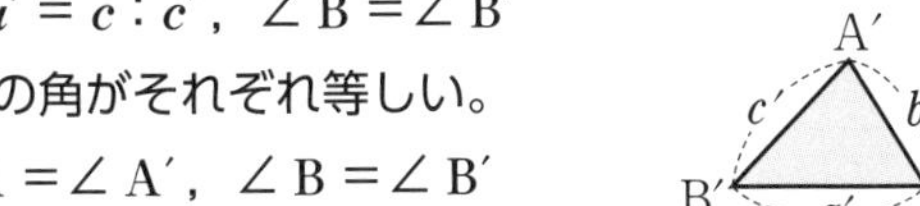

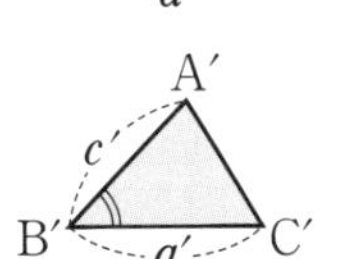

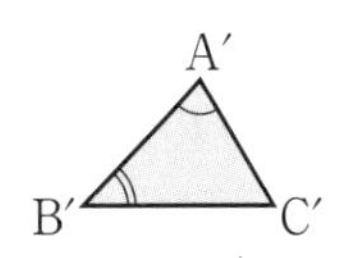

② 相似な三角形の対応する辺の比

相似な三角形では対応する辺の比が等しい。比例式をつくり，長さを求めることができる。

Step A　Step B　Step C

●時 間 40分	●得 点
●合格点 80点	点

解答▶別冊37ページ

1 次の問いに答えなさい。(10点×3)

(1) 右の図において，ACの長さを求めなさい。〔開明高〕

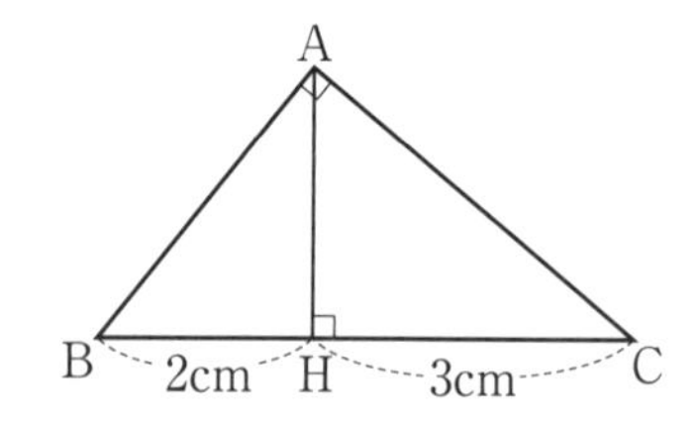

(2) 右の図において，AB＝x＋3，BC＝2x，CD＝4，∠BAC＝∠ADBのとき，xの値を求めなさい。〔京都府立嵯峨野高〕

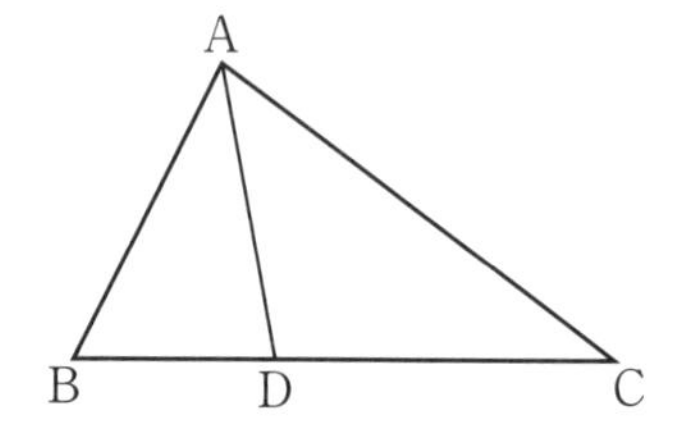

(3) 右の図で，色をぬった部分の四角形は正方形である。この正方形の1辺の長さを求めなさい。〔駿台甲府高〕

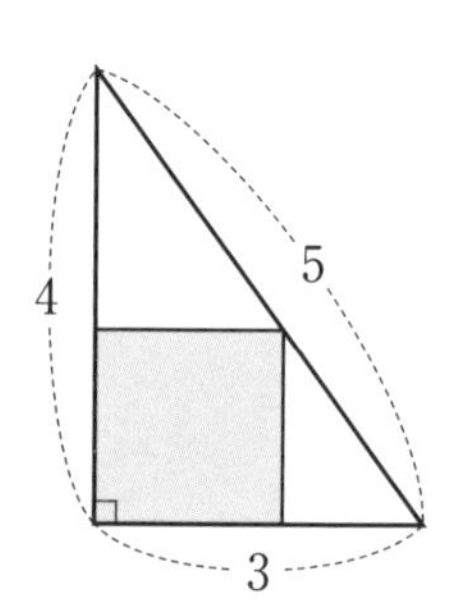

重要 **2** 右の図のような1辺の長さが2の正五角形ABCDEにおいて，対角線AC，AD，CEをひき，ADとCEの交点をFとする。(7点×4)〔國學院大久我山高〕

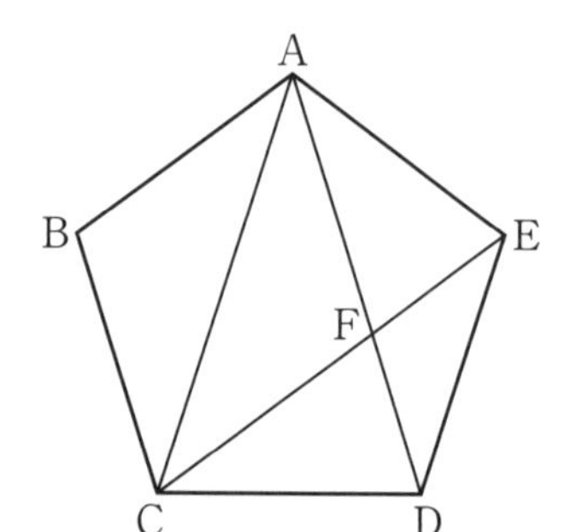

(1) ∠ABCは何度ですか。

(2) △ACDと△AFEが相似になることを証明しなさい。

(3) AFの長さを求めなさい。

(4) ADの長さを求めなさい。

3 右の図のように，△ABCの∠Aの二等分線が辺BCと交わる点をDとし，B，Cから直線ADにそれぞれ垂線BE，CFをひく。(7点×2)

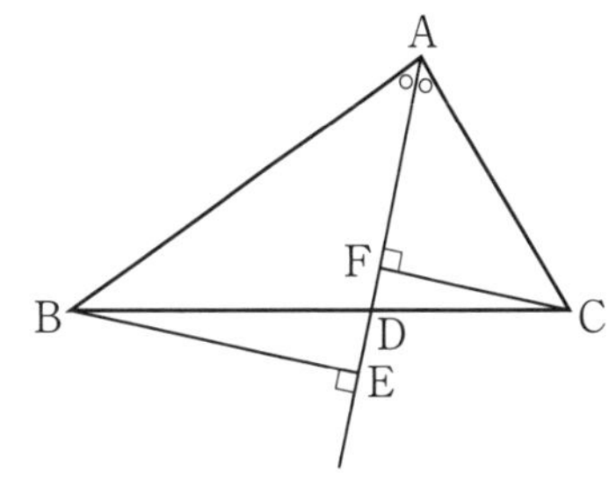

(1) 三角形の相似を利用して，BD：CD＝AB：ACであることを証明しなさい。

(2) AB＝6cm，BC＝7cm，CA＝4cmのとき，BDの長さと，AF：FDを求めなさい。

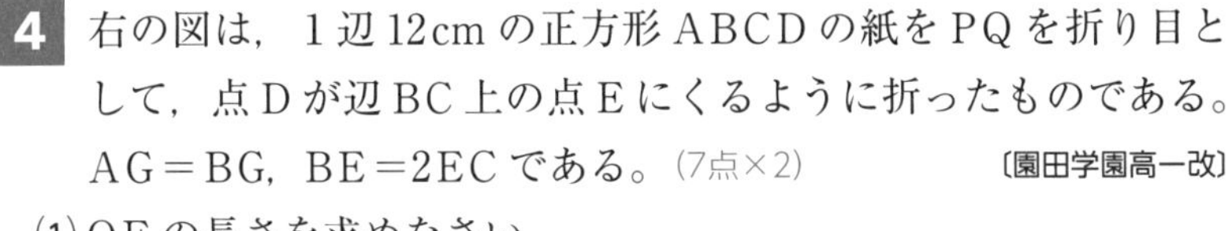

4 右の図は，1辺12cmの正方形ABCDの紙をPQを折り目として，点Dが辺BC上の点Eにくるように折ったものである。AG＝BG，BE＝2ECである。(7点×2)　〔園田学園高一改〕

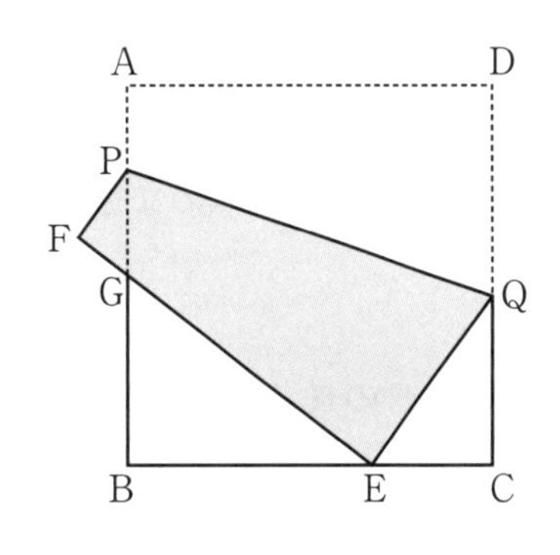

(1) QEの長さを求めなさい。

(2) △PFGの面積を求めなさい。

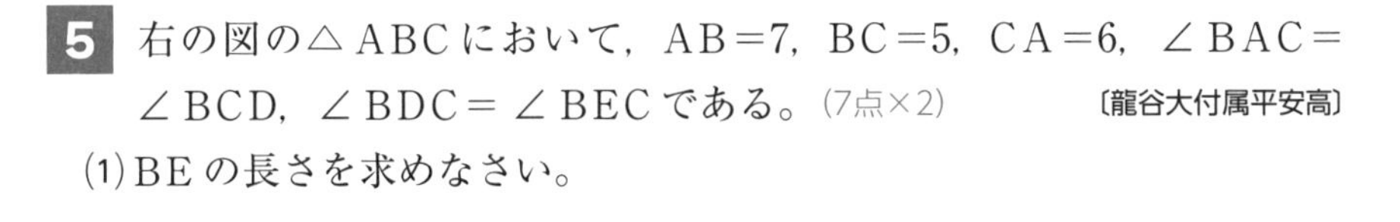

5 右の図の△ABCにおいて，AB＝7，BC＝5，CA＝6，∠BAC＝∠BCD，∠BDC＝∠BECである。(7点×2)　〔龍谷大付属平安高〕

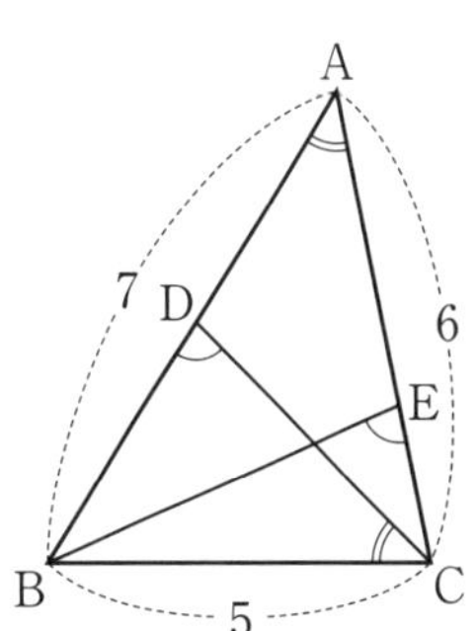

(1) BEの長さを求めなさい。

(2) CDの長さを求めなさい。

15 平行線と線分の比

Step A　Step B　Step C

解答▶別冊38ページ

1 次の図で，BC∥DE のとき，x，y の値を求めなさい。

(1)

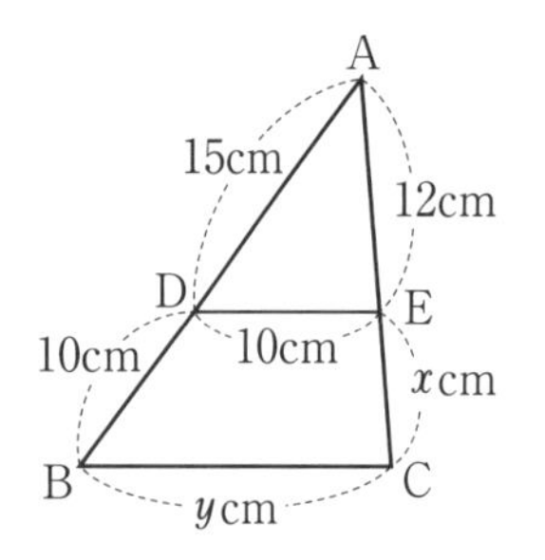

(2)

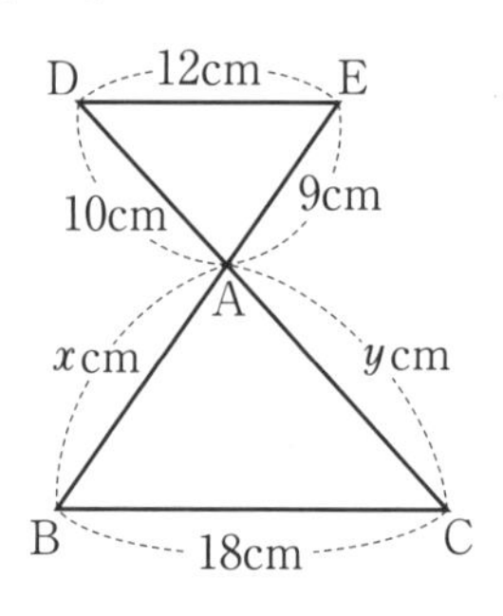

重要 **2** 右の図で，AB∥CD∥EF のとき，次の問いに答えなさい。

(1) BE：CE を求めなさい。

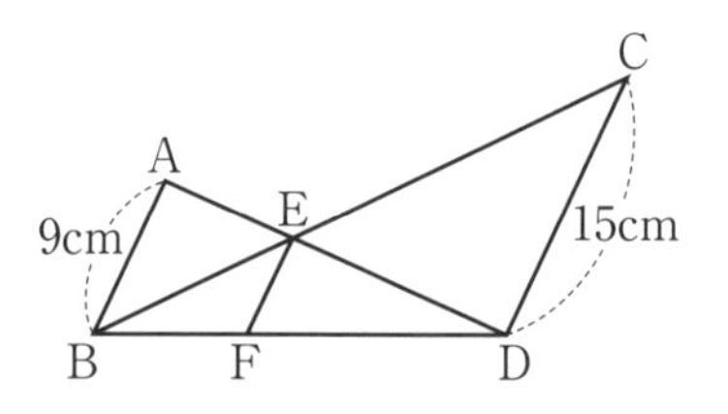

(2) EF の長さを求めなさい。

重要 **3** 右の図の△ABC で，AD＝DB，AE＝EF＝FC である。また，線分 BF と DC の交点を G とする。BF＝10cm のとき，BG の長さを求めなさい。〔国立高専〕

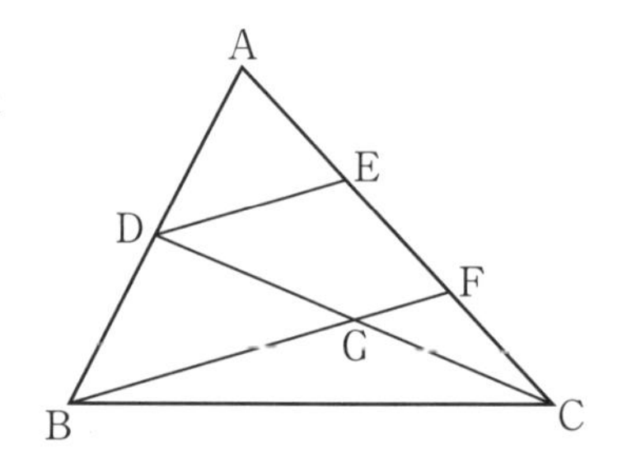

重要 **4** 右の図のような AD∥BC の台形 ABCD で，対角線の交点 O を通り，AD に平行な直線をひき，AB，DC との交点をそれぞれ P，Q とするとき，PQ の長さを求めなさい。〔初芝橋本高〕

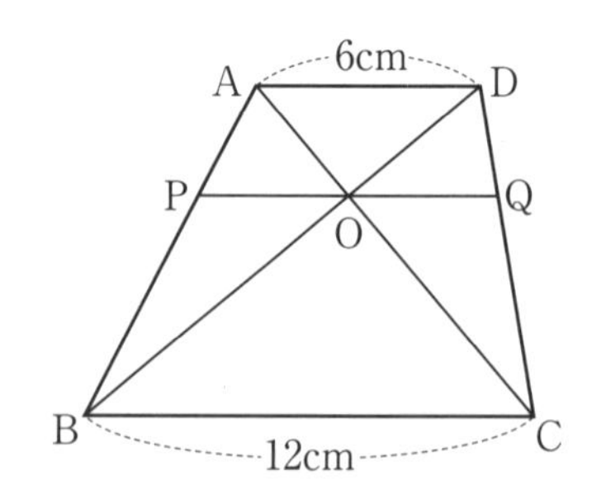

5 右の図のように，△ABCの辺AB，AC上の点をそれぞれD，Eとする。DE∥BC，AD：DB＝3：2，EC＝4cm，DE＝7cm，△ABCの面積が50cm^2である。〔日本大第三高〕

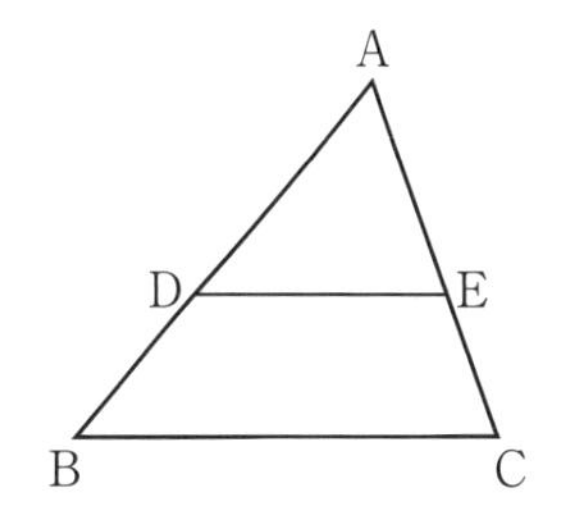

(1) 辺AE，BCの長さをそれぞれ求めなさい。

(2) 四角形BCEDの面積を求めなさい。

6 右の図で，ADは∠Aの二等分線，BIは∠Bの二等分線である。〔城北高(東京)一改〕

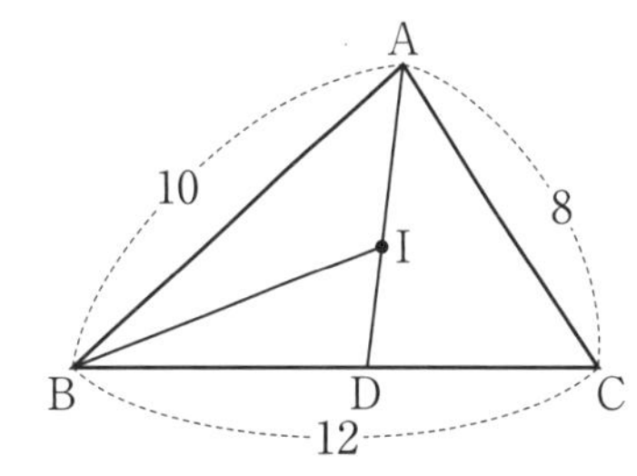

(1) BD，CDの長さを求めなさい。

(2) AI：IDを求めなさい。

チェックポイント

① **平行線と線分の比**…△ABCの2辺AB，AC上，またはその延長上に点P，Qがあって，PQ∥BCならば，
㋐ AP：AB＝AQ：AC＝PQ：BC
㋑ AP：PB＝AQ：QC

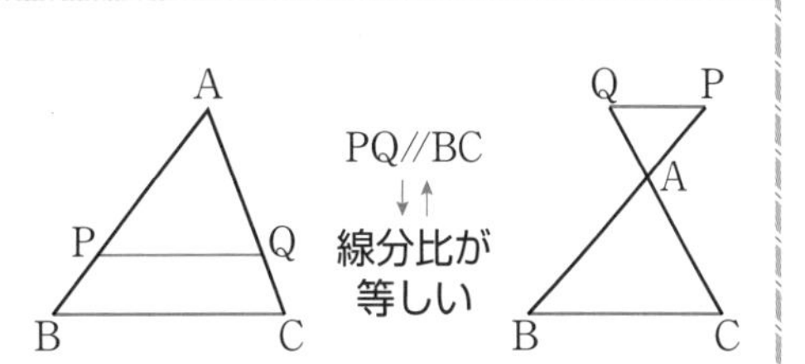

② **線分の比と平行線**…△ABCの2辺AB，AC上，またはその延長上に点P，Qがあって，
㋐ AP：AB＝AQ：ACならば，PQ∥BC
㋑ AP：PB＝AQ：QCならば，PQ∥BC

③ **角の二等分線と線分の比**…△ABCの∠Aの二等分線と辺BCの交点をDとすると，BD：DC＝AB：AC

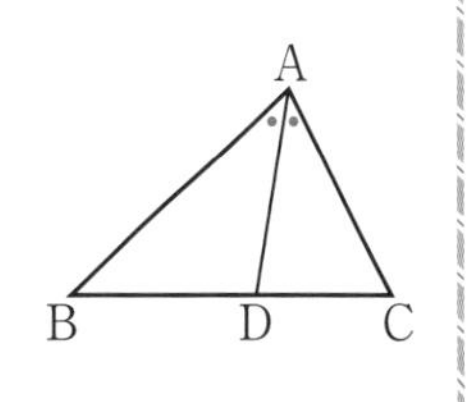

●時 間 35分	●得 点
●合格点 80点	点

解答▶別冊39ページ

重要 **1** 次の問いに答えなさい。(9点×3)

⑴ 右の図において，$\ell /\!/ m /\!/ n$，AB：BC＝3：2のとき，xの値を求めなさい。〔専修大松戸高〕

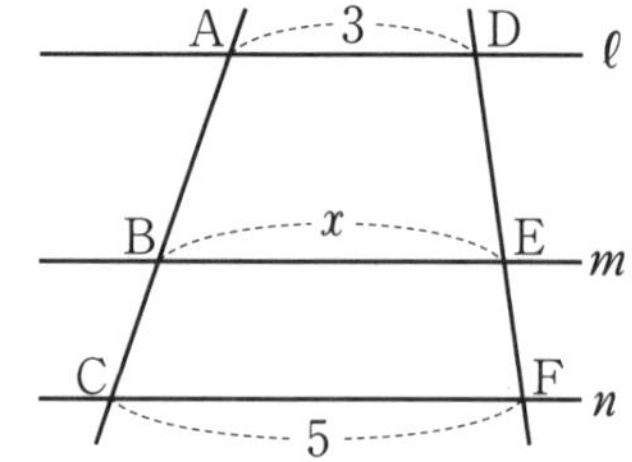

⑵ 右の図において，BC∥DE，BE∥DFである。xの値を求めなさい。〔広島国際学院高〕

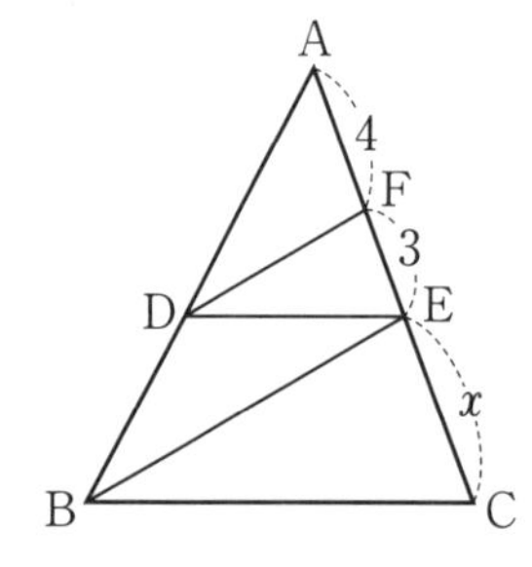

⑶ 右の図において，AD∥PQ∥BCであるとき，xの値を求めなさい。〔帝塚山学院泉ヶ丘高〕

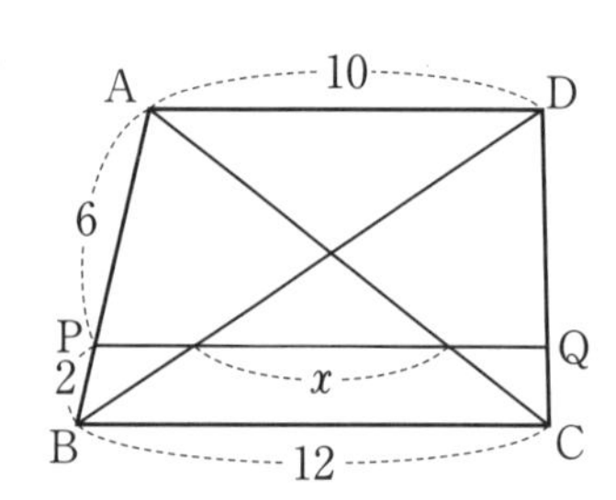

重要 **2** 右の図のように，△ABCの辺AB，BC上に，AD：DB＝3：5，BE：EC＝4：3となる点D，Eをとる。また，点Dを通りAEに平行な直線と辺BCとの交点をF，AEとCDの交点をPとする。(9点×3)〔高知学芸高〕

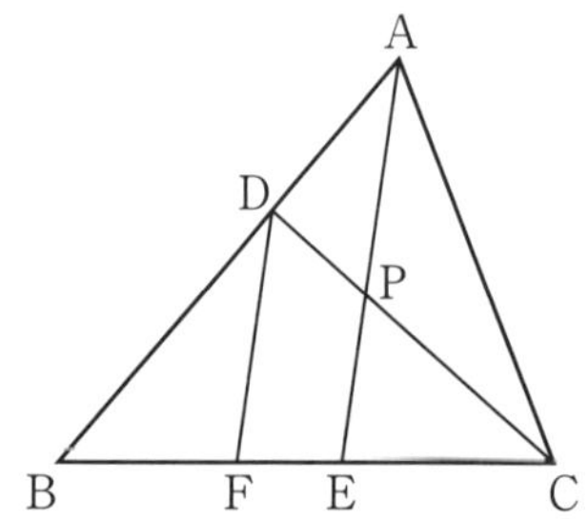

⑴ DF：AEを求めなさい。

⑵ CP：PDを求めなさい。

⑶ AP：PEを求めなさい。

3 右の図のように，△ABCの∠Bの二等分線と辺ACとの交点をD，線分BD上にAD＝AEとなる点Eをとる。線分AEの延長と辺BCとの交点をF，点Dから線分AFに平行な直線をひき，辺BCとの交点をGとする。 〔宇部フロンティア大付属香川高〕

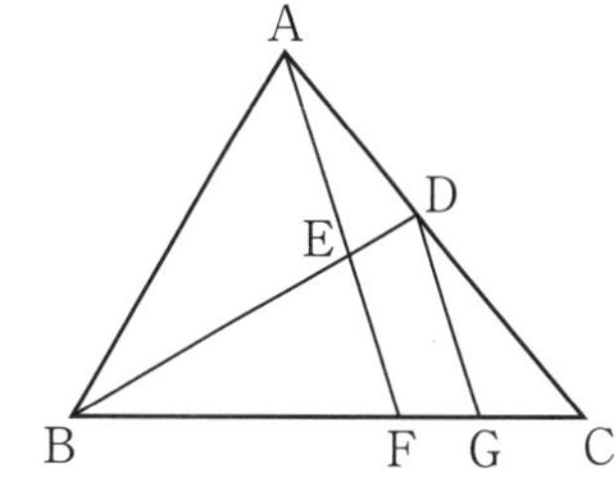

(1) △ABE∽△CBDを証明しなさい。(10点)

(2) AB＝8cm，BC＝10cm，CA＝9cmのとき，線分FGの長さを求めなさい。(9点)

4 右の図で，△ABCの3辺の長さをAB＝9，BC＝12，CA＝7とする。∠ABCの二等分線と∠ACBの二等分線の交点をD，点Dを通り辺BCに平行な直線と2辺AB，ACの交点をそれぞれE，Fとする。(9点×3) 〔桐光学園高一改〕

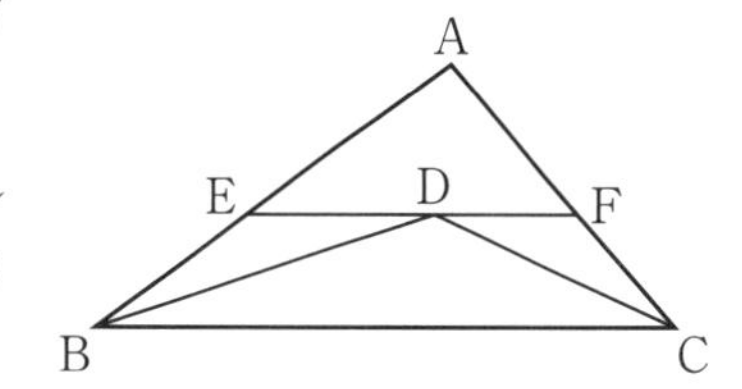

(1) △AEFの周の長さを求めなさい。

(2) AE：EBを求めなさい。

(3) ED：FDを求めなさい。

16 相似の利用

Step A　Step B　Step C

解答▶別冊40ページ

重要 **1** 右の図で，M，N，P はそれぞれ AD，BC，BD の中点である。

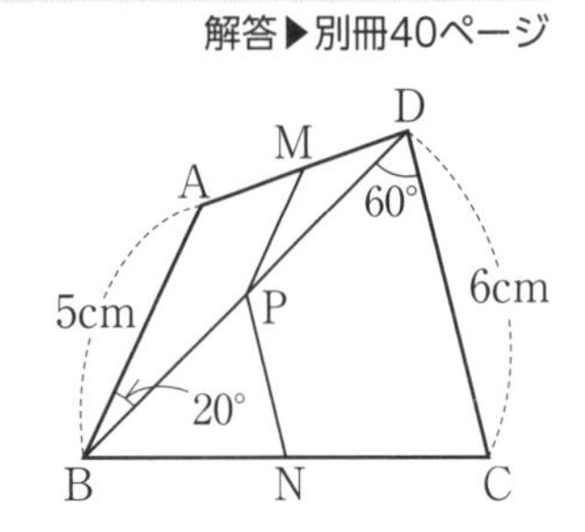

(1) 線分の長さの和 MP＋PN を求めなさい。

(2) ∠MPN(＜180°)の大きさを求めなさい。

2 右の図で，BD：DC＝2：1，AE＝EC，F は線分 AD と線分 BE の交点である。

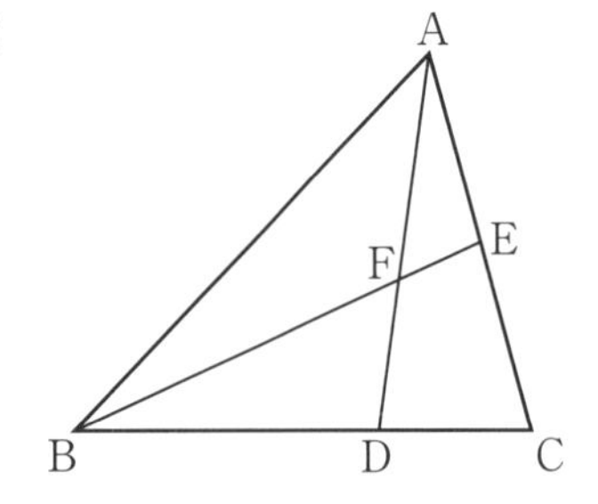

(1) BF：FE を求めなさい。

(2) AF：FD を求めなさい。

(3) △AFE：△ABC を求めなさい。

3 右の図のように，円錐の底面に平行な平面で，高さが3等分されるように3つの立体に分けた。真ん中の立体の体積が $168\pi\,\mathrm{cm}^3$ であるとき，次の立体の体積を求めなさい。

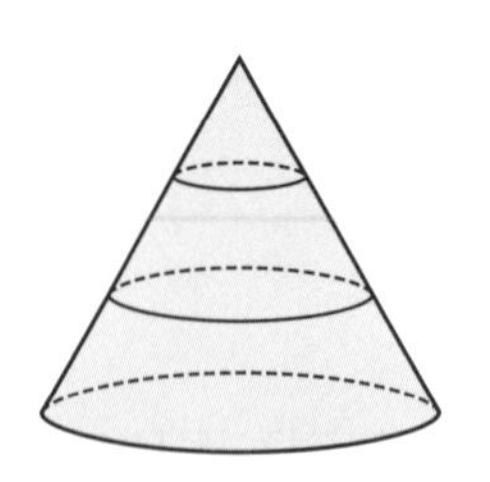

(1) いちばん上の円錐

(2) いちばん下の立体

重要 4 右の図の平行四辺形ABCDにおいて，辺AD上にAQ：QD＝3：2となる点Qがある。対角線ACと線分BQとの交点をP，直線BQと直線CDとの交点をRとするとき，次の比を求めなさい。

〔大阪成蹊女子高〕

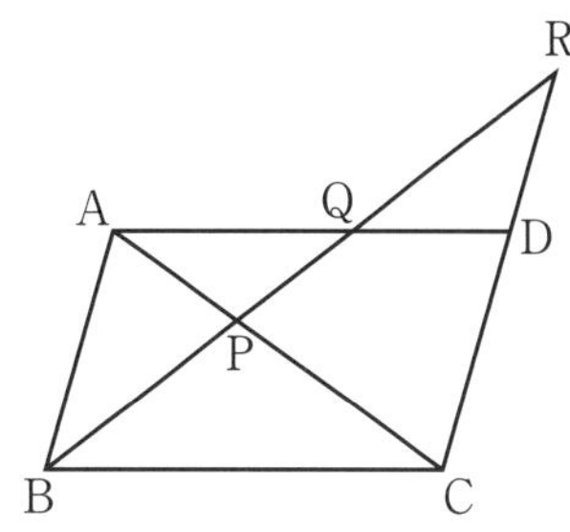

⑴ AP：PC　　　⑵ RD：DC

5 右の図のような平行四辺形ABCDにおいて，辺ABの中点をMとする。また，辺CD上にCN:ND＝1:3となる点Nをとり，ACとMDの交点をP，ANとMDの交点をQとする。

〔東大谷高〕

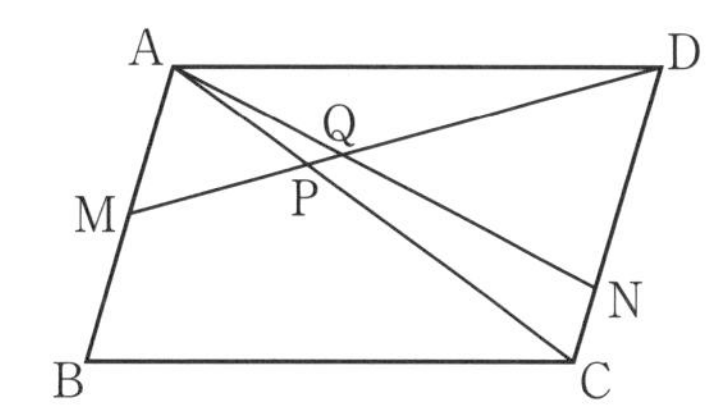

⑴ AP：PCを最も簡単な整数の比で表しなさい。

⑵ PQ：QDを最も簡単な整数の比で表しなさい。

⑶ 平行四辺形ABCDの面積が180のとき，△APQの面積を求めなさい。

チェックポイント

① **中点連結定理**…三角形の2辺の中点を結ぶ線分は，残りの辺に平行で，長さはその半分である。

$\left.\begin{array}{l}AM=MB\\AN=NC\end{array}\right\}$ ならば，$\left\{\begin{array}{l}MN /\!/ BC\\MN=\frac{1}{2}BC\end{array}\right.$

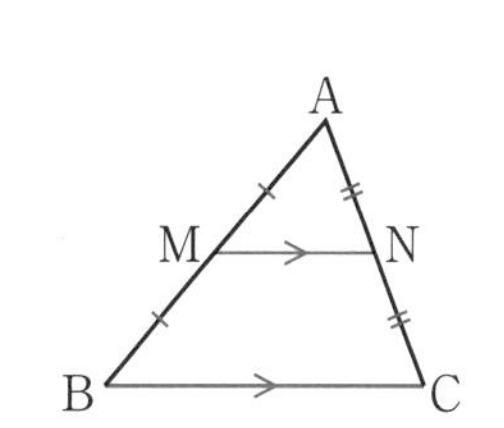

② **相似な図形の面積比**

相似な図形の相似比が $a：b$ のとき，面積比は $a^2：b^2$ である。

③ **相似な立体の体積比**

相似な立体の相似比が $a：b$ のとき，体積比は $a^3：b^3$ である。

Step A　Step B　Step C

●時 間 40分　●合格点 80点　●得 点　点

解答▶別冊41ページ

重要 **1** 右の図のように，四角形ABCDの各辺の中点をそれぞれP，Q，R，Sとする。次の場合に，四角形PQRSはどんな四角形になりますか。最も適した四角形の名まえを答えなさい。(6点×3)

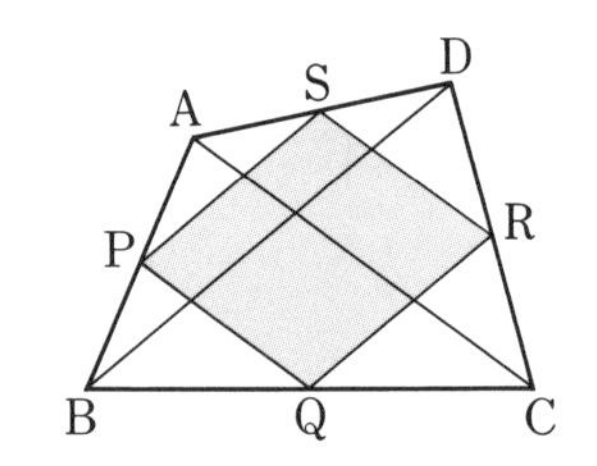

(1) AC＝BD

(2) AC⊥BD

(3) AC＝BD，AC⊥BD

2 右の図のように，△ABCの辺BC上に点D，辺AC上に点Eをとり，ADとBEの交点をFとする。BD：DC＝2：1，BF：FE＝6：1のとき，次の問いに答えなさい。(7点×2)〔中央大附高〕

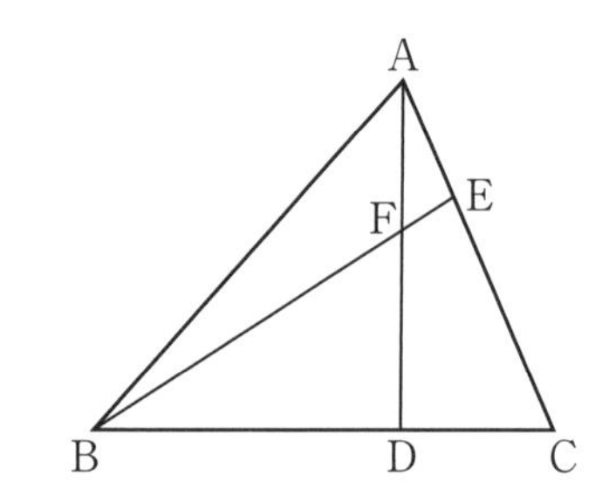

(1) AF：FDの比を求めなさい。

(2) △ABCの面積と四角形CEFDの面積の比を求めなさい。

重要 **3** 右の図のように△ABCにおいて，点Mは辺AB上の点であり，点Nは辺BCの中点である。線分CMと線分ANの交点をPとする。△APMと△BPMの面積がそれぞれ16cm^2，24cm^{2}であるとき，次の問いに答えなさい。(6点×3)　〔就実高〕

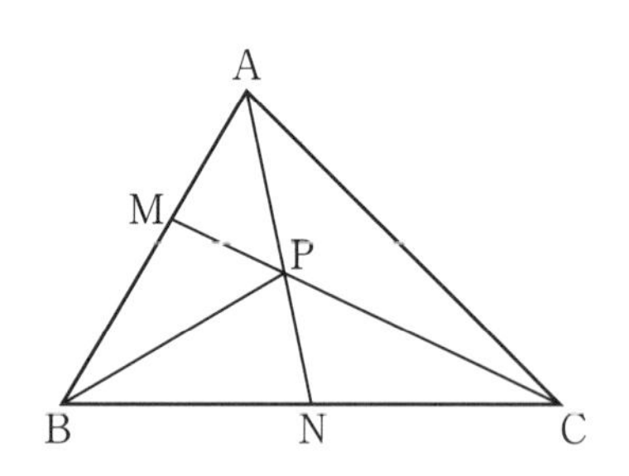

(1) AM：BMを最も簡単な整数の比で表しなさい。

(2) △APCの面積を求めなさい。

(3) AP：PNを最も簡単な整数の比で表しなさい。

4 右の図のように，平行四辺形 ABCD があり，辺 AB の中点を M，辺 BC を BN：NC＝2：3 に分ける点を N，線分 AN と線分 MD の交点を P とする。(7点×2) 〔桐蔭学園高〕

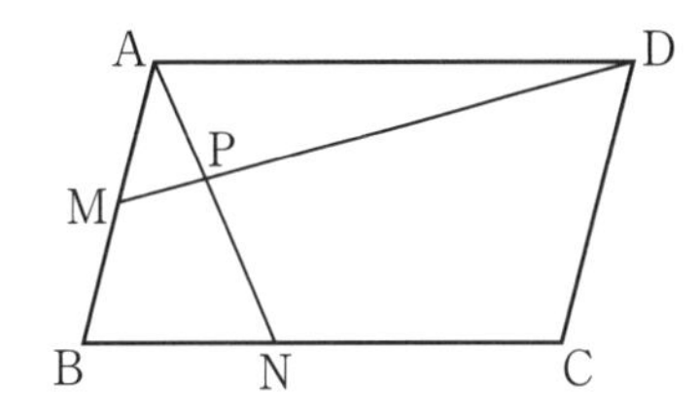

(1) MP：PD を求めなさい。

(2) 四角形 BNPM の面積は平行四辺形 ABCD の面積の何倍ですか。

5 右の図の平行四辺形 ABCD において，∠A の二等分線と BC の交点を E，∠D の二等分線と BC の交点を F，AE と DF の交点を G とする。AB＝7，AD＝10，△CGE の面積が 2 であるとき，次の問いに答えなさい。(6点×3) 〔中央大附高〕

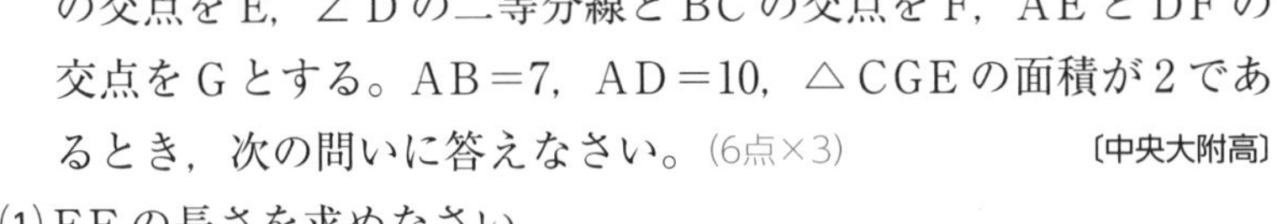

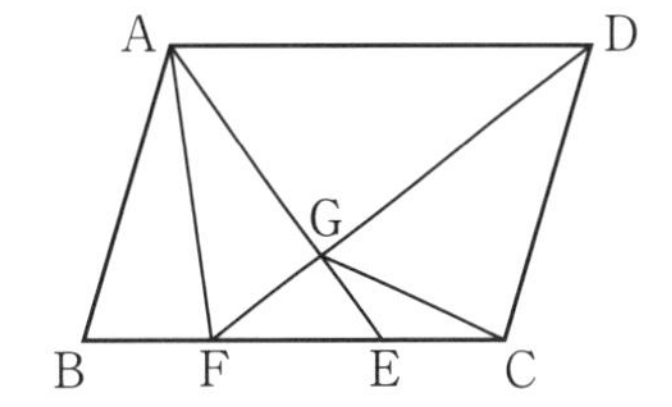

(1) EF の長さを求めなさい。

(2) AG：GE を最も簡単な整数の比で表しなさい。

(3) △ABF の面積を求めなさい。

6 右の図のように，平行四辺形 ABCD があり，辺 AB，BC 上にそれぞれ AE：EB＝3：5，BF：FC＝2：1 となる点 E，F がある。AC と DF の交点を G，AF と DE の交点を H とするとき，次の問いに答えなさい。(6点×3) 〔明治大付属明治高〕

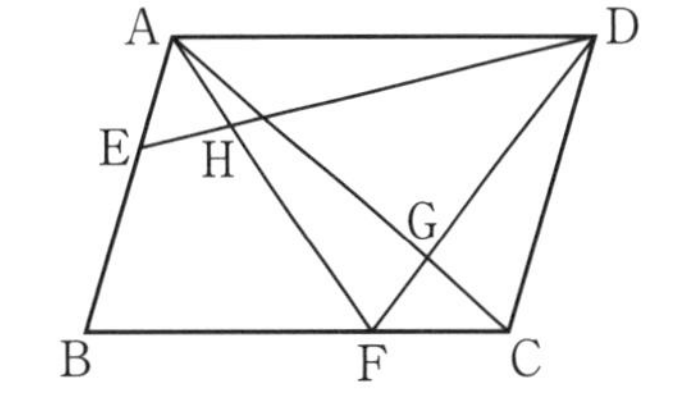

(1) 平行四辺形 ABCD の面積を S とするとき，△AGD の面積を S を用いて表しなさい。

(2) DH：HE を最も簡単な整数の比で表しなさい。

(3) △HAE と △HDF の面積比を最も簡単な整数の比で表しなさい。

月　日

Step A　Step B　Step C

●時間 40分	●得点
●合格点 70点	点

解答▶別冊42ページ

1 次の問いに答えなさい。(10点×3)

(1) 右の図の平行四辺形ABCDにおいて，点PはADを1：2に分ける点，点QはCDの中点とする。AQとBPの交点をRとするとき，△ARPと△RBQの面積比を求めなさい。

〔西大和学園高〕

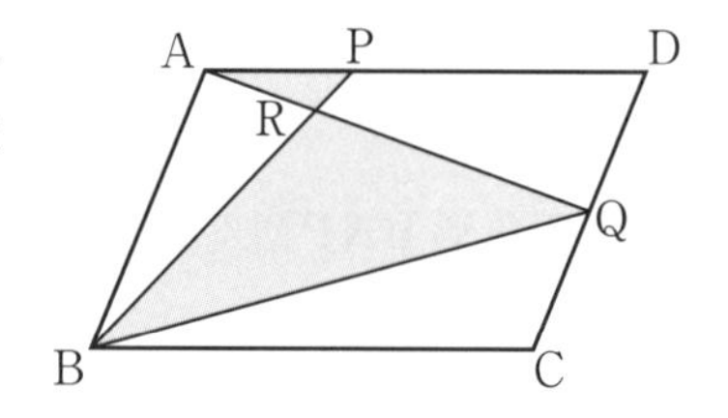

(2) 右の図の△ABCは∠BCA＝90°の直角三角形である。点Cから辺ABに垂線をひき，辺ABとの交点をDとする。また，∠ABCの二等分線と辺AC，線分CDの交点をそれぞれE，Fとする。AE＝6cm，EC＝5cmのとき，DFの長さを求めなさい。

〔専修大松戸高一改〕

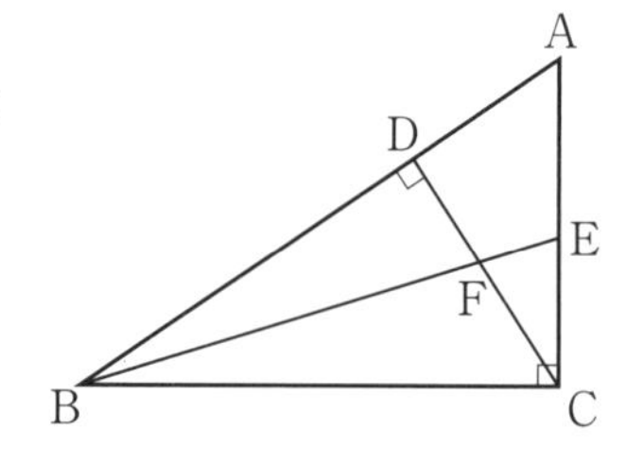

(3) △ABCは，BC＝a，CA＝b，AB＝c，∠C＝90°の直角三角形である。右の図のように，2点P，Qは辺AB上に，点Rは辺BC上に，点Sは辺CA上にあるものとする。四角形PQRSが正方形であるとき，その1辺の長さxをa，b，cを用いて表しなさい。

〔東北学院高〕

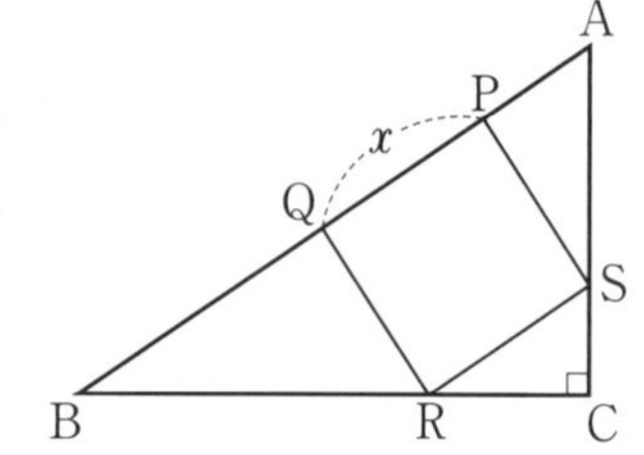

重要 **2** 右の図のように，AB＝6，BC＝7，CA＝8である△ABCの辺AB上にAD＝4となる点Dをとる。また，辺AC上にAE＝3となる点Eをとり，直線BCと直線DEの交点をFとする。

(10点×2)　〔愛知啓成高〕

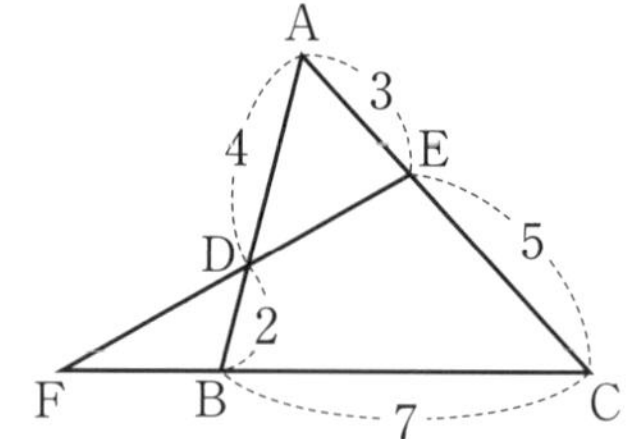

(1) 線分DEの長さを求めなさい。

(2) BF＝x，DF＝yとするとき，x，yの値を求めなさい。

3 右の図のように，1辺の長さが6の正三角形の紙がある。この正三角形ABCの辺BC上にBD＝2となる点Dをとる。ADを折り目として，△ABDを折り返したとき，Bが移った点をEとする。CDとAEの交点をFとするとき，線分CFの長さを求めなさい。(10点)

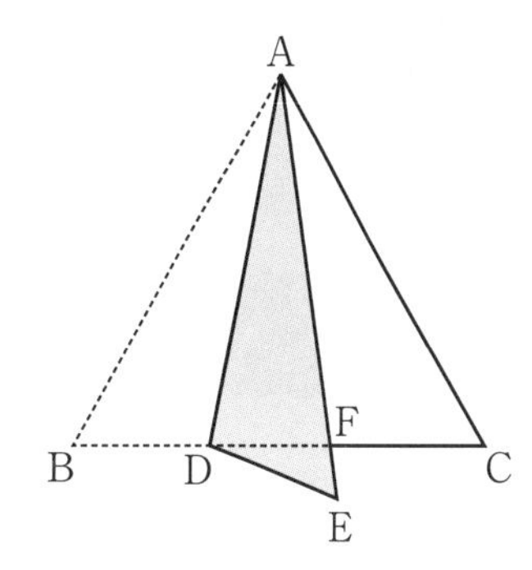

4 右の図のような，直方体ABCD－EFGHがある。(10点×2)

〔関西大第一高〕

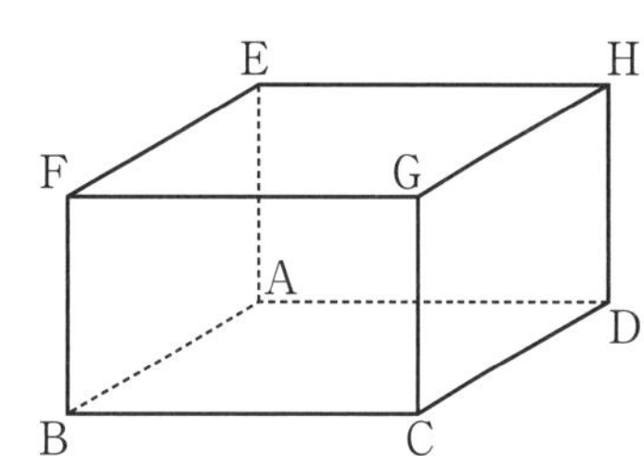

(1) 辺BC上に点Iを，BI：IC＝2：3となるようにとる。線分AIと線分BDの交点をPとするとき，△ABPの面積は長方形ABCDの面積の何倍かを求めなさい。

(2) 辺EFの中点をMとし，線分CMと線分DFの交点をQとする。点Pが(1)で与えられた点のとき，三角錐Q－ABPの体積は直方体ABCD－EFGHの体積の何倍か求めなさい。

5 次の問いに答えなさい。(10点×2)

(1) 右の図において，AB＝6，BC＝8，CA＝4，∠BAD＝∠CAE，EC＝2のとき，DEの長さを求めなさい。

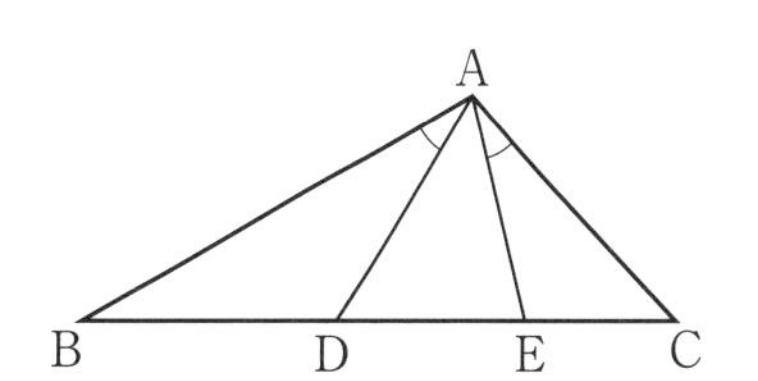

(2) 右の図において，直線AIは∠CABの二等分線であり，直線BIは∠ABCの二等分線である。また，直線AIと直線DEは直交する。BD＝8cm，CE＝1cmのとき，線分DEの長さを求めなさい。

〔開成高〕

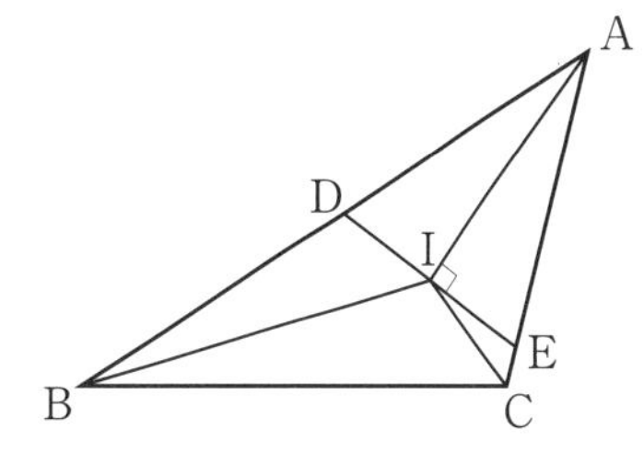

17 三平方の定理

Step A　Step B　Step C

解答▶別冊44ページ

重要 **1** 次の図で，x の長さを求めなさい。

(1)

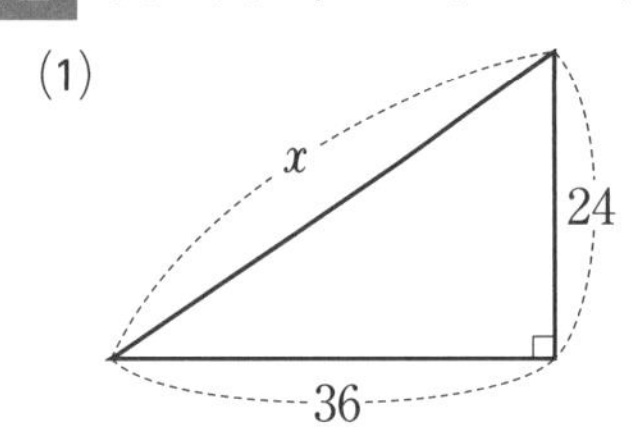

(2)

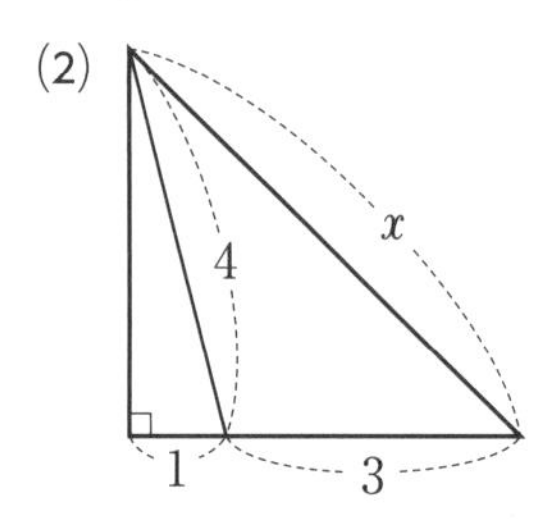

(3)

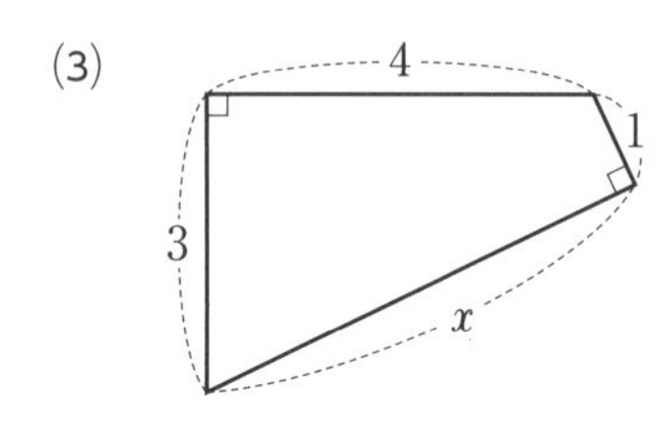

重要 **2** 次の図で，x，y の長さを求めなさい。

(1)

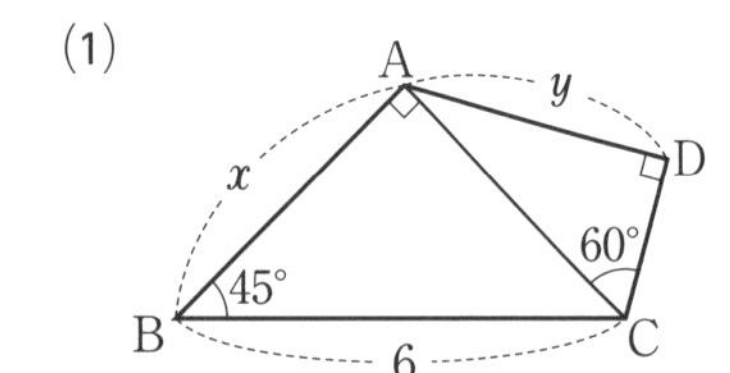

(2)

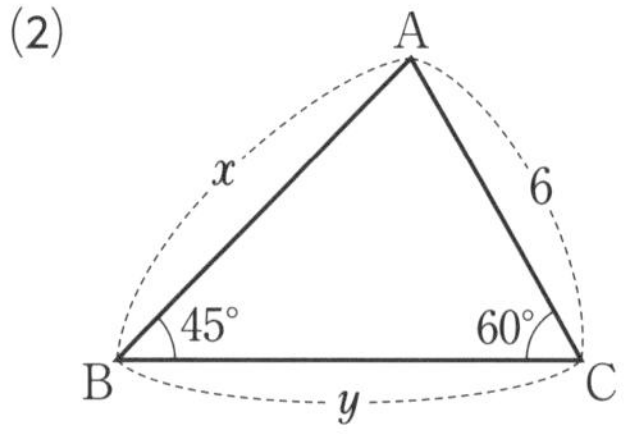

(3)

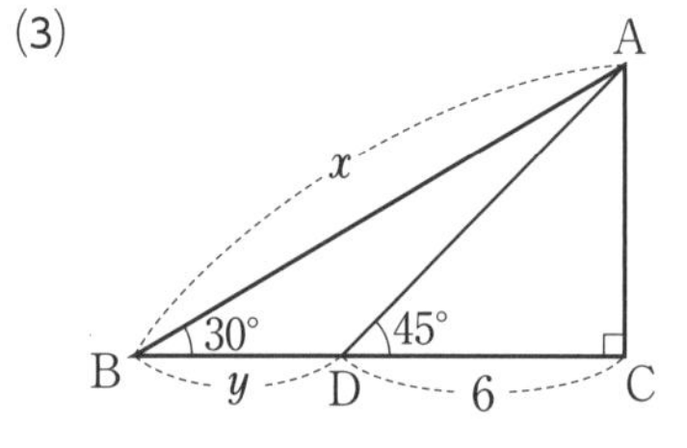

重要 **3** 次の図で，x の長さを求めなさい。

(1)

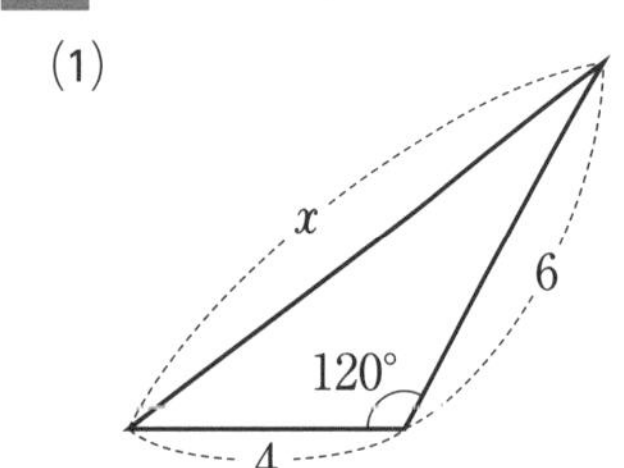

(2)

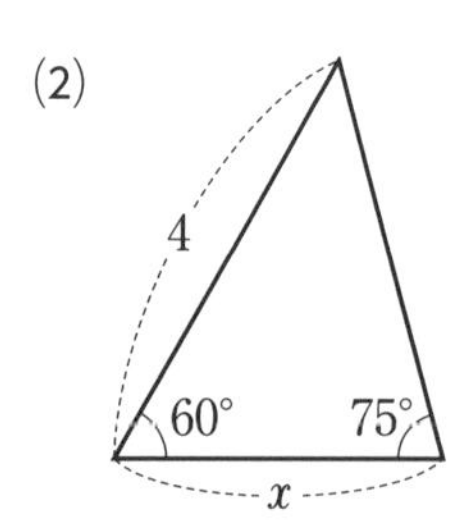

4 直角三角形 ABC がある。辺 BC は辺 AB より 1cm 短く，辺 CA より 17cm 長い。このとき，辺 BC の長さを求めなさい。 〔東邦大付属東邦高〕

5 座標平面上に，3点A(3, 6)，B(6, 2)，C(−2, −4)がある。座標の1目盛りを1cmとして，次の問いに答えなさい。

(1) 辺AB，BC，CAの長さをそれぞれ求めなさい。

記述 (2) △ABCは直角三角形といえますか。理由をつけて答えなさい。

6 右の図で，四角形ABCDは正方形，△AEFは正三角形である。正三角形の1辺の長さが2cmのとき，正方形の1辺の長さを求めなさい。

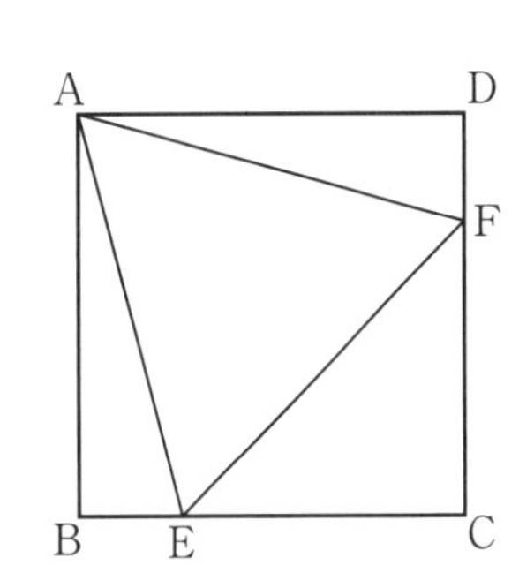

7 右の図で，∠BAD＝∠CAD，BD＝5，CD＝3のとき，ACの長さを求めなさい。

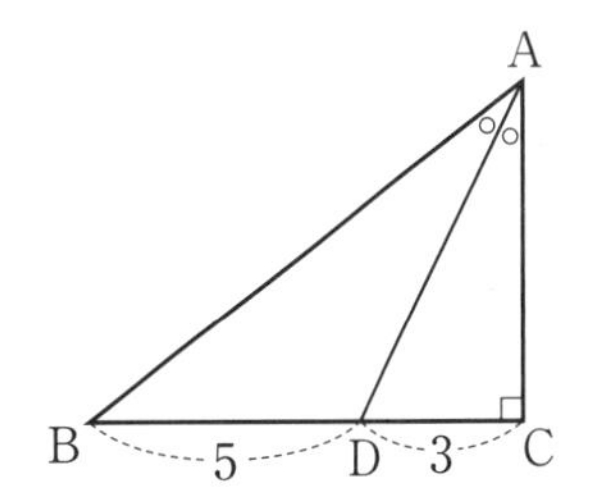

チェックポイント

① 三平方の定理…直角三角形の直角をはさむ2辺の長さを a，b，斜辺の長さを c とすると，$a^2+b^2=c^2$ が成り立つ。

② 三平方の定理の逆…3辺の長さが a，b，c である三角形で $a^2+b^2=c^2$ が成り立つならば，その三角形は長さ c の辺を斜辺とする直角三角形である。

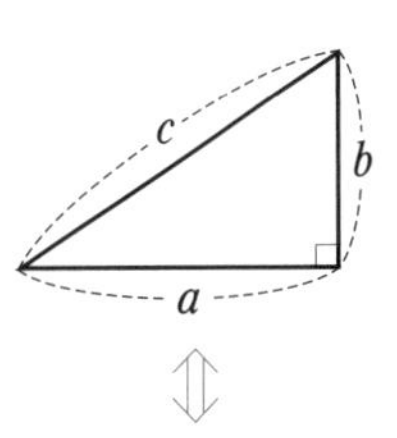

⇕

$a^2+b^2=c^2$

③ 直角二等辺三角形の3辺の長さの比は，$1:1:\sqrt{2}$

④ 鋭角が30°，60°の直角三角形の3辺の長さの比は，$1:\sqrt{3}:2$

⑤ 座標平面上の2点P(a, b)，Q(c, d)間の距離は，
$PQ=\sqrt{(a-c)^2+(b-d)^2}$

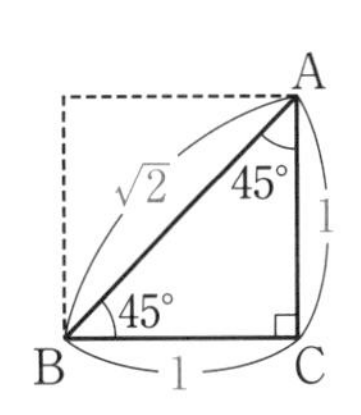

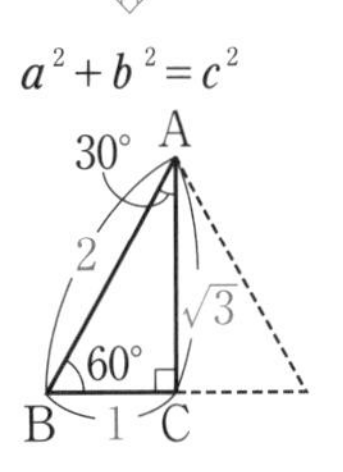

Step A　Step B　Step C

●時 間 40分	●得 点
●合格点 80点	点

解答▶別冊45ページ

重要 **1** 右の図のような三角形ABCにおいて，頂点A，Cから辺BC，ABに対して垂線AD，CEをひき，ADとCEの交点をFとする。AB＝10cm，BD＝6cm，DC＝8cmである。このとき，次の長さをそれぞれ求めなさい。(6点×3)　〔大手前丸亀高〕

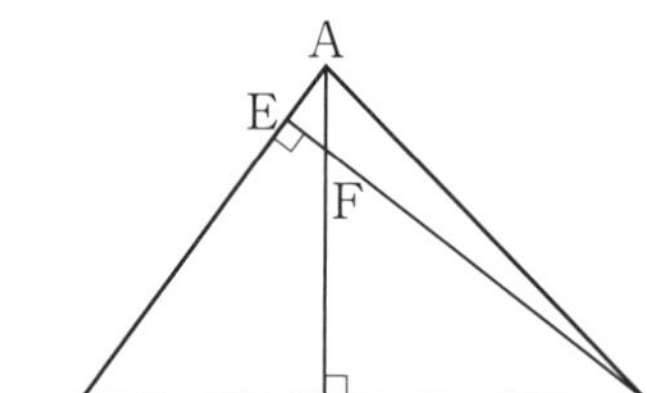

(1) AD　　(2) CE　　(3) BF

重要 **2** 右の図はAD//BCの台形ABCDであり，∠DAB＝∠BEC＝90°，AD＝4，AB＝$4\sqrt{2}$，DB＝DCである。次の値をそれぞれ求めなさい。(6点×3)　〔土佐塾高〕

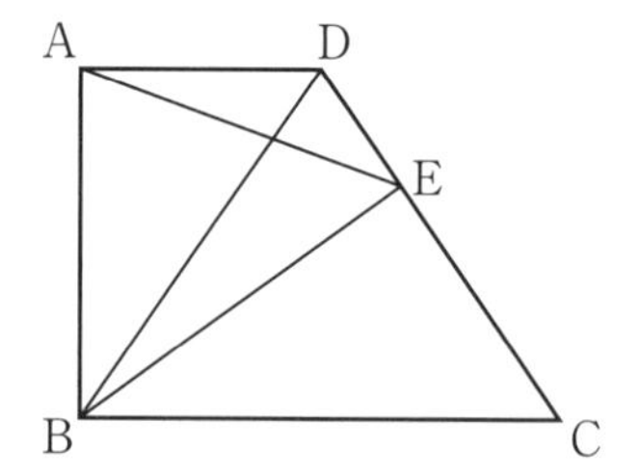

(1) BCの長さ　　(2) BEの長さ　　(3) △ABEの面積

3 右の図のように，長方形ABCDの内部に点Eをとる。AE＝6，BE＝7，CE＝5のとき，DEの長さを求めなさい。(8点)　〔京都女子高〕

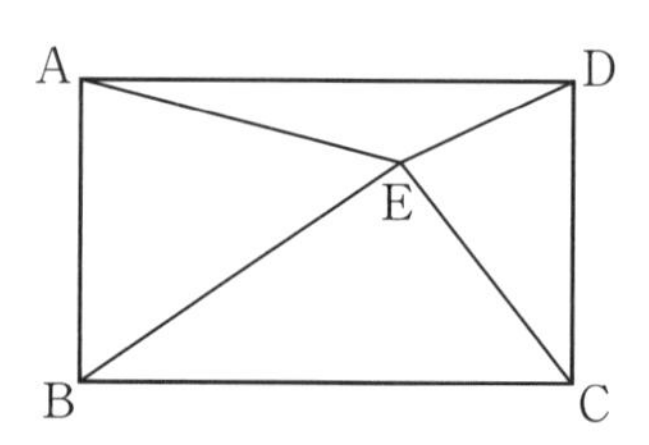

4 右の図の四角形ABCDで，BC＝12，CD＝16，BD＝20，∠ADB＝∠BDC，∠ABD＝∠BCD＝90°である。線分ACの長さを求めなさい。(8点)　〔桐光学園高〕

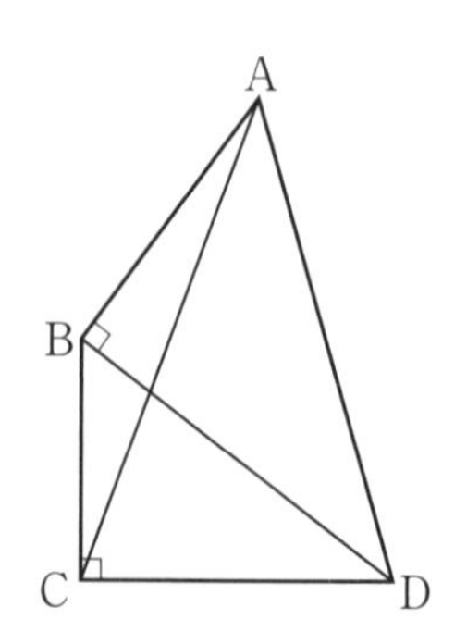

5 $AB=8$, $AD=17$ の長方形ABCDの辺AB上に点Eをとり，DEを折り目として△ADEを折り曲げると，点Aが辺BC上の点Fに重なった。このとき，次の長さをそれぞれ求めなさい。(6点×3)　〔法政大国際高〕

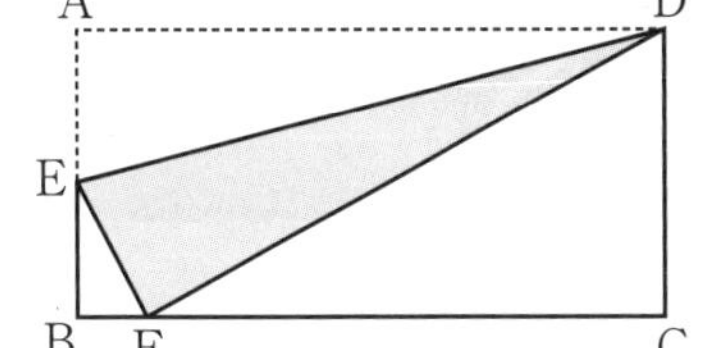

(1) CF　(2) BE　(3) DE

6 右の図のように，$AB=AC=\sqrt{3}+1$，$\angle A=30°$ の二等辺三角形がある。このとき，BCの長さを求めなさい。(8点)　〔明治大付属明治高〕

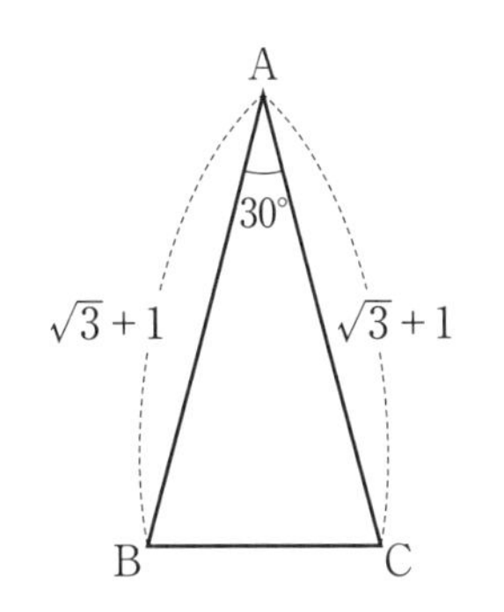

7 右の図において，△ABC，△CDEはそれぞれ1辺の長さが2cmの正三角形で，点M，Nはそれぞれ辺BC，DEの中点である。3点A，M，Nが一直線上にあるとき，線分ANの長さを求めなさい。(8点)　〔京都市立西京高〕

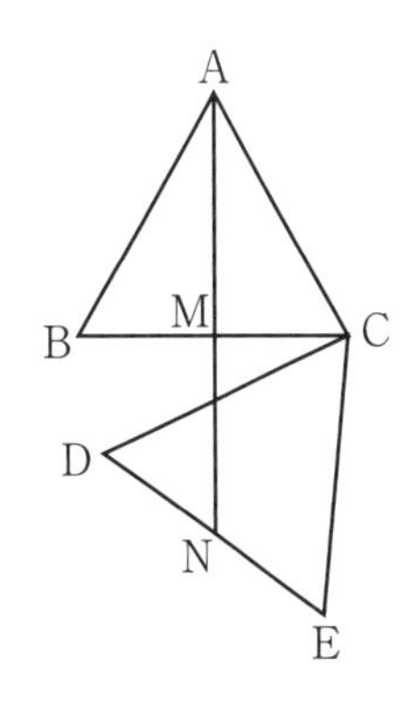

8 右の図のように，$OA=6$，$OB=4$ の三角形OABにおいて，$\angle AOB$ の二等分線とABとの交点をPとする。$OP=\frac{12}{5}$ のとき，次の問いに答えなさい。(7点×2)　〔渋谷教育学園幕張高〕

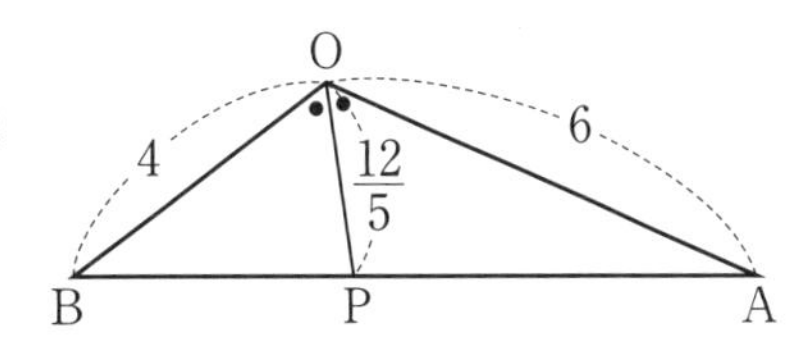

(1) $\angle AOB$ の大きさを求めなさい。

(2) APの長さを求めなさい。

月　日

18 三平方の定理と平面図形

Step A　Step B　Step C

解答▶別冊47ページ

重要 **1** 次の三角形や台形の面積を求めなさい。

(1)

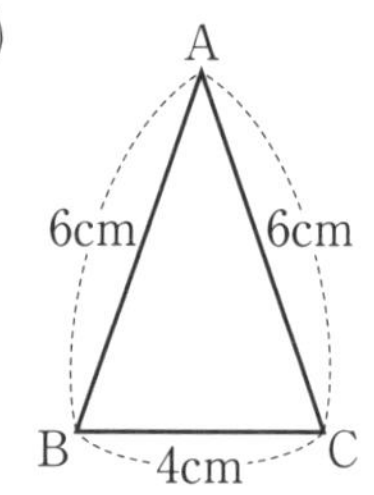

(2)

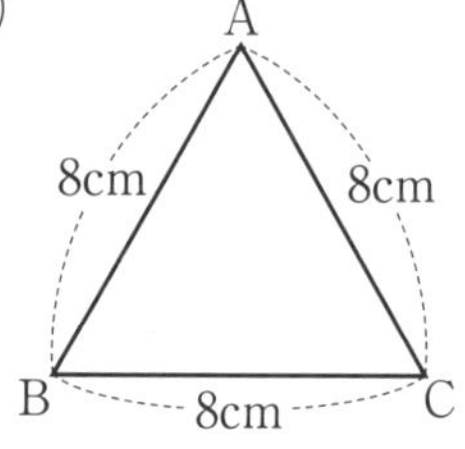

(3)

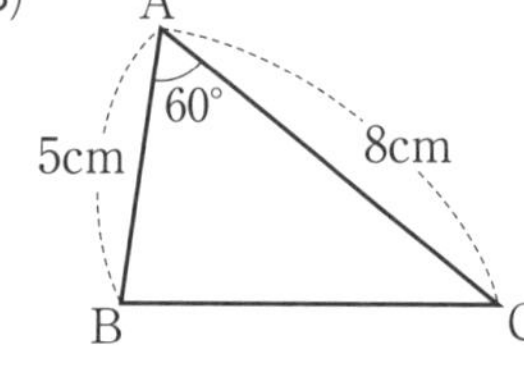

(4) A　7cm　D　10cm　B　13cm　C

(5)

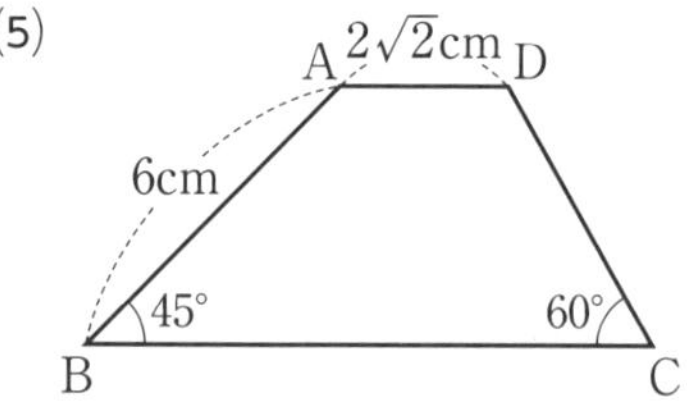

2 1辺の長さが2である正六角形の面積を求めなさい。また，1辺の長さが2である正八角形の面積を求めなさい。

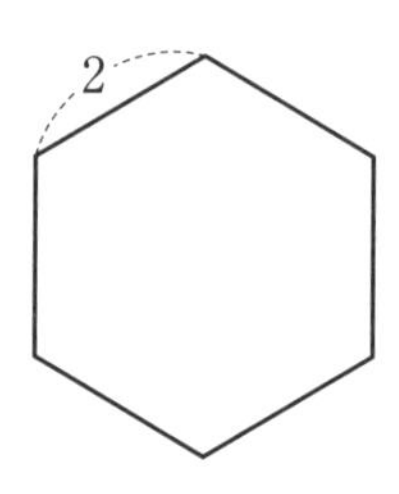

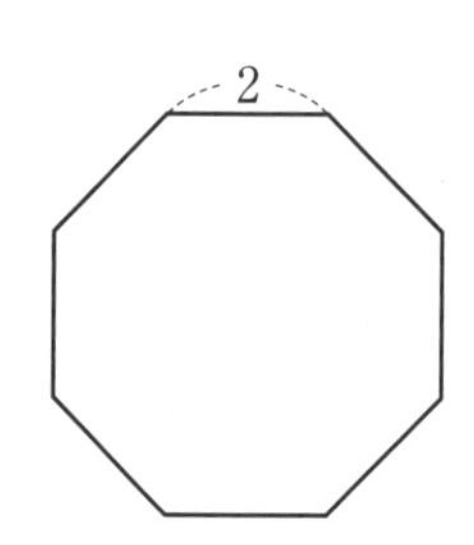

重要 **3** AB＝13cm，BC＝14cm，CA＝15cmである△ABCにおいて，Aから辺BCに垂線AHをひく。BH＝$x$cmとして，次の問いに答えなさい。

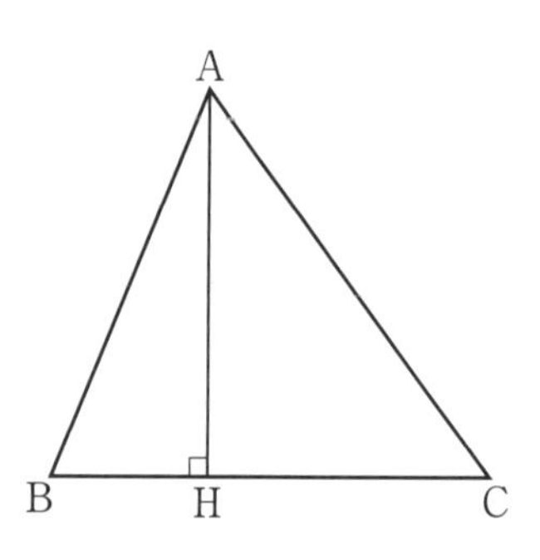

(1) △ABH，△ACHで三平方の定理を用いることにより，xについての方程式をつくりなさい。

(2) △ABCの面積を求めなさい。

4 次の問いに答えなさい。

(1) 半径8cmの円で，中心からの距離が4cmである弦ABの長さを求めなさい。

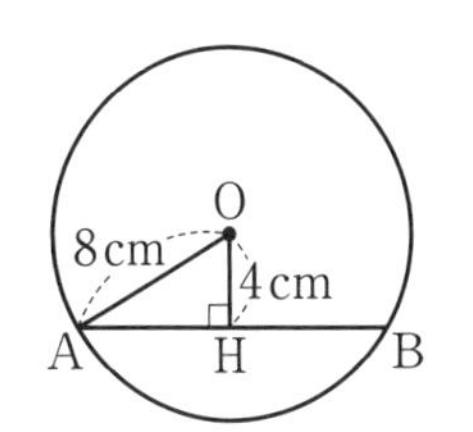

(2) 半径8cmの円Oに，中心からの距離が20cmである点PよりひいたPTの長さを求めなさい。

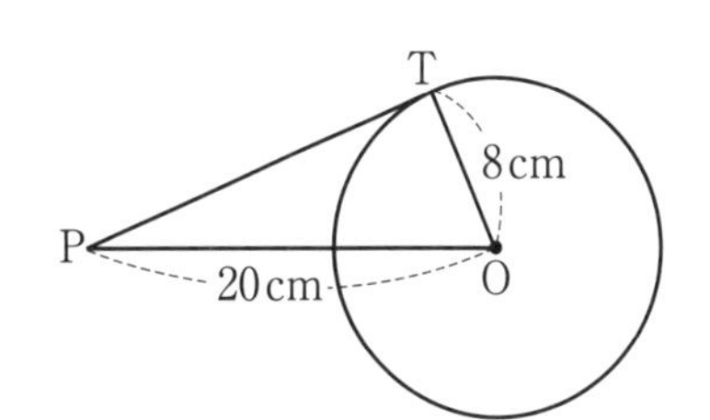

5 右の図のように，2つの円O，Pが互いに接していて，それぞれ直線ℓと点A，Bで接している。円Oの半径が6cm，円Pの半径が2cmのとき，次の問いに答えなさい。

(1) 線分ABの長さを求めなさい。

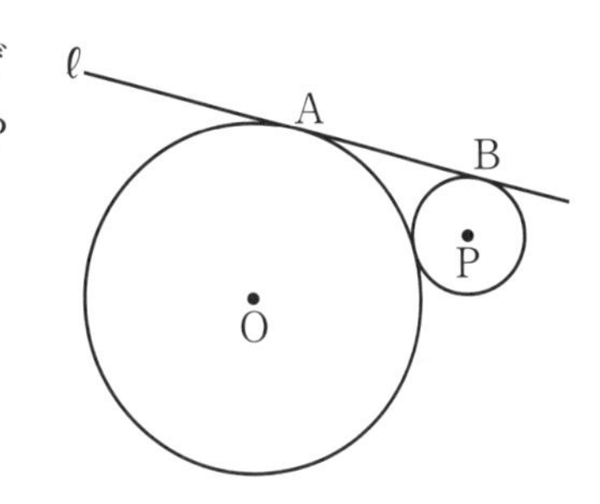

(2) 2つの円の円周と直線ℓとで囲まれた部分の面積を求めなさい。ただし，円周率はπとする。

チェックポイント

① **二等辺三角形の面積**…頂点から底辺に垂線を下ろし，三平方の定理を使って高さを求める。右の図で，$h=\sqrt{a^2-b^2}$

② **正三角形の面積**…60°の角をもつ直角三角形の辺の比$(1:2:\sqrt{3})$を利用する。

1辺の長さがaの正三角形の面積は$\frac{\sqrt{3}}{4}a^2$

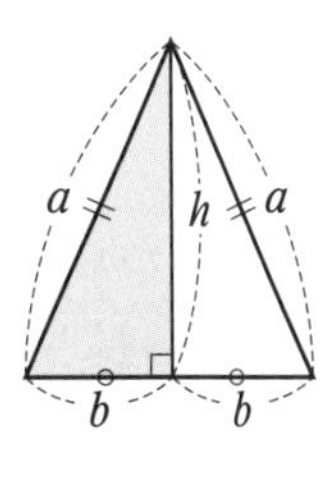

③ **円と直角**

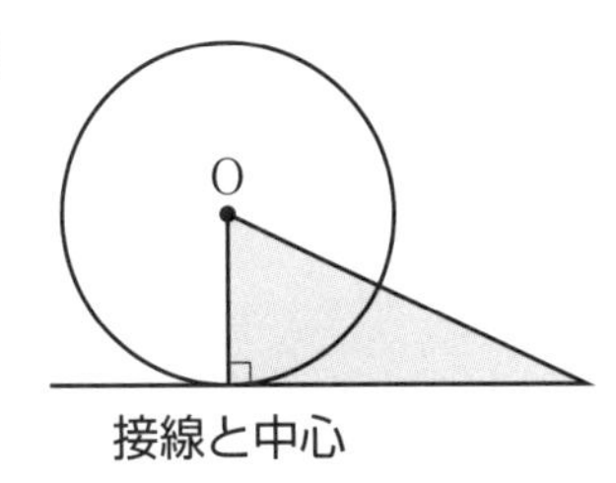

接線と中心

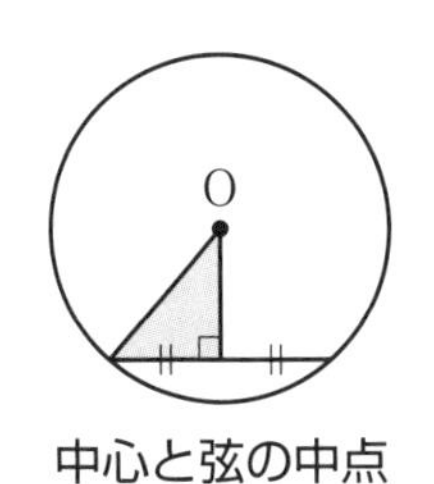

中心と弦の中点

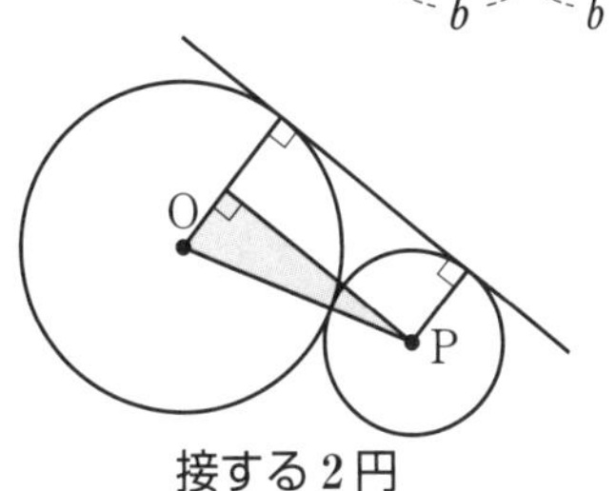

接する2円

Step A　Step B　Step C

●時 間 40分	●得 点
●合格点 80点	点

解答▶別冊48ページ

1 右の図の台形ABCDの面積を求めなさい。(10点)

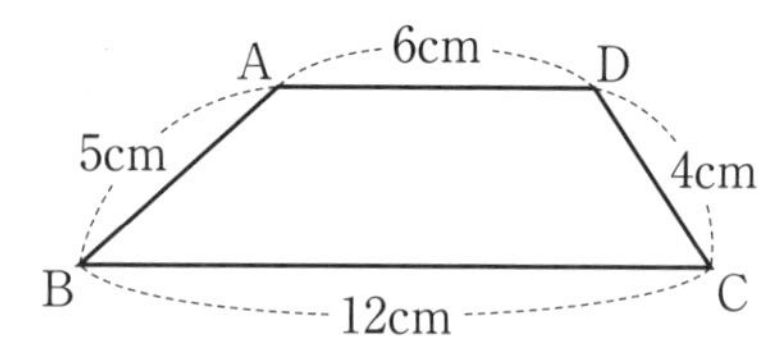

2 右の図のように，OA＝OBの直角二等辺三角形がある。△OCDは，△OABを点Oを中心として反時計回りに30°回転したものである。辺ABと辺OCの交点をPとする。また，AP＝2cmである。(10点×2)　〔東海高〕

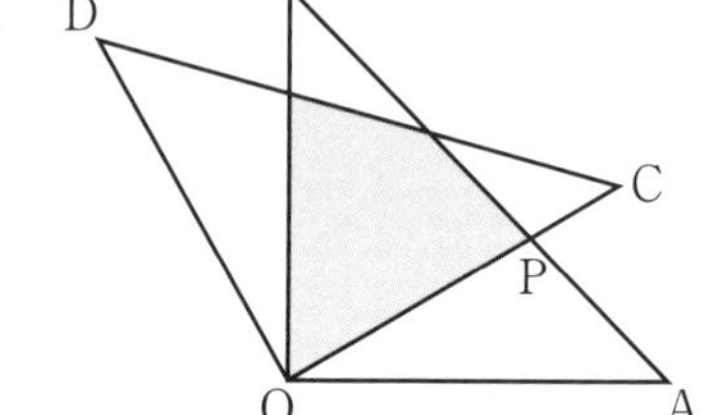

(1) OAの長さを求めなさい。

(2) △OABと△OCDの重なった部分の面積を求めなさい。

3 右の図のように，AB＝4，AC＝$2\sqrt{6}$，∠ABC＝90°の直角三角形ABCがある。辺AB上に点D，辺AC上に点Eをとり，線分DEでこの三角形を折り曲げたところ，ちょうど頂点Aが辺BCの中点Mに重なった。(5点×4)　〔成蹊高〕

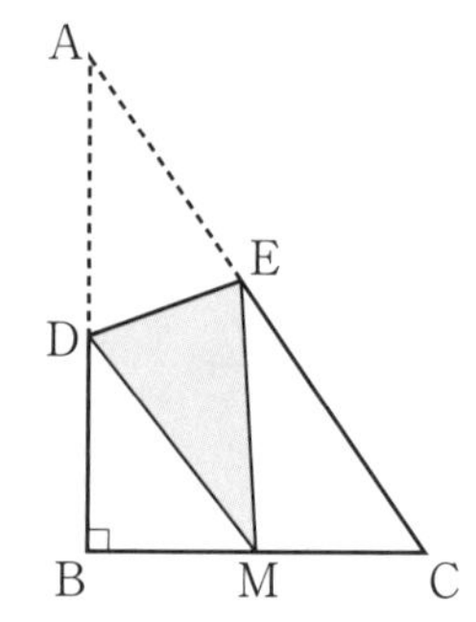

(1) △ABCの面積を求めなさい。

(2) 線分DMの長さを求めなさい。

(3) 点Eから辺ABにひいた垂線とABとの交点をHとする。線分EHの長さをaとするとき，BHの長さをaの式で表しなさい。

(4) aの値を求めなさい。

4 右の図の四角形ABCDは，AB＝6，AD＝8の長方形で，辺BC上に点Eを∠DAC＝∠CAEとなるようにとる。このとき，BEの長さを求めなさい。(10点)

〔智辯学園高〕

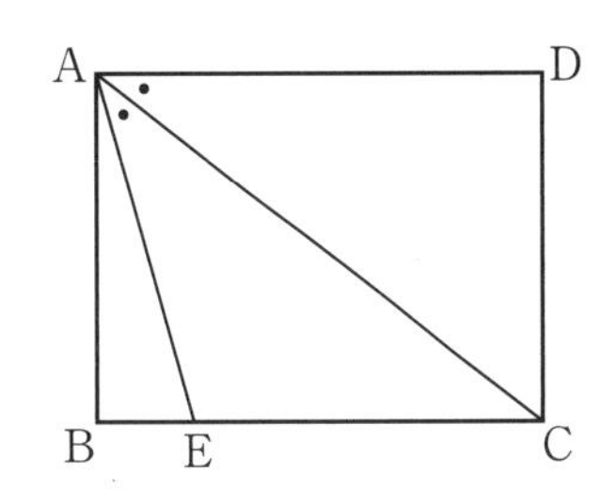

5 右の図のように，BC＝2，CA＝3，∠ACB＝60°の△ABCがある。点B，Cから対辺CA，ABにそれぞれ垂線BD，CEを下ろし，その交点をPとする。(10点×2)

〔ラ・サール高〕

(1) ABの長さを求めなさい。

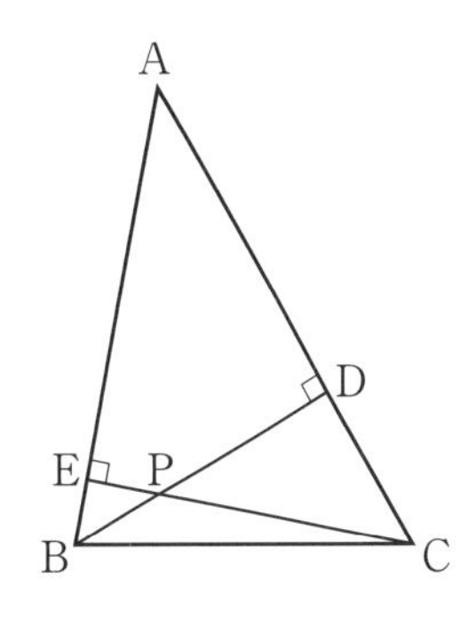

(2) CPの長さを求めなさい。

6 右の図のように，半径1cmの半円と半径3cmの半円が，直線OX上の点Pで接している。また，2つの半円はともに直線OYとも接している。色のついた部分の面積を求めなさい。ただし，円周率はπとする。(10点)

〔大阪信愛女学院高〕

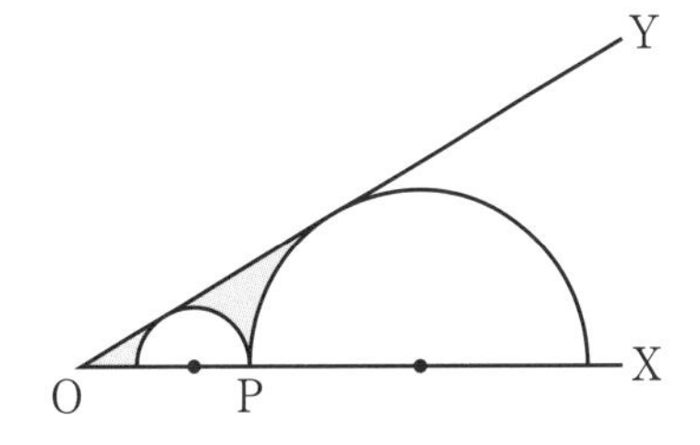

7 右の図において，円Oは半径2cmの円，三角形ABCは正三角形，辺ACは円Oの直径，2点D，Eは円Oの周上にあり，∠COD，∠AOEはともに45°である。図の色のついた部分の面積を求めなさい。ただし，円周率はπとする。(10点)

〔京都市立西京高〕

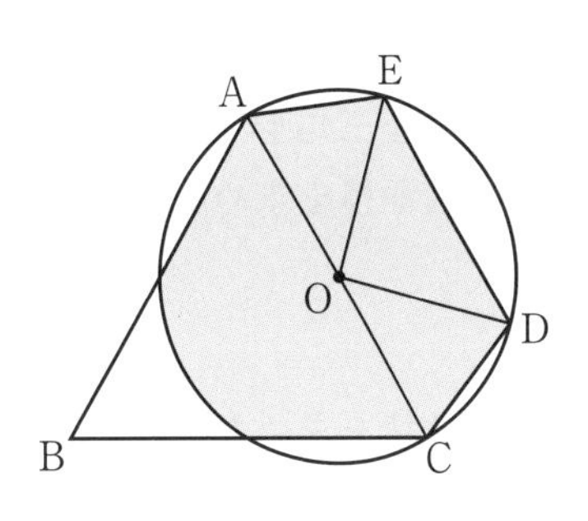

19 三平方の定理と空間図形

Step A　Step B　Step C

解答▶別冊49ページ

重要 **1** 右の図のような直方体ABCD－EFGHについて，次の問いに答えなさい。

(1) 対角線AGの長さを求めなさい。

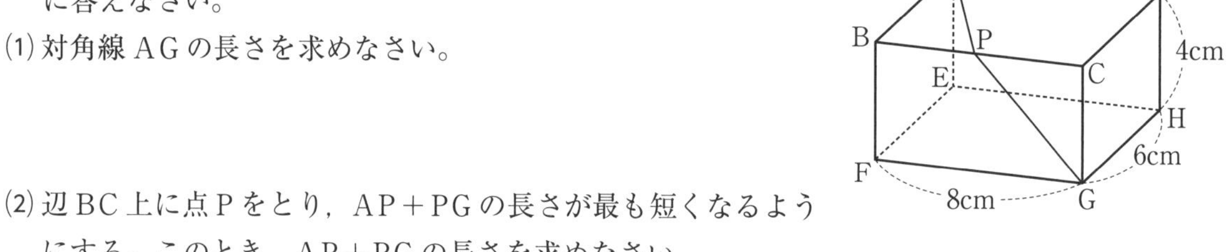

(2) 辺BC上に点Pをとり，AP＋PGの長さが最も短くなるようにする。このとき，AP＋PGの長さを求めなさい。

重要 **2** 右の図は1辺の長さが4cmの立方体ABCD－EFGHで，2点P，Qはそれぞれ辺EF，EHの中点である。

(1) PQ，CPの長さを求めなさい。

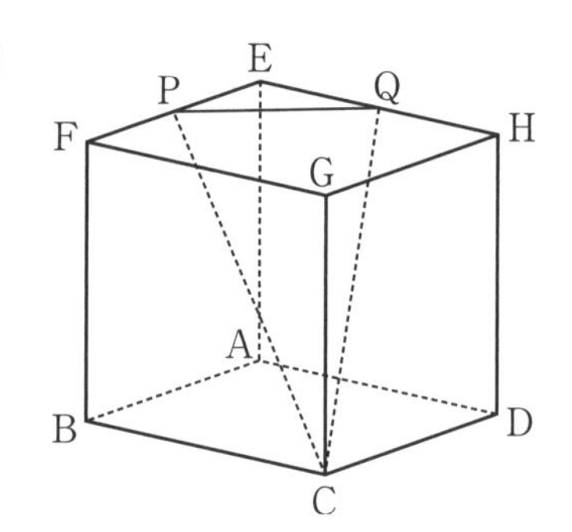

(2) △CPQの面積を求めなさい。

(3) Gから△CPQにひいた垂線の長さを求めなさい。

3 右の図のように，底面が1辺8cmの正方形で，側面が1辺8cmの正三角形である正四角錐V－ABCDがある。

(1) 表面積を求めなさい。

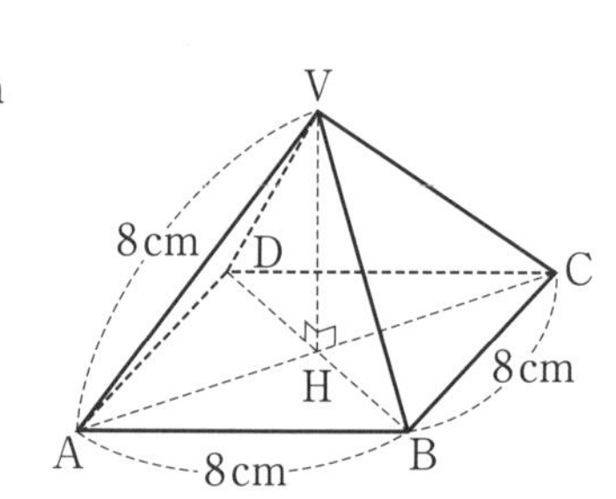

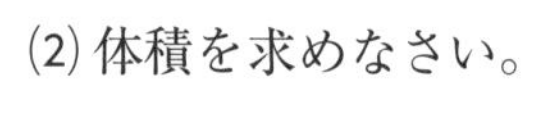

(2) 体積を求めなさい。

4 右の図は，底面の半径が 1cm，母線の長さが 4cm の円錐で，点 P は母線 AB 上にあり，AP＝3cmである。

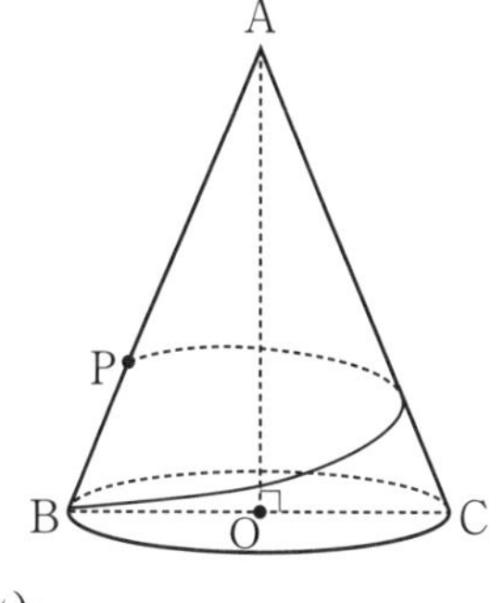

(1) 円錐の体積と表面積を求めなさい。ただし，円周率は π とする。

(2) B から円錐の側面上を 1 周して P まで行く最短経路の長さを求めなさい。

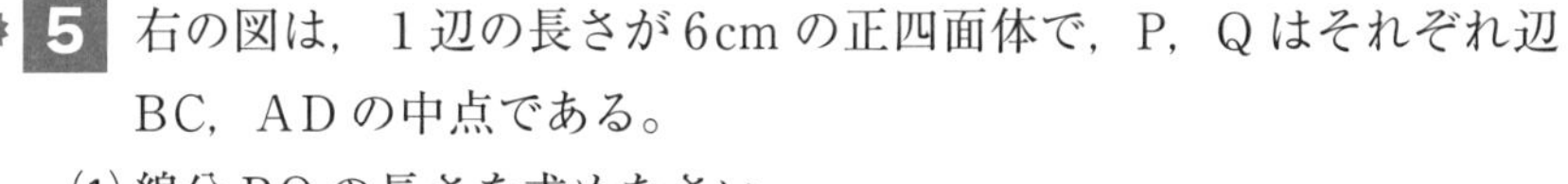

5 右の図は，1 辺の長さが 6cm の正四面体で，P，Q はそれぞれ辺 BC，AD の中点である。

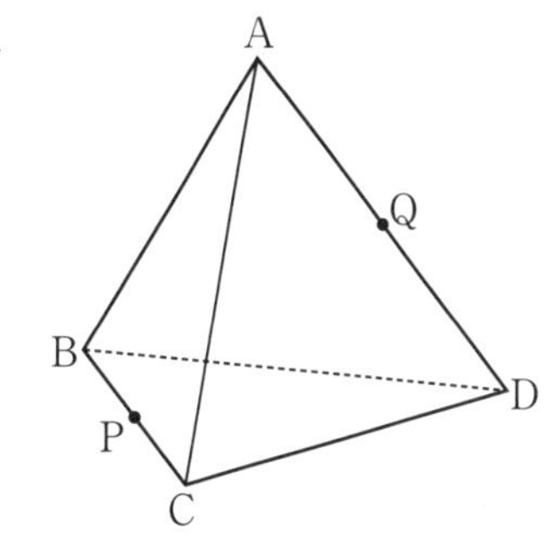

(1) 線分 PQ の長さを求めなさい。

(2) △ APD の面積を求めなさい。

(3) 正四面体 ABCD の体積を求めなさい。

チェックポイント

立体図形への応用…立体図形の中から長方形，直角三角形，二等辺三角形，等脚台形などを取り出して，三平方の定理を利用する。

例

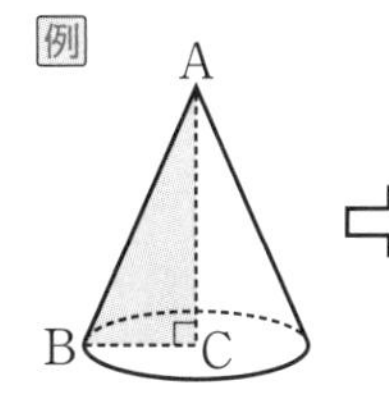

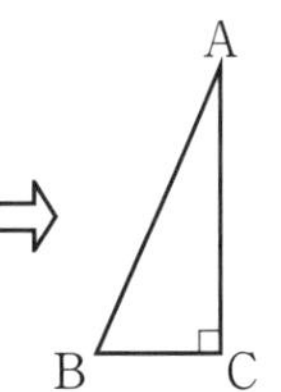

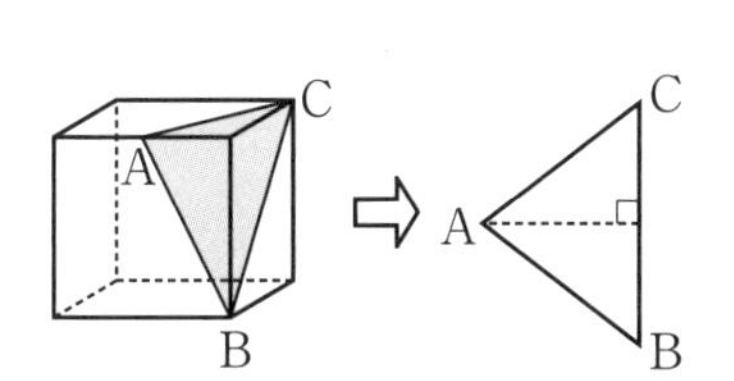

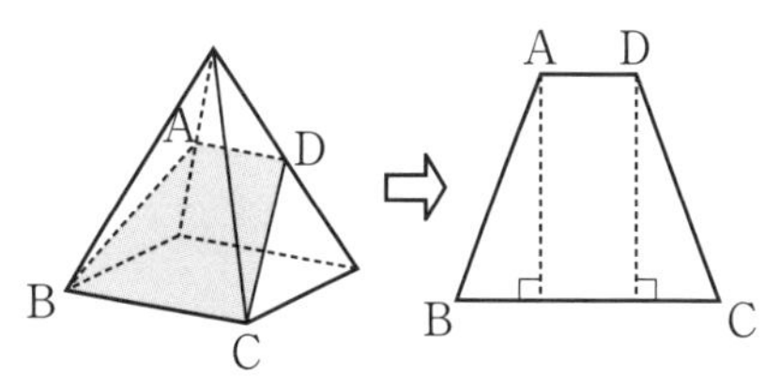

Step A　Step B　Step C

●時 間 40分	●得 点
●合格点 80点	点

解答▶別冊50ページ

1 次の問いに答えなさい。(10点×3)

重要 (1) 右の図のような1辺の長さが3cmの正方形ABCDがある。辺BC, CDの中点をそれぞれM, Nとする。点線で折り曲げて△AMNを底面とする三角錐をつくるとき，この三角錐の高さを求めなさい。〔駿台甲府高〕

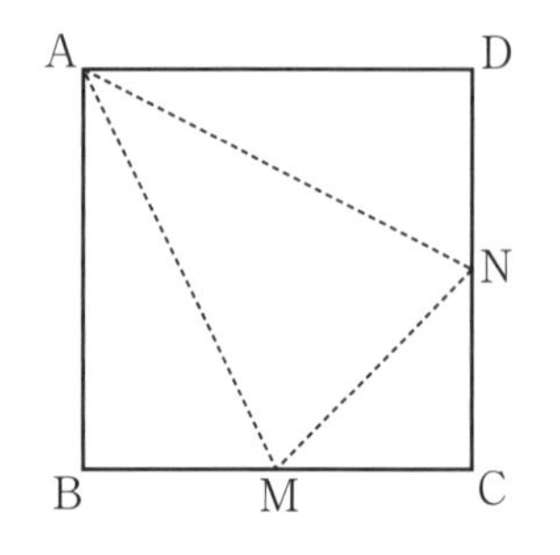

(2) 右の図のように，3辺の長さが30cm, 35cm, 40cmの直方体ABCD－EFGHがある。この直方体の辺AE上に点Pをとり，3点D, P, Fを通る平面でこの直方体を切断したところ，切り口がひし形になった。線分PQの長さを求めなさい。〔西大和学園高〕

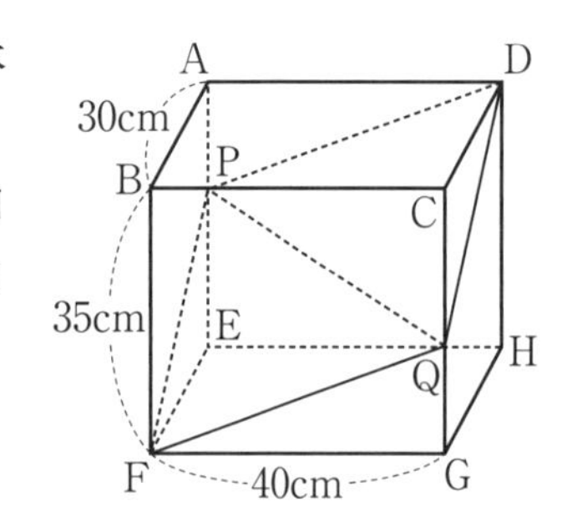

重要 (3) 底面が1辺4cmの正方形ABCDで，PA＝PB＝PC＝PDである正四角錐PABCDがある。この立体の表面積が72cm^2であるとき，体積を求めなさい。〔成蹊高〕

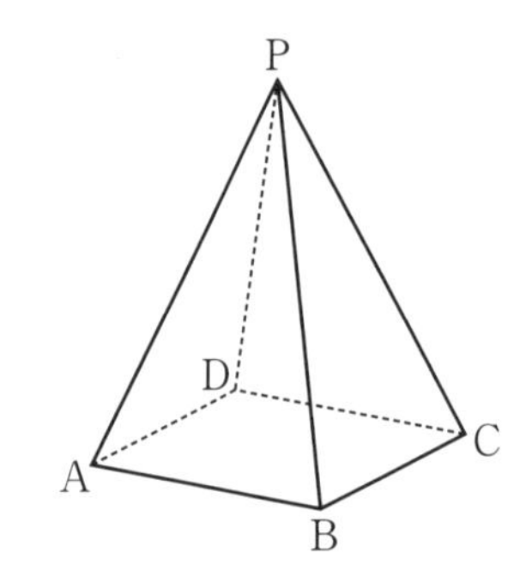

重要 **2** 1辺の長さが2の立方体ABCD－EFGHにおいて，辺CGの中点をMとする。(10点×2)〔ラ・サール高〕

(1) △AFMの面積を求めなさい。

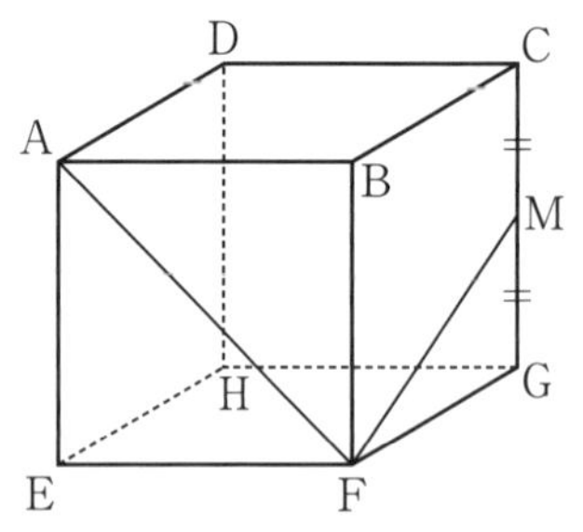

(2) 点Bから平面AFMに垂線をひき，その交点をPとする。線分BPの長さを求めなさい。

3 1辺の長さが3である正四面体A－BCDがある。辺AC上にAE:EC＝2:1を満たす点Eをとり，辺AD上にAF:FD＝1:2を満たす点Fをとる。(5点×4)〔法政大国際高〕

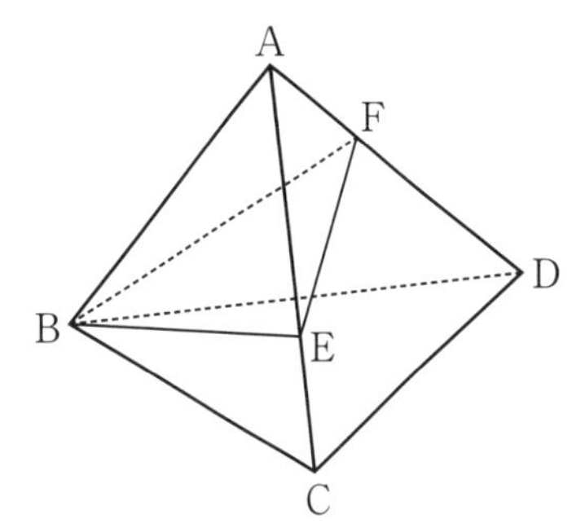

(1) EFの長さを求めなさい。

(2) BEの長さを求めなさい。

(3) △BEFの面積を求めなさい。

(4) 点Aから3点B，E，Fを通る平面に下ろした垂線の長さを求めなさい。

4 右の図のように，各辺の長さが4cmの正四角錐O－ABCDがある。辺OD，OC上にOP＝OQ＝1cmとなる点P，Qをとり，点Qから辺AB，CDに垂線QR，QSをひく。(10点×3)〔愛光高〕

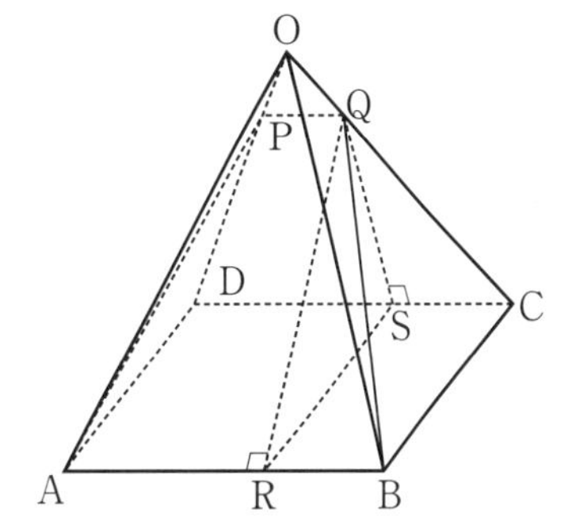

(1) 正四角錐O－ABCDの体積を求めなさい。

(2) △QRSの面積を求めなさい。

(3) 四角錐O－ABQPの体積を求めなさい。

月　日

Step A　Step B　Step C

●時間 40分	●得点
●合格点 70点	点

解答▶別冊52ページ

重要 **1** 次の問いに答えなさい。(8点×3)

(1) 右の図のような$BC=2\sqrt{2}$cm，CD＝1cm，∠C＝90°である四角形ABCDにおいて，AB⊥AC，対角線BDは∠Bの二等分線である。対角線AC，BDの交点をPとするとき，AP：PCを求めなさい。〔智辯学園和歌山高〕

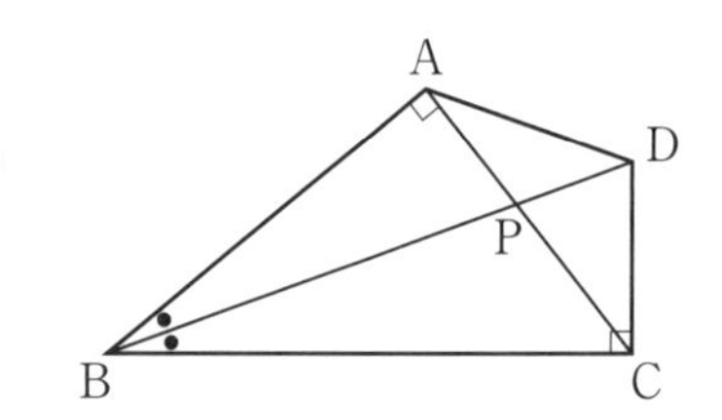

(2) 右の図のように2つの直角三角形ABCとABDがある。辺ADと辺BCの交点をEとし，Eを通り辺ABに垂直な直線と辺ABとの交点をFとする。AB＝65cm，AC＝39cm，BD＝25cmのとき，EFの長さを求めなさい。〔灘　高〕

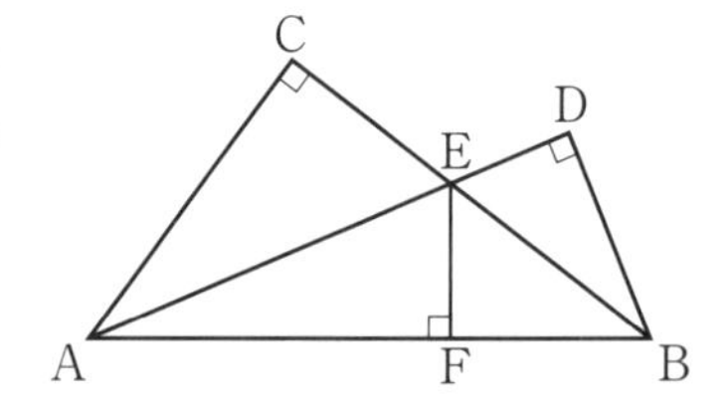

(3) AB＝AD＝2cm，AE＝3cmの直方体ABCD－EFGHにおいて，辺EF，FGの中点をそれぞれ点P，Qとする。このとき，3点D，P，Qを通る平面で直方体を切ったときの切り口の図形の面積を求めなさい。

〔筑波大附高〕

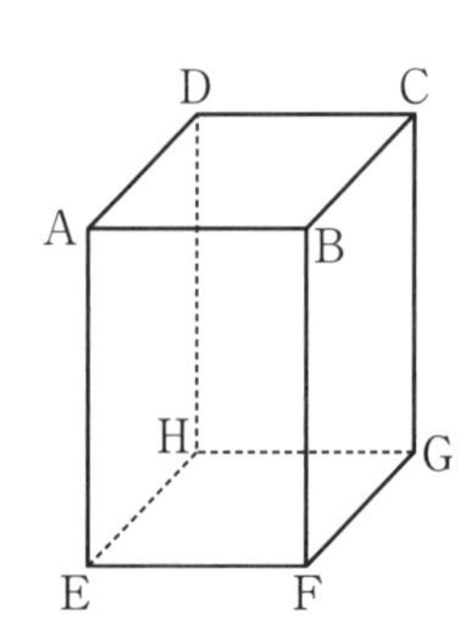

2 右の図のように半径9cmの円O_1と半径4cmの円O_2が直線ℓとそれぞれ点A，Bで接し，また，2円O_1，O_2は直線ℓ'と点Oで接している。直線ℓとℓ'の交点をCとするとき，次の問いに答えなさい。(8点×2)〔早稲田実業学校高〕

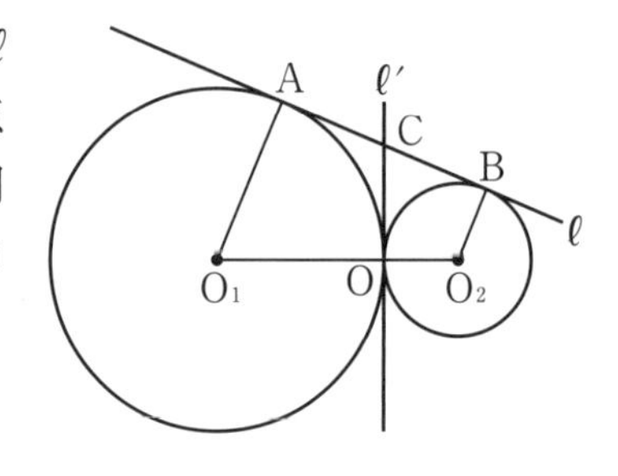

(1) △CO_1O_2の面積を求めなさい。

(2) △OABの面積を求めなさい。

3 右の図のように，1辺の長さが$4\sqrt{2}$ cmの立方体ABCD－EFGHにおいて，点M，N，Lはそれぞれ辺AD，AB，GHを2等分する点である。この立方体を3点A，F，Lを通る平面で切ったとき，この切断面と線分EM，ENとの交点をそれぞれP，Qとする。(8点×3)　〔法政大第二高〕

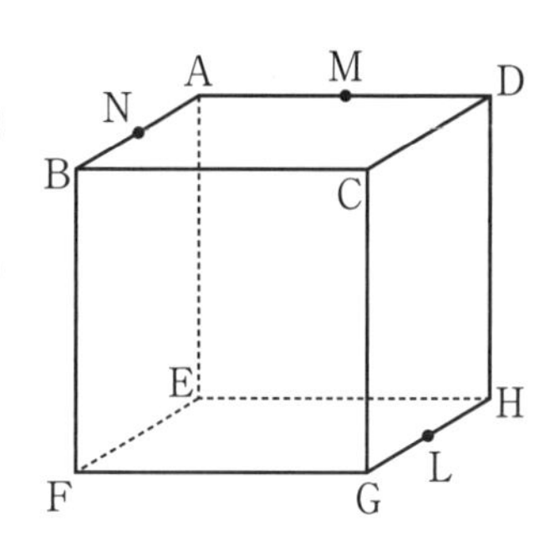

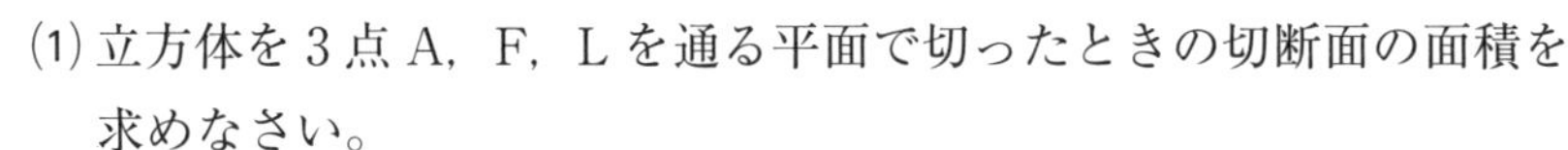
(1) 立方体を3点A，F，Lを通る平面で切ったときの切断面の面積を求めなさい。

(2) △FQPの面積を求めなさい。

(3) 4点A，P，Q，Eを頂点とする三角錐の体積を求めなさい。

4 右の図のように，直線$y=ax+2$をℓとし，x軸上に3点A，B，Cを，ℓ上に3点P，Q，Rを，△OAP，△ABQ，△BCRが正三角形になるようにとる。Pのy座標が3であるとき，次の問いに答えなさい。

(9点×4)　〔洛南高〕

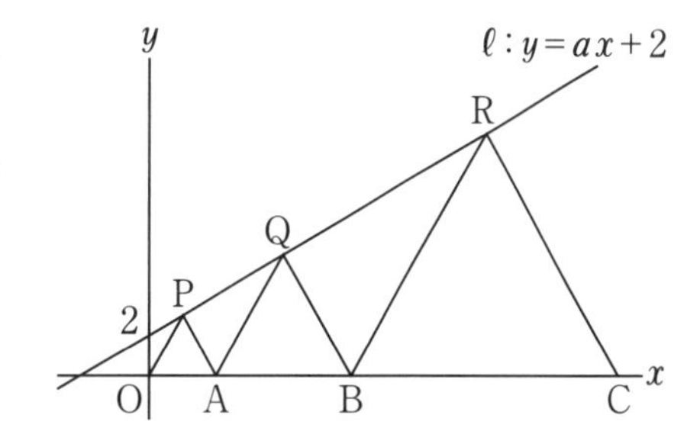

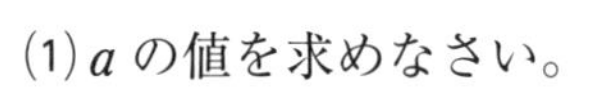
(1) aの値を求めなさい。

(2) Qの座標を求めなさい。

(3) AP：BQ：CRを最も簡単な整数の比で表しなさい。

(4) △BRQの面積を求めなさい。

20 円周角の定理

Step A　Step B　Step C

解答▶別冊53ページ

重要 **1** 次の図で，$\angle x$ の大きさを求めなさい。ただし，点Oは円の中心である。

(1)

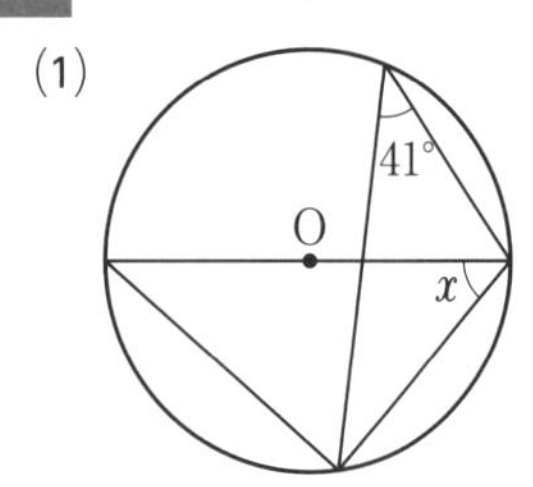

〔山　梨〕

(2)

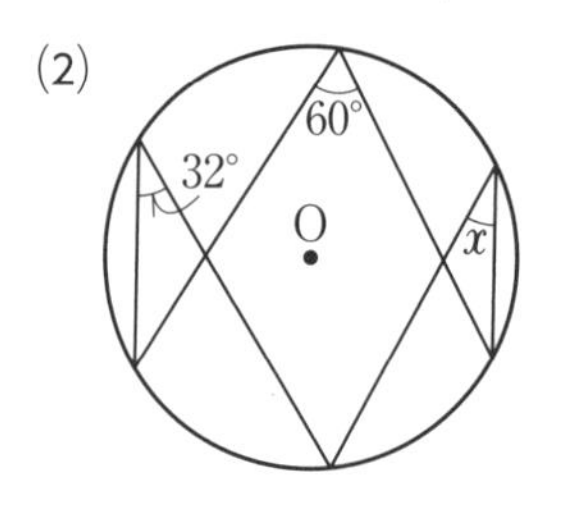

〔法政大高〕

(3)

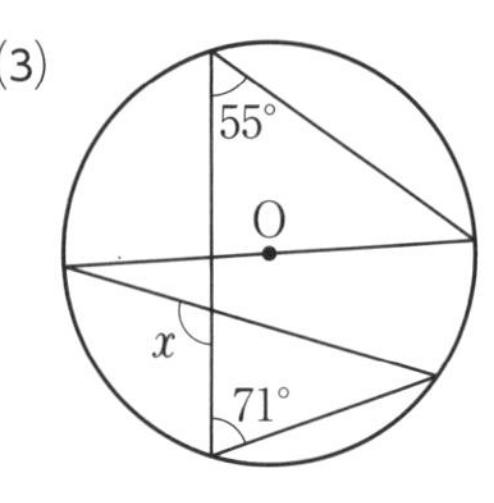

〔青山学院高〕

(4)

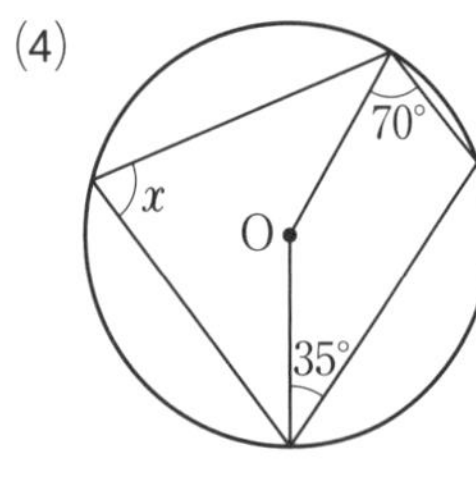

〔日本大豊山高〕

(5)

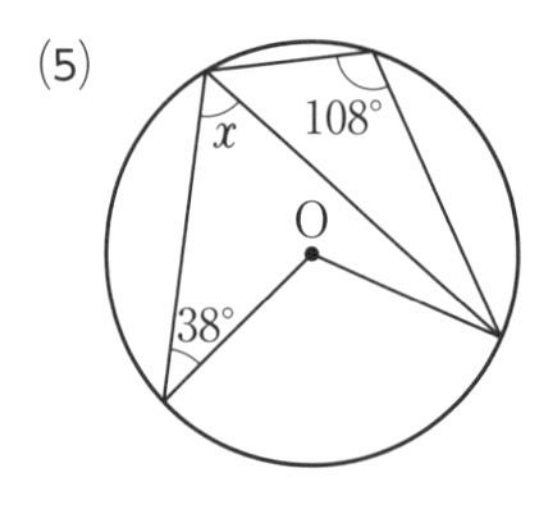

〔三田学園高〕

(6)

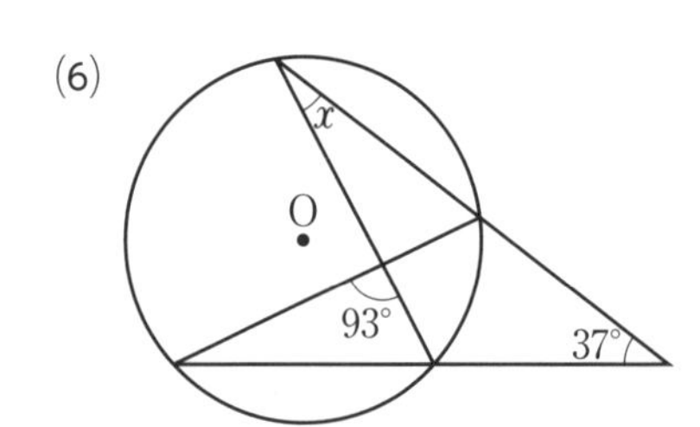

重要 **2** 右の図の点A，B，C，D，E，F，G，H，Iは円周を9等分している。BHとIEの交点をJとするとき，$\angle$ IJHの大きさを求めなさい。

〔成蹊高〕

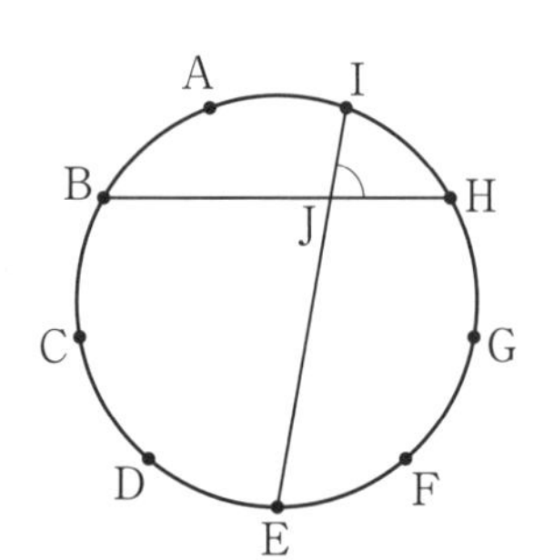

3 右の図の半円で，$\overset{\frown}{AB}:\overset{\frown}{BC}:\overset{\frown}{CD}=1:5:3$ である。このとき，$\angle$ BDCの大きさを求めなさい。

〔駿台甲府高〕

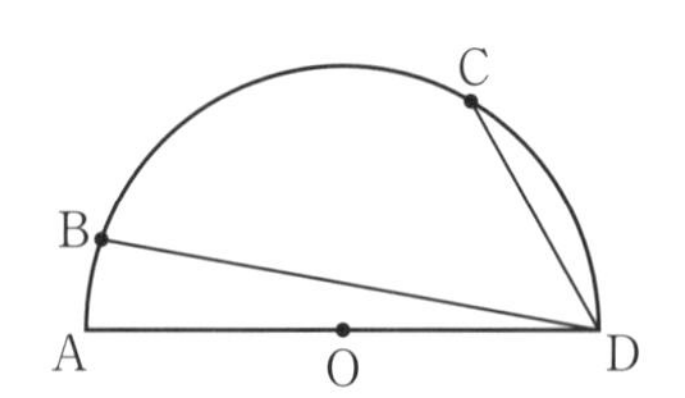

要 **4** 次の図で，∠x の大きさを求めなさい。

(1)

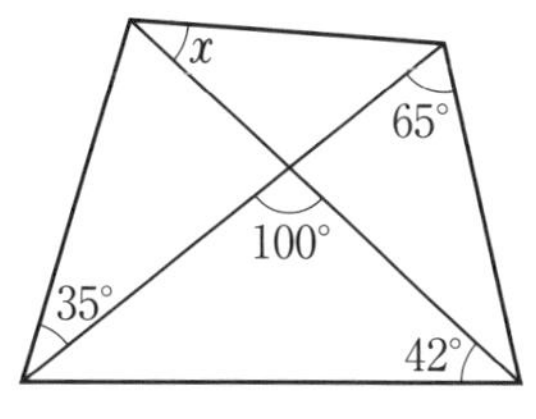

〔大阪学院大高〕

(2)

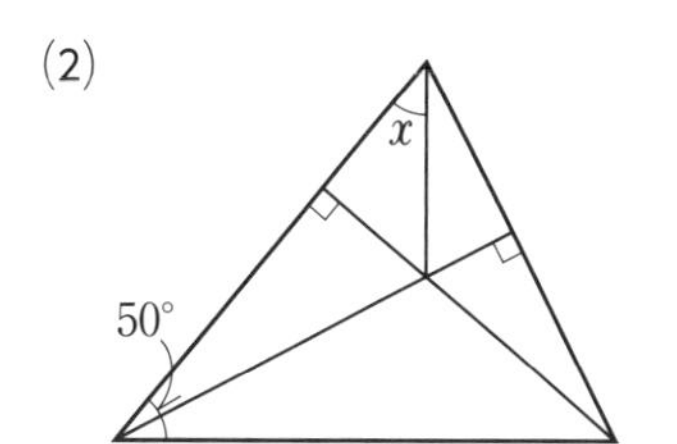

5 次の図で，∠x の大きさを求めなさい。

(1) PA，PB は円 O の接線で，点 A，B はその接点

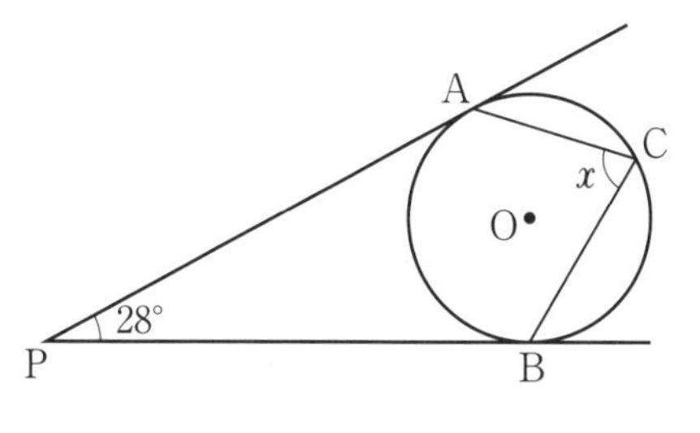

〔東海大付属相模高〕

(2) PA は円 O の接線で，点 A はその接点

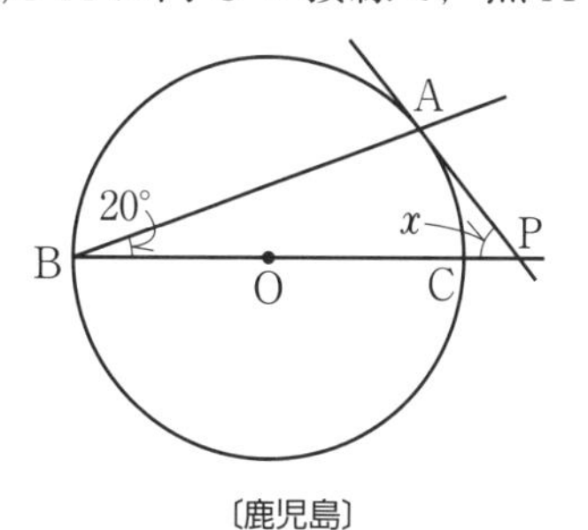

〔鹿児島〕

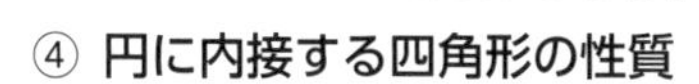

① 円周角の定理

㋐ 1 つの弧に対する円周角はすべて等しく，その弧に対する中心角の半分に等しい。

㋑ 半円の弧に対する円周角は直角である。

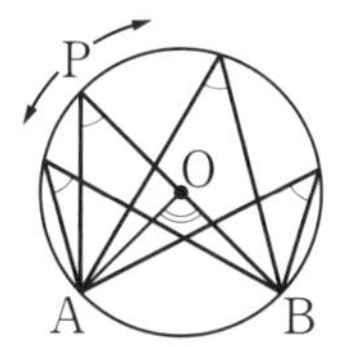

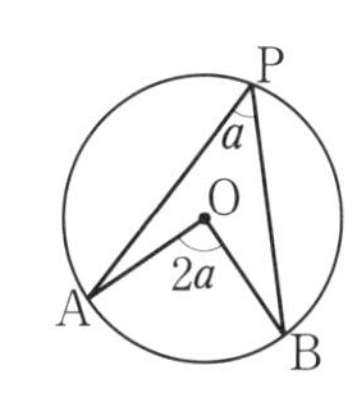

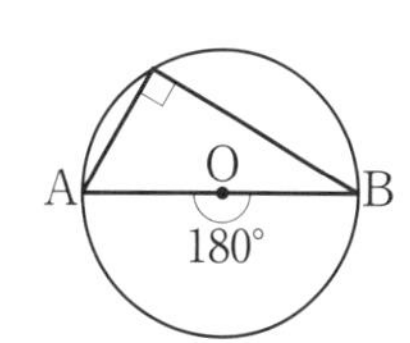

② 円周角と弧

㋐ 1 つの円で，等しい弧に対する円周角は等しい。

㋑ 1 つの円で，等しい円周角に対する弧は等しい。

③ 円周角の定理の逆…2 点 C，P が直線 AB について同じ側にあるとき，∠APB＝∠ACB ならば，4 点 A，B，C，P は 1 つの円周上にある。

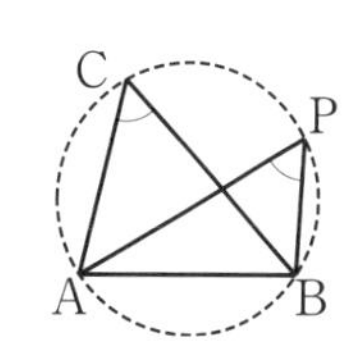

④ 円に内接する四角形の性質

㋐ 円に内接する四角形の対角の和は 180° である。

㋑ 円に内接する四角形の外角は，隣り合う内角の対角に等しい。

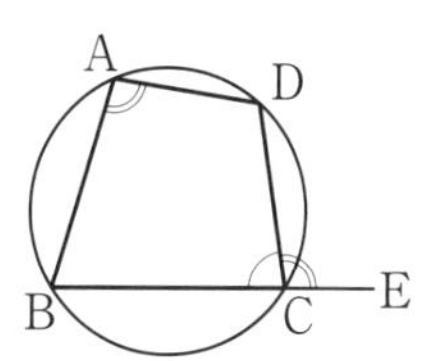

⑤ 四角形が円に内接する条件

㋐ 1 組の対角の和が 180° である四角形は，円に内接する。

㋑ 1 つの外角が隣り合う内角の対角に等しい四角形は，円に内接する。

⑥ 接線と弦のつくる角…円の接線と接点を通る弦のつくる角は，この角の内部にある弧に対する円周角に等しい。(接弦定理という。)

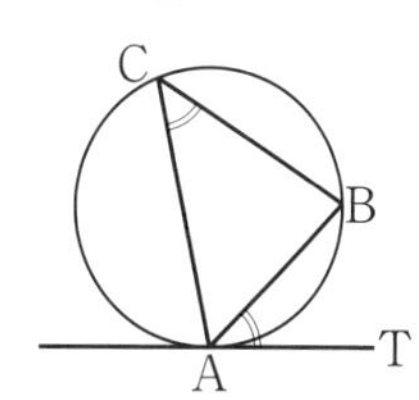

Step A　Step B　Step C

●時 間 40分	●得 点
●合格点 80点	点

解答▶別冊54ページ

1 次の問いに答えなさい。(10点×5)

(1) 右の図のような，点Oを中心とし，線分ABを直径とする半円において，AB＝5cm，$\overset{\frown}{CD}=\pi$cm であるとき，∠AECの大きさを求めなさい。〔駿台甲府高〕

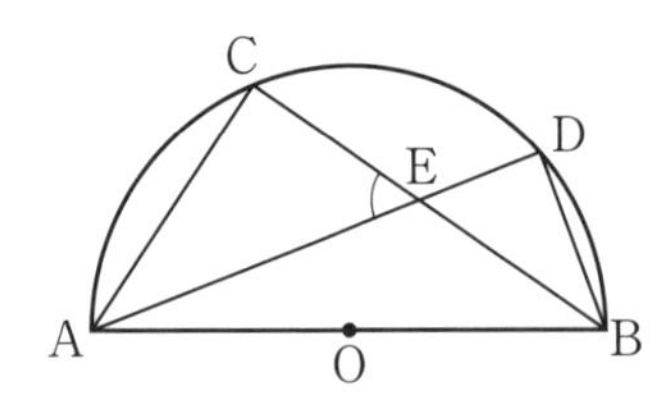

(2) 右の図の点A，B，C，Dは円周上の点である。AD∥BC，$\overset{\frown}{AB}:\overset{\frown}{AD}$＝4：3，∠ACB＝36°であるとき，∠BACの大きさを求めなさい。〔成蹊高〕

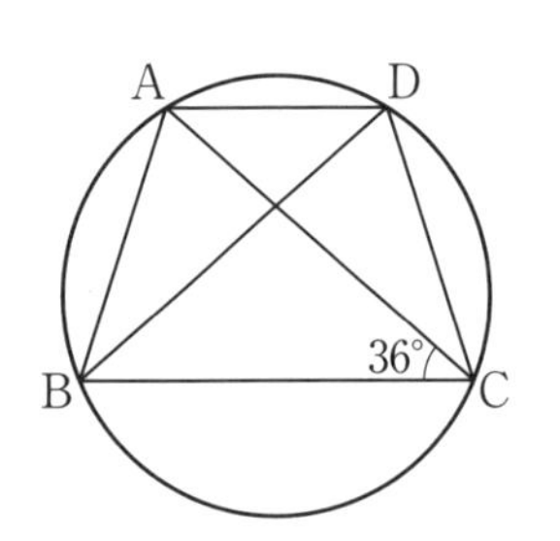

(3) 右の図のA～Jの各点は円周を10等分している。∠xの大きさを求めなさい。〔日本大第三高〕

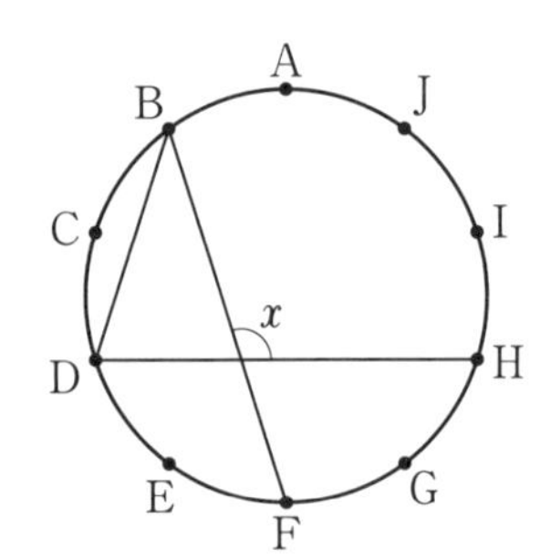

(4) 右の図のように，線分ABを直径とする半円Oがある。∠BAE＝39°で，弧AEを3等分する点をC，Dとするとき，∠BCOの大きさを求めなさい。〔福岡大附属大濠高〕

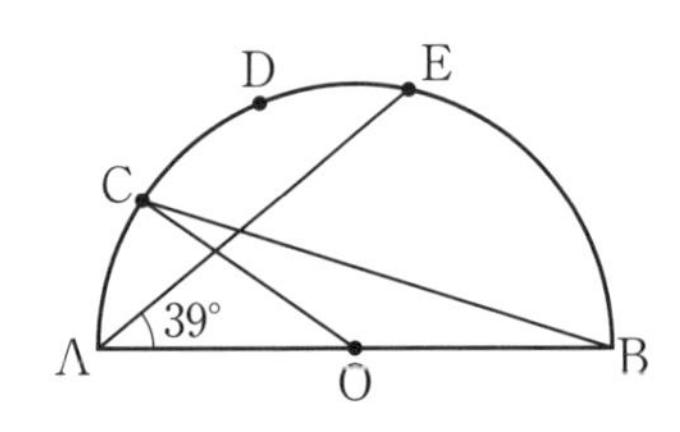

(5) 右の図のように，AB，CDを直径とする円がある。∠EAB＝22°，∠CDE＝55°であるとき，∠AEDの大きさを求めなさい。〔桐蔭学園高〕

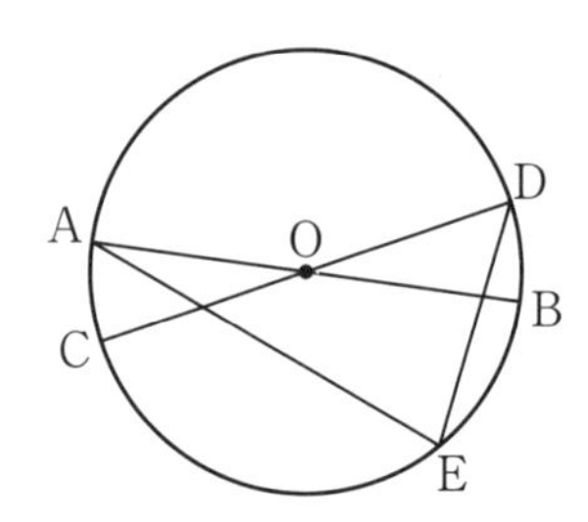

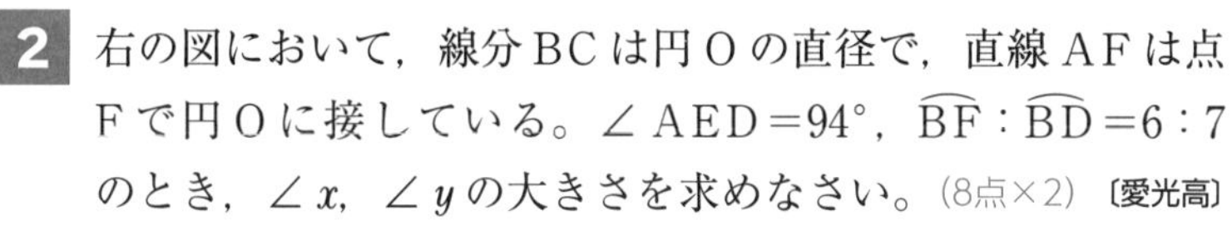

2 右の図において，線分 BC は円 O の直径で，直線 AF は点 F で円 O に接している。∠ AED＝94°，$\overset{\frown}{\mathrm{BF}}$：$\overset{\frown}{\mathrm{BD}}$＝6：7 のとき，∠ x，∠ y の大きさを求めなさい。(8点×2)〔愛光高〕

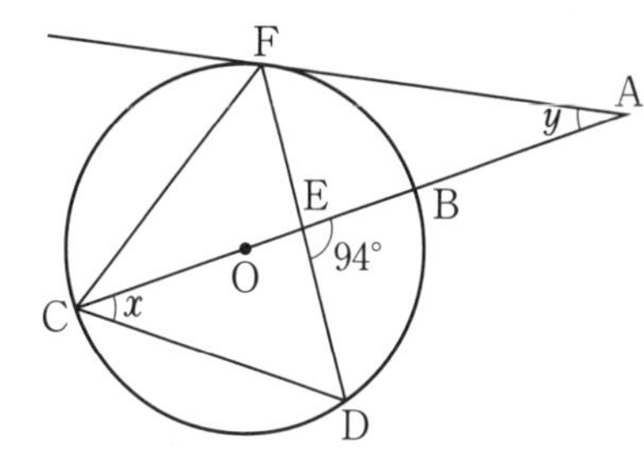

3 右の図において，$\overset{\frown}{\mathrm{AB}}$：$\overset{\frown}{\mathrm{BC}}$：$\overset{\frown}{\mathrm{CD}}$＝3：10：8，∠ ABD＝54° とし，点 A における円の接線と，直線 CD の交点を E とする。ただし，弧の長さは短いほうのものとする。(8点×2)

〔青山学院高〕

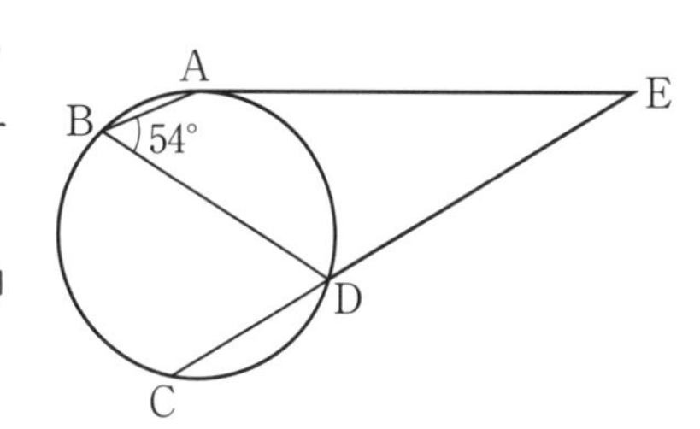

(1) ∠ BDC の大きさを求めなさい。

(2) ∠ AED の大きさを求めなさい。

4 右の図の五角形 ABCDE において，辺 CD の長さが円 O の半径に等しいとき，∠ x の大きさを求めなさい。(9点)〔作新学院高〕

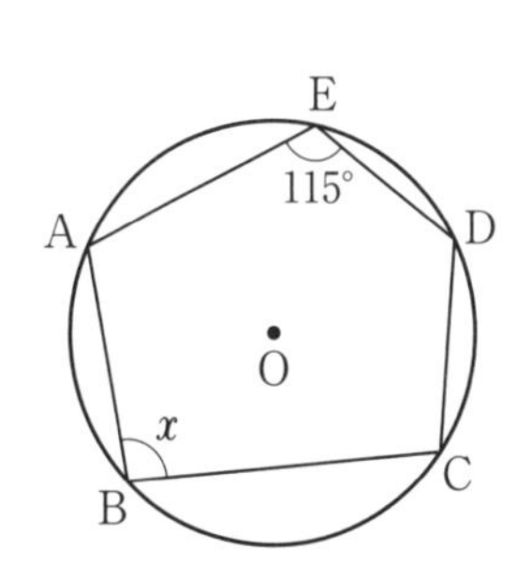

5 右の図において，∠ ACB＝72°，$\overset{\frown}{\mathrm{AB}}$：$\overset{\frown}{\mathrm{BC}}$＝3：2 であるとき，∠ x の大きさを求めなさい。(9点)〔明治学院高〕

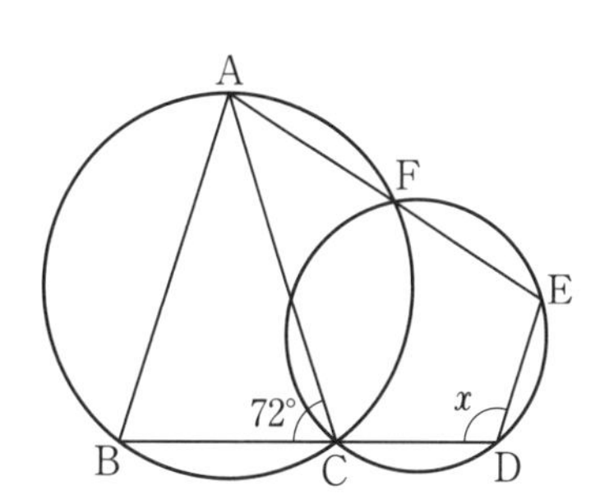

21 円周角の定理の利用

Step A　Step B　Step C

解答▶別冊55ページ

1 右の図において，2つの直線ADとBCは，円の内部にある点Pで交わっている。〔鳥 取〕

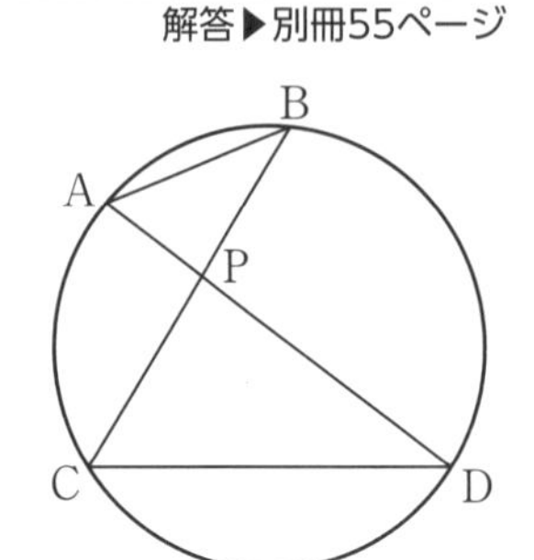

(1) △PAB∽△PCDであることを証明しなさい。

(2) PA＝4cm，PB＝7cm，PC＝6cmのとき，PDの長さを求めなさい。

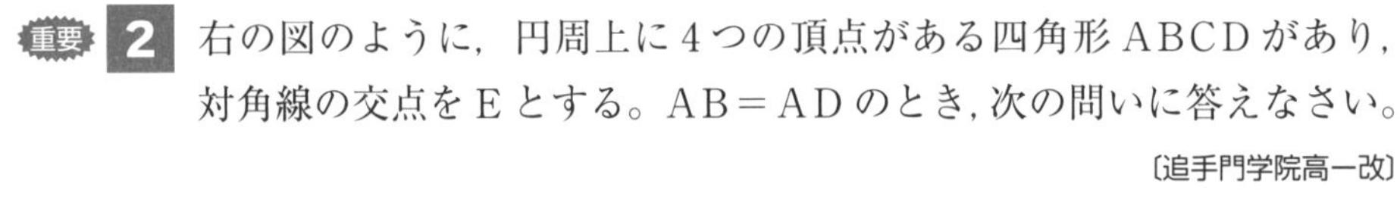

重要 **2** 右の図のように，円周上に4つの頂点がある四角形ABCDがあり，対角線の交点をEとする。AB＝ADのとき，次の問いに答えなさい。〔追手門学院高一改〕

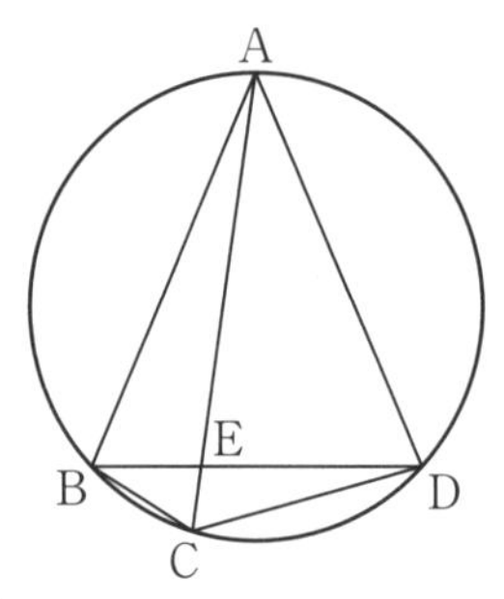

(1) △ACD∽△BCEであることを証明しなさい。

(2) BC＝3，CD＝6，CE＝2のとき，AC，BEの長さをそれぞれ求めなさい。

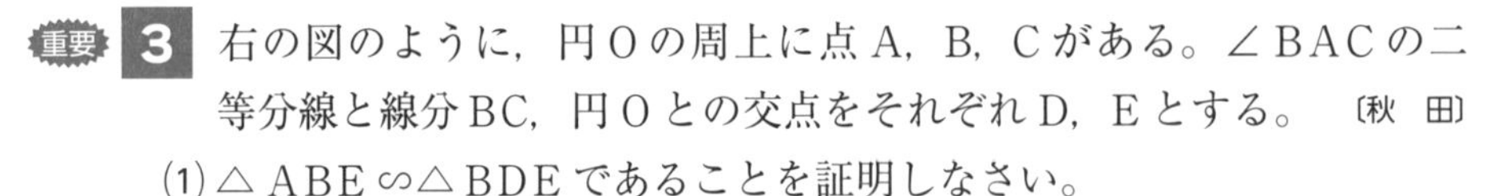

重要 **3** 右の図のように，円Oの周上に点A，B，Cがある。∠BACの二等分線と線分BC，円Oとの交点をそれぞれD，Eとする。〔秋 田〕

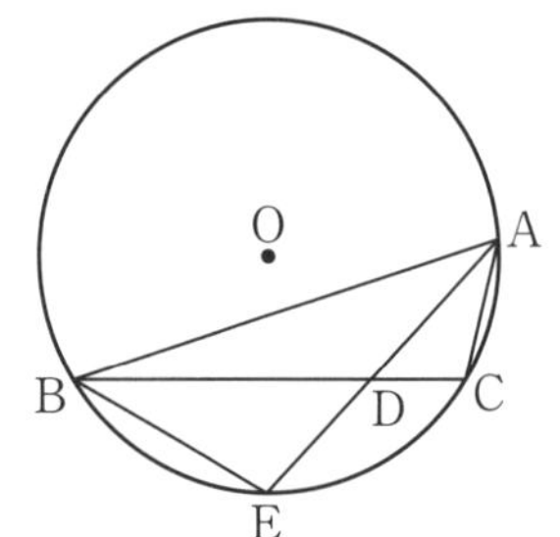

(1) △ABE∽△BDEであることを証明しなさい。

(2) AB＝12cm，BD＝8cm，BE＝6cmのとき，線分ADの長さを求めなさい。

4 右の図のように，円に内接する四角形 ABCD の対角線の交点を E，直線 AD と直線 BC の交点を P とする。

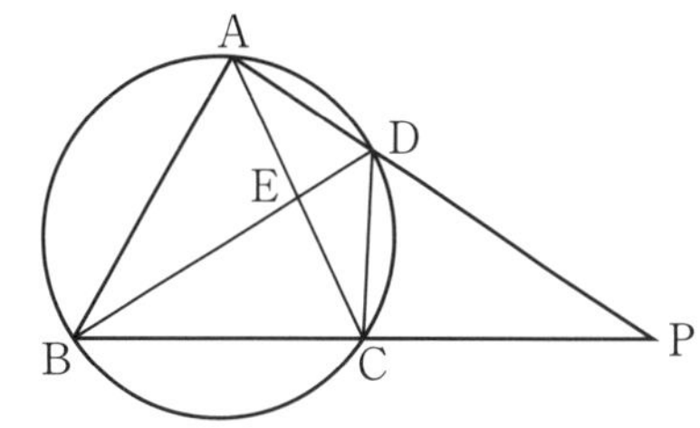

(1) △PAB ∽ △PCD であることを証明しなさい。

(2) PC＝BC＝6cm，PD＝8cm のとき，AD の長さは何 cm になりますか。

(3) BE＝10cm，DE＝3cm，AC＝11cm のとき，AE の長さは何 cm になりますか。ただし，AE＜CE とする。

5 右の図のように，円周上に 5 点 A，B，C，D，E があり，$\overset{\frown}{AB}=\overset{\frown}{AE}$ とする。また，弦 BE と弦 AC，AD との交点をそれぞれ P，Q とする。〔久留米大附高〕

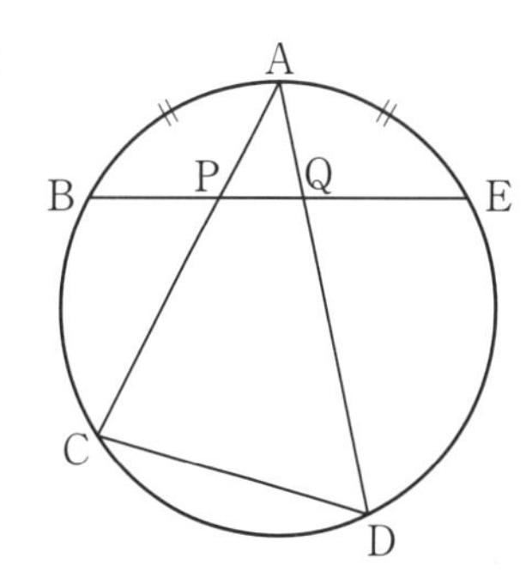

(1) △ACD ∽ △AQP であることを証明しなさい。

(2) ∠PDC＝∠PQC であることを証明しなさい。

チェックポイント

円と相似…円周上に頂点のある図形では，相似な三角形の組が現れやすい。

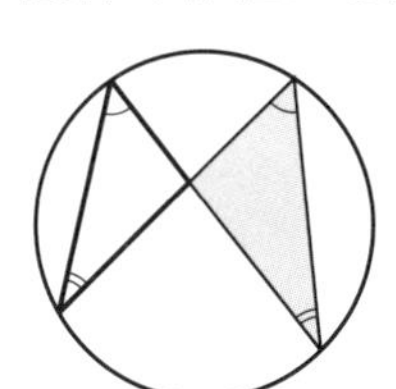
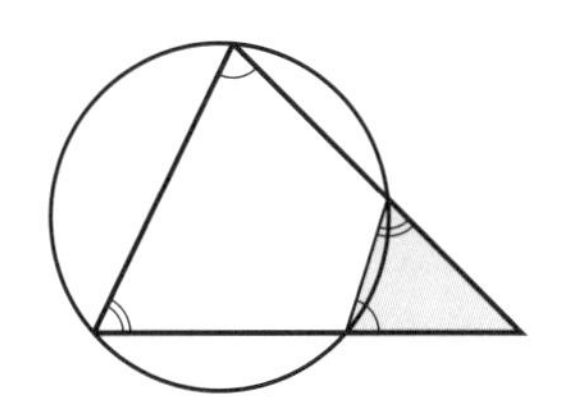
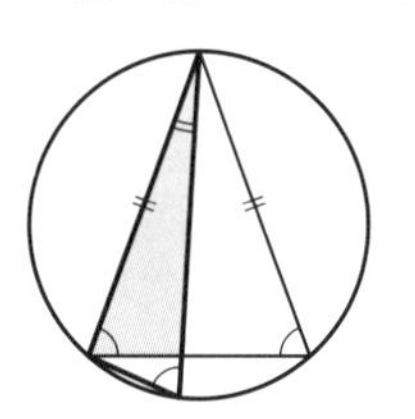
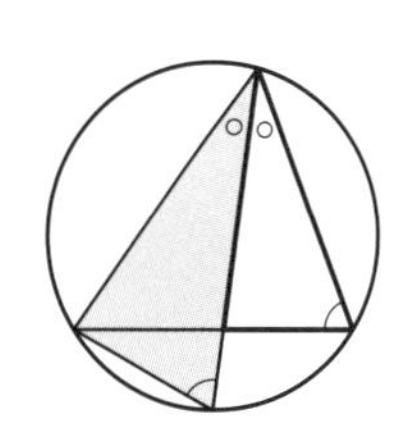

Step A　Step B　Step C

●時 間 40分	●得 点
●合格点 80点	点

解答▶別冊56ページ

重要 **1** 右の図のように，円に内接する AB＝AC の二等辺三角形 ABC がある。辺 BC の延長線上に点 D をとり，線分 AD と円との交点を E としたとき，AE＝ED であった。BC＝5，AE＝$3\sqrt{2}$ のとき，次の問いに答えなさい。(8点×3)

〔就実高一改〕

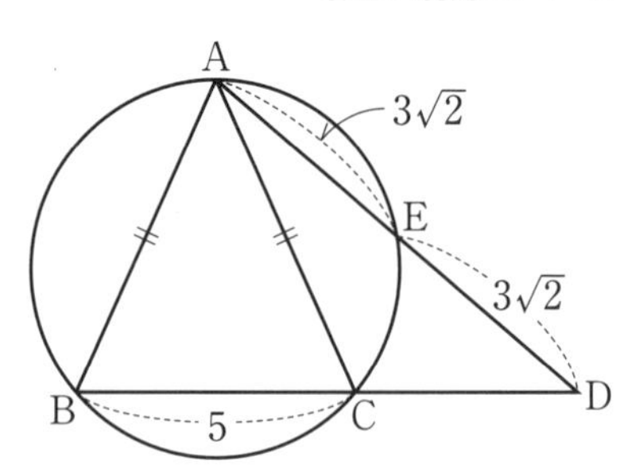

(1) △ABE∽△ADB を証明しなさい。

(2) AB の長さを求めなさい。

(3) CD の長さを求めなさい。

重要 **2** 右の図において，△ABC の 3 辺の長さを AB＝6，BC＝7，CA＝8 とし，∠BAC の二等分線と辺 BC，△ABC の外接円との交点をそれぞれ D，E とする。(8点×3)

〔東邦大付属東邦高〕

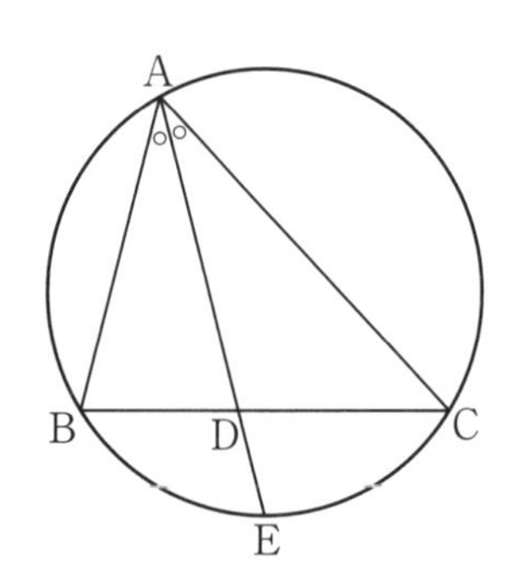

(1) 線分 BD の長さを求めなさい。

(2) AD×DE の値を求めなさい。

(3) 線分 DE の長さを求めなさい。

3 右の図1のように，5点A，B，C，D，Eが同じ円周上にあり，$\overset{\frown}{AB}=\overset{\frown}{AE}$，BE∥CDとなっている。また，直線ABと直線CDとの交点をFとする。(10点×3)　〔愛 媛〕

(図1)

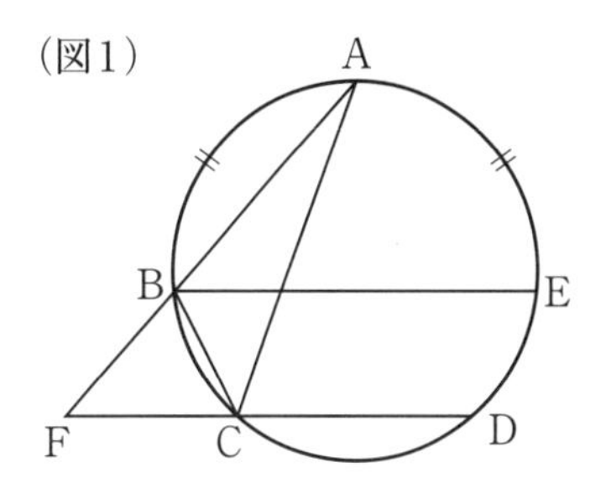

⑴ △ABC∽△ACFであることを証明しなさい。

⑵ 図2のように，AC＝6cm，CF＝3cm，AF＝8cmであるとき，

(図2)

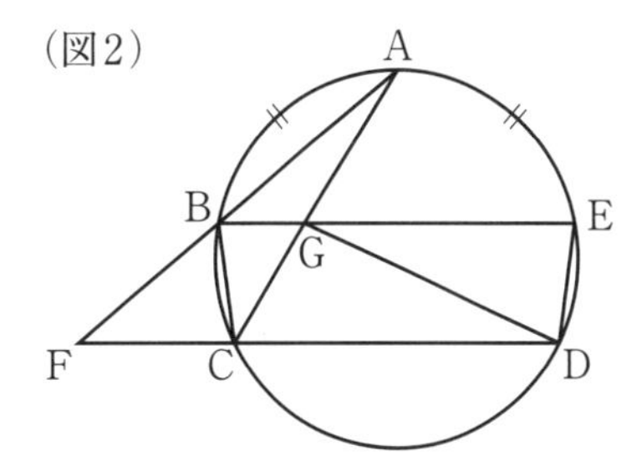

①線分ABの長さを求めなさい。

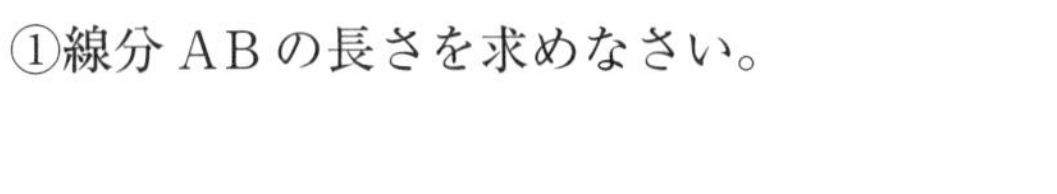

②線分ACと線分BEとの交点をGとする。△ABCの面積をS，△EGDの面積をTとするとき，$S:T$を最も簡単な整数の比で表しなさい。

4 右の図のように5点A，B，C，D，Eが円周上にあり，△ABCは，AB＝ACの二等辺三角形である。辺BCと弦AD，AEとの交点をそれぞれF，Gとする。(11点×2)　〔大阪教育大附高(池田)〕

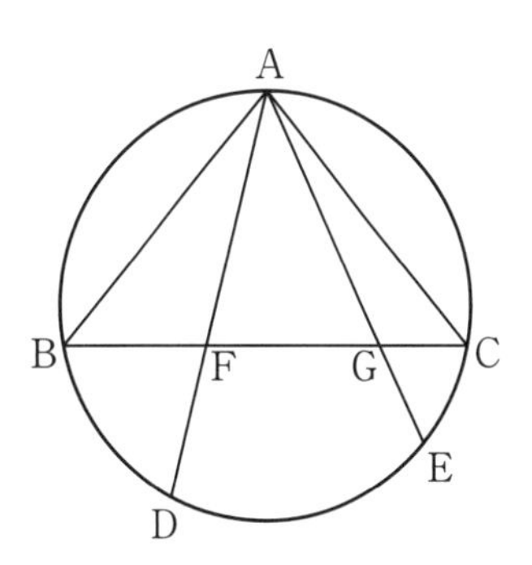

⑴ △ABFと△ADBに着目して，$AB^2＝AD×AF$を証明しなさい。

⑵ △ADG∽△AEFを証明しなさい。

22 円と三平方の定理

Step A　Step B　Step C

解答▶別冊57ページ

1 右の図のように，BC＝5，CA＝4，∠C＝60°の△ABCが円Oに内接している。〔桜美林高〕

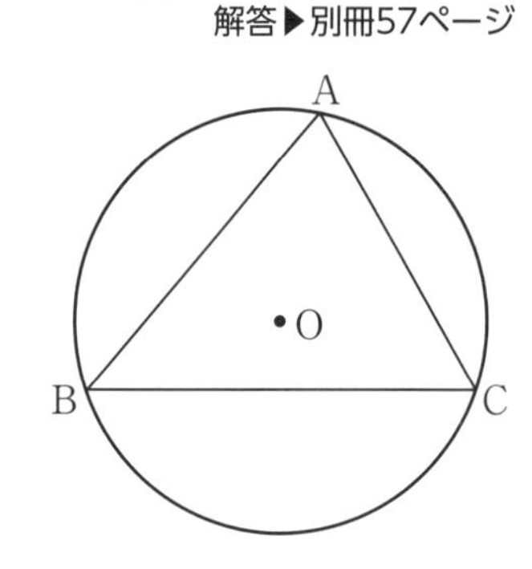

(1) 辺ABの長さを求めなさい。

(2) 円Oの半径rを求めなさい。

(3) 中心Oから辺BCに下ろした垂線とBCとの交点をHとするとき，OHの長さを求めなさい。

(4) AOの延長と辺BCとの交点をEとするとき，OEの長さを求めなさい。

重要 **2** 右の図のように，AB＝13，BC＝14，CA＝15である三角形ABCの外接円の周上に，直径がAPとなるような点Pをとる。また，頂点Aから辺BCにひいた垂線とBCとの交点をDとする。〔広尾学園高〕

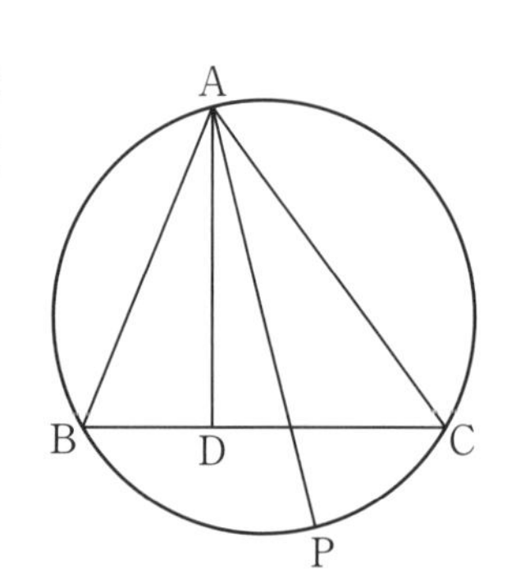

(1) 垂線ADの長さを求めなさい。

(2) 三角形ABCの外接円の直径の長さを求めなさい。

(3) 三角形ABCの外接円と直線ADが交わる点でAでないほうをQとする。このとき，直線PQの長さを求めなさい。

要 3 右の図で，点Pは円Oの2つの弦AC，BDの交点で，AC ⊥ BDである。また，AP＝2，BP＝6，DP＝4である。 〔専修大松戸高一改〕

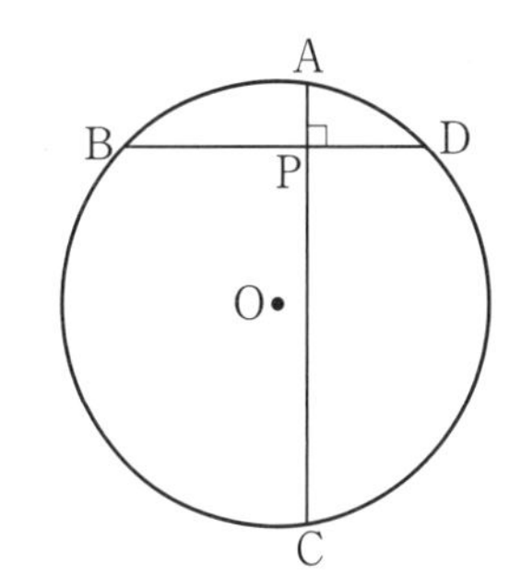

(1) CPの長さを求めなさい。

(2) 円Oの半径を求めなさい。

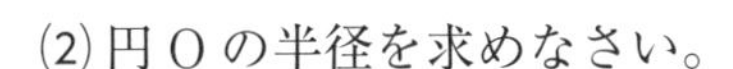

4 右の図のように，線分ABを直径とする半円の周上に2点C，Dがあり，線分ADは∠CABを2等分している。また，線分ADと線分BCの交点をEとする。AB＝3cm，BD＝1cmのとき，次の問いに答えなさい。 〔金蘭会高〕

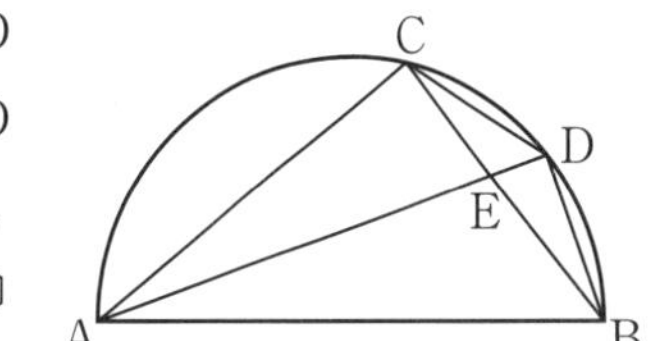

(1) 線分ADの長さを求めなさい。

(2) 線分BEの長さを求めなさい。

(3) △ABEの面積を求めなさい。

5 右の図のように，円Oの周上に2点B，Cをとり，点Bを通る接線と点Cからこの接線におろした垂線の交点をHとする。線分CHと円Oとの交点をDとすると，$\overset{\frown}{AB}=\overset{\frown}{BD}$となった。また，線分ACは円Oの直径で，AC＝8，∠CBH＝60°のとき，四角形ABDCの面積を求めなさい。 〔中央大杉並高〕

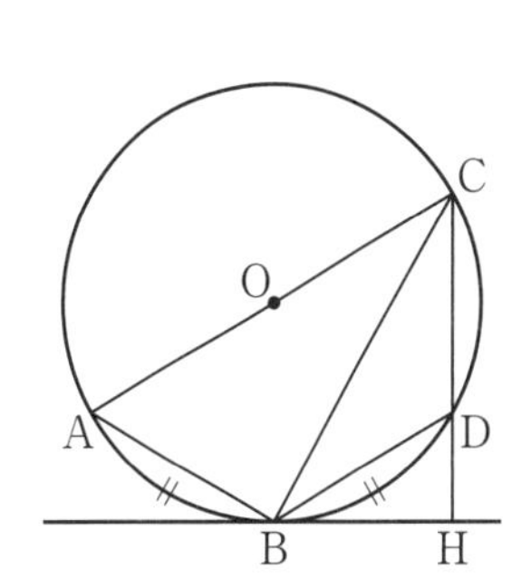

✓チェックポイント

円と三平方の定理…直径に対する円周角，中心と弦の中点を結ぶ線分，接線と半径など，直角が現れる形に着目して，三平方の定理を使う。

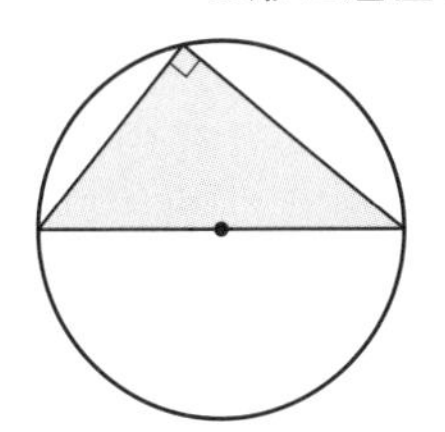

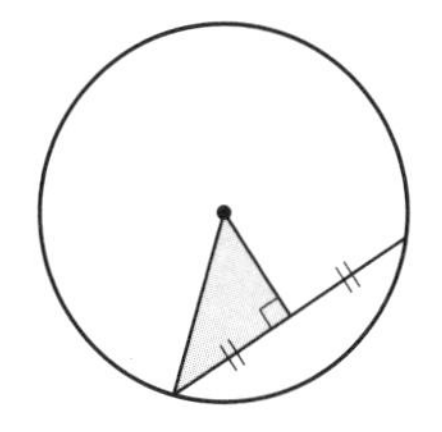

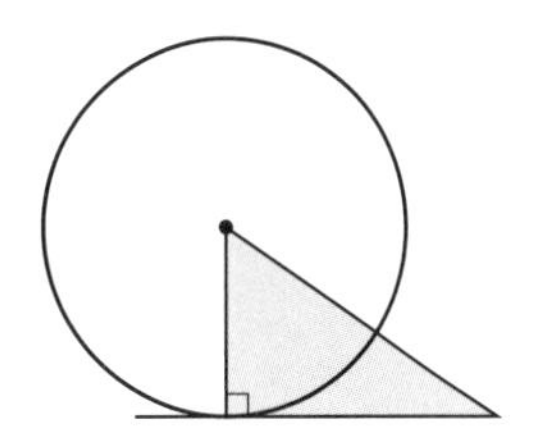

Step A　Step B　Step C

●時間 40分	●得点
●合格点 80点	点

解答▶別冊58ページ

1 右の図のように，線分 AB を直径とする円 O の周上に点 C があり，C をふくまない $\overset{\frown}{AB}$ 上に点 D を，$\overset{\frown}{AD}$ の長さが $\overset{\frown}{DB}$ の長さより短くなるようにとる。D を通り，線分 AB に平行な直線と円 O との交点のうち，D と異なる点を E とし，線分 AB と線分 CD，線分 CE との交点をそれぞれ F，G とする。(8点×2)　〔熊　本〕

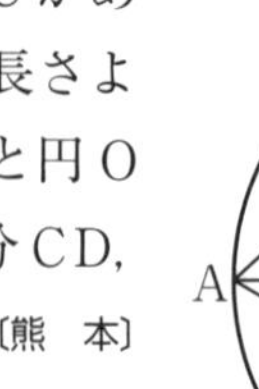

(1) △AEC ∽ △FBC であることを証明しなさい。

(2) AB＝9cm，BC＝6cm，BG＝3cm のとき，線分 BF の長さを求めなさい。

2 右の図のように，円 O の周上に A，B，C，D，E の順に 5 つの点をとる。このとき，線分 BD は円 O の直径であり，線分 AD と線分 CE は垂直に交わっている。また，線分 CE と，線分 AD，BD との交点をそれぞれ F，G とする。(8点×3)　〔大　分〕

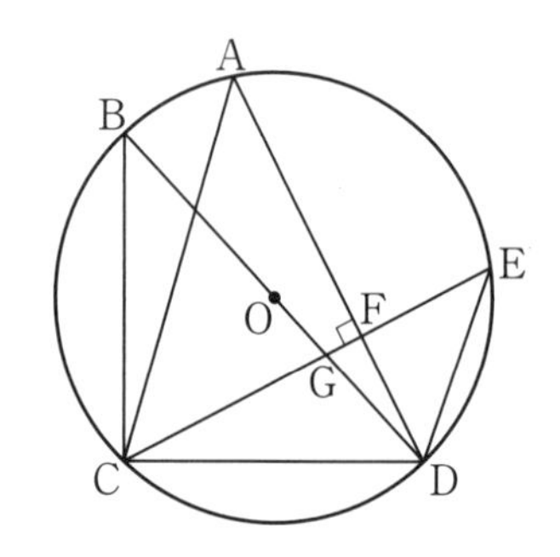

(1) △BCD ∽ △AFC であることを証明しなさい。

(2) $AF=2\sqrt{3}$ cm，$DF=\sqrt{3}$ cm，$DE=\sqrt{7}$ cm とする。

①直径 BD の長さを求めなさい。

②△DFG の面積を求めなさい。

3 右の図のように，円に内接する△ABCがあり，∠Aの二等分線が辺BCおよび円と交わる点をそれぞれD，Eとする。AB＝6，BC＝7，CA＝8とするとき，次のものをそれぞれ求めなさい。

(8点×3)　〔弘学館高〕

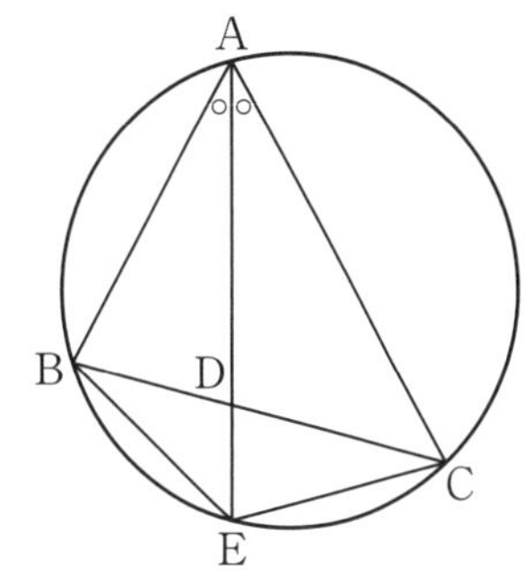

(1) BDの長さ

(2) AEの長さ

(3) △BECの面積

4 右の図のように，線分ABを直径とする半円Oの周上に2点C，Dをとり，2直線AC，BDの交点をE，線分ADとBCの交点をFとする。AD＝$3\sqrt{13}$，DE＝$2\sqrt{13}$，CE＝8のとき，次の問いに答えなさい。(8点×3)　〔青山学院高〕

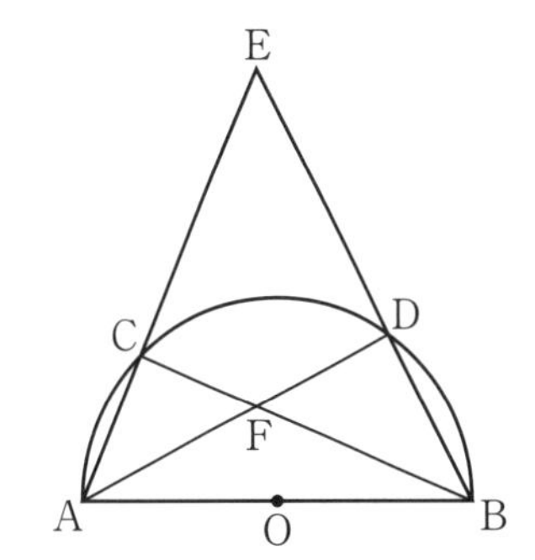

(1) 線分CFの長さを求めなさい。

(2) 線分CDの長さを求めなさい。

(3) △CFDの面積を求めなさい。

5 右の図のような半径2の円Oに内接するAB＝AC＝2の二等辺三角形ABCがある。辺BC上に点Dをとり，直線ADと円OとのA以外の交点をEとする。AD＝$\sqrt{2}$であるとき，線分CEの長さを求めなさい。(12点)　〔巣鴨高〕

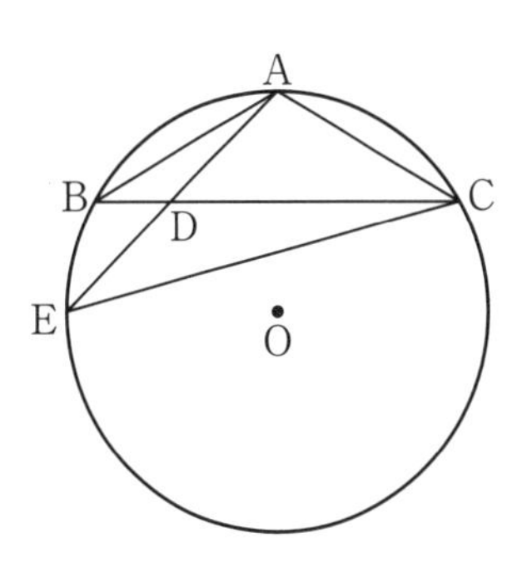

月　日

Step A　Step B　Step C

●時 間 40分	●得 点
●合格点 70点	点

解答▶別冊60ページ

1 次の図で，$\angle x$の大きさを求めなさい。(6点×3)

(1)

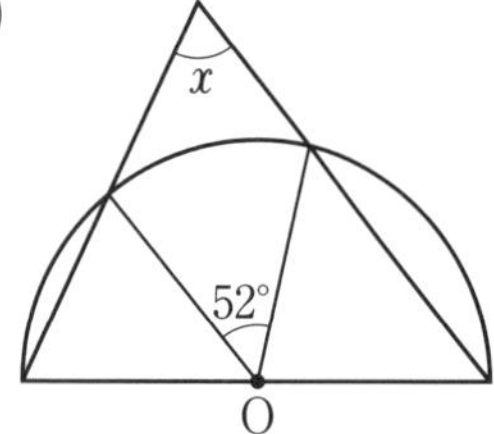

(2)

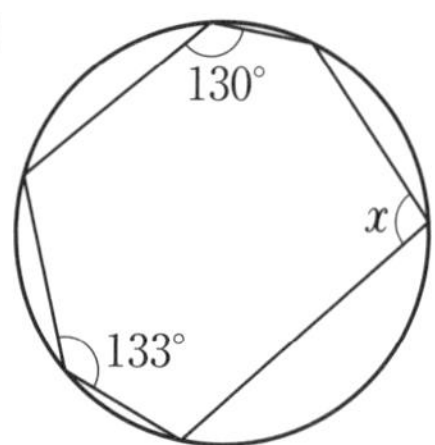

(3)

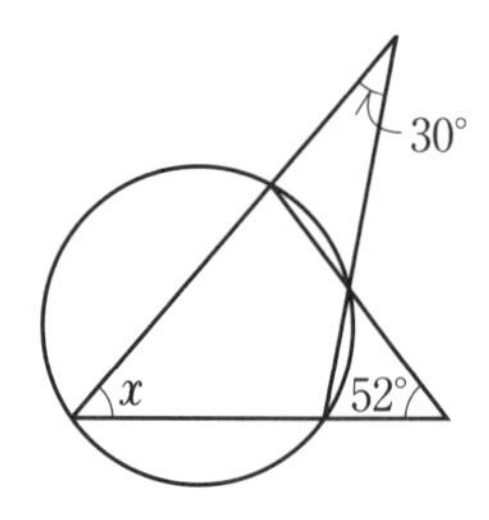

2 右の図のように，線分ABを直径とする円Oに，AB＝12，CD＝DA＝4の四角形ABCDが内接している。また，線分ACと線分BDの交点をEとする。このとき，次の長さを求めなさい。

(5点×4)〔青山学院高〕

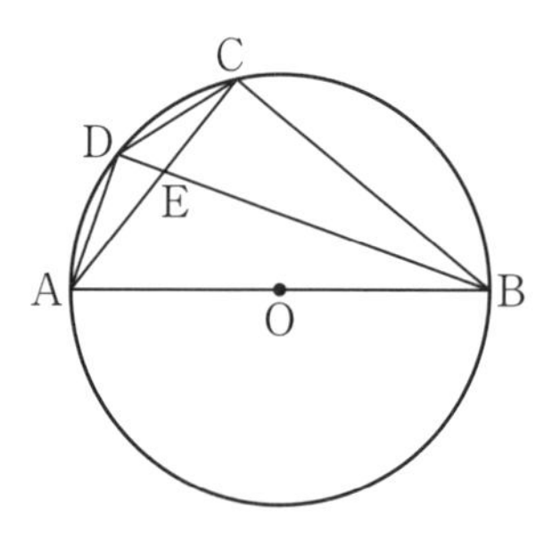

(1) 線分BD　　(2) 線分DE

(3) 線分BC　　(4) 線分AC

3 右の図のように，ABを直径とする円Oがあり，ABと弦CDの交点をEとする。また，CからADにひいた垂線をCHとし，ABとCHの交点をFとする。〔桐朋高〕

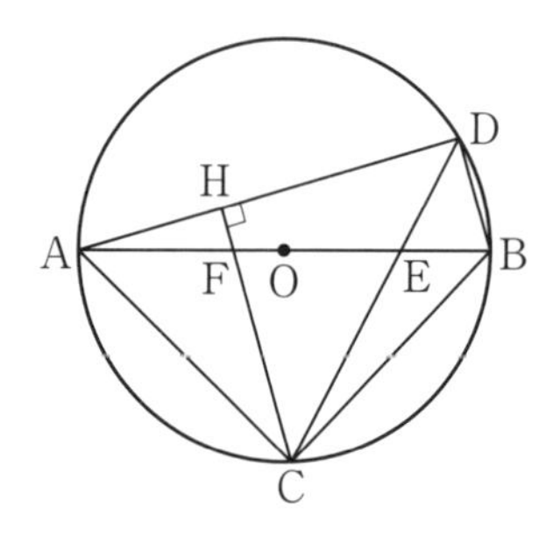

(1) △DAC∽△BCFであることを証明しなさい。(6点)

(2) $AB=3\sqrt{7}$，$\angle DAC=60°$，AH：HD＝1：2のとき，次の値を求めなさい。(5点×3)

①FBの長さ　②CFの長さ　③△CEFの面積

4 右の図のように，半径５の円Ｏ外の点Ａから接線AB，ACをひく。また，円Ｏ上の２点Ｐ，Ｑで交わるように，線分APQをひき，弦BCとの交点をＲ，弦PQの中点をＭとする。OA＝13，OM＝3のとき，次の問いに答えなさい。

(5点×4)〔巣鴨高一改〕

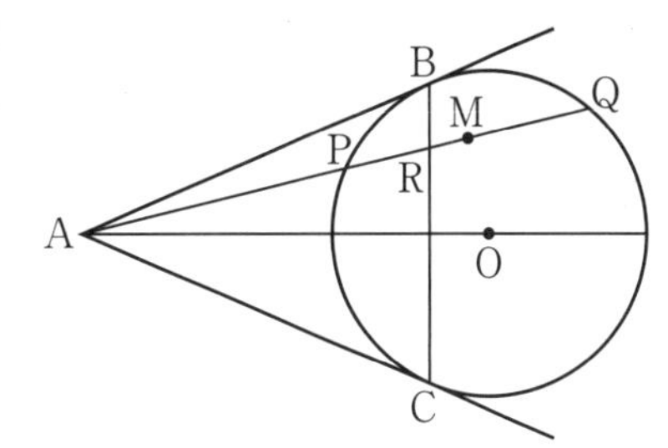

(1) 線分ABの長さを求めなさい。

(2) 線分AQの長さを求めなさい。

(3) 線分ARの長さを求めなさい。

(4) 線分BMの長さを求めなさい。

5 放物線 $y=\frac{1}{2}x^2$……①と直線 $y=\frac{4}{3}x+8$……②がある。右の図のように，点Ａと点Ｂは放物線①上にあり，Ａを中心とする円とＢを中心とする円は，直線②上の１点で接している。次の問いに答えなさい。ただし，座標軸の１目盛りを1cmとして，円周率は π とする。また，Ｂの x 座標はＡの x 座標よりも大きいものとする。

(7点×3)〔早稲田実業学校高〕

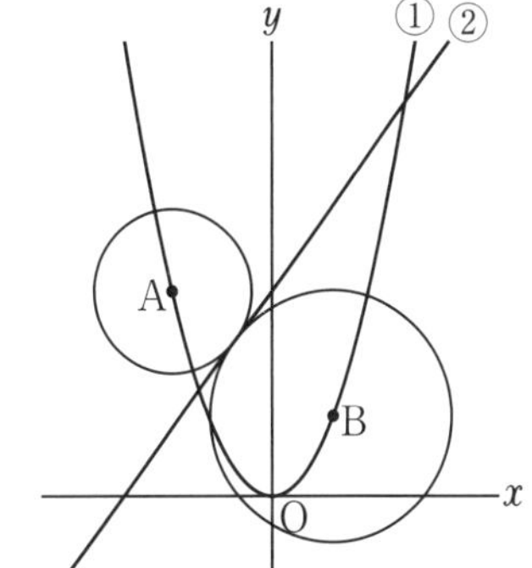

(1) Ａの x 座標が -4 のとき，Ｂの x 座標を求めなさい。

(2) ２つの円の半径の和が10cmのとき，Ｂの x 座標を求めなさい。

(3) Ｂを中心とする円が x 軸にも接しているとき，この円の面積を求めなさい。

23 標本調査

Step A　Step B　Step C

解答▶別冊62ページ

1 次の問いに答えなさい。

(1) 箱の中に同じ大きさの白玉と黒玉があわせて480個入っている。標本調査を利用して，箱の中の黒玉の数を調べる。この箱の中から，56個の玉を無作為に抽出したところ，黒玉は35個ふくまれていた。箱の中の黒玉の数は，およそ何個と推測されるか求めなさい。〔群　馬〕

重要 (2) ある地域でカモシカの生息数を推定するのに，いろいろな場所で40頭のカモシカを捕獲し，その全部に目印をつけてもどした。1か月後に再び同じ場所で40頭のカモシカを捕獲したところ，目印のついたカモシカが12頭いた。この地域のカモシカの数を推定し，十の位までの概数で求めなさい。〔岐　阜〕

(3) 右の図は，A水族館で1日に入館した2315人の中から，200人を無作為に抽出して行われた標本調査の結果をまとめたものである。この日の入館者のうち，中学生はおよそ何人であったと考えられるか。十の位を四捨五入した概数で答えなさい。〔奈　良〕

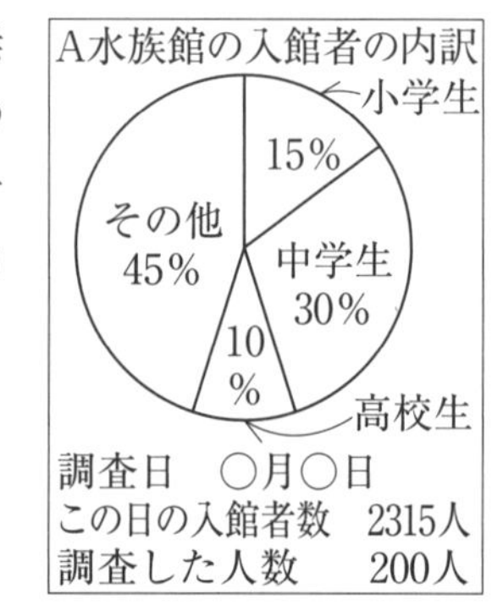

記述 **2** ある中学校の3年生175人の中から40人を無作為に抽出し，昨夜の睡眠時間の調査を行った。右の表は，その調査の結果を度数分布表に表したものである。この表をもとにして，3年生全体における睡眠時間7時間未満の生徒の人数を推定する方法を，母集団，標本という2つの語を用いて，言葉で説明しなさい。また，推定した人数を答えなさい。〔静　岡〕

昨夜の睡眠時間

階級(時間)	度数(人)
以上　未満 4 ～ 5	1
5 ～ 6	5
6 ～ 7	10
7 ～ 8	13
8 ～ 9	8
9 ～ 10	3
計	40

3 右の表は，ある養鶏場で，ある日の朝にとれた卵から，100個を無作為に抽出し，その重さをはかり，度数分布表に整理したものである。〔長 野〕

区分	階級(g)	階級値(g)	度数(個)	相対度数
	以上　未満			
SS	40 ～ 46	あ	1	0.01
S	46 ～ 52	49	13	0.13
MS	52 ～ 58	55	26	0.26
M	58 ～ 64	61	28	0.28
L	64 ～ 70	67	24	0.24
LL	70 ～ 76	73	8	0.08
計			100	1.00

(1) 表のあにあてはまる数を求めなさい。

(2) 表から，100個の卵の重さの最頻値(モード)を求めなさい。

記述 (3) この日の朝にとれた卵の総数のうち，L区分の個数は，抽出した100個を標本として推測することができる。そのためには，卵の総数のほかに何を用いればよいか。表からわかる次の**ア**～**エ**から1つ選び記号を書きなさい。また，卵の総数のうちL区分の個数を推測する方法を，選んだ言葉と卵の総数という言葉を用いて説明しなさい。

ア 階級の幅
イ 階級 64 ～ 70 g の階級値
ウ 階級 64 ～ 70 g の相対度数
エ 卵の重さの平均値

チェックポイント

① **母集団**…調べようとするもとの集団全体の資料を母集団という。
② **標　本**…母集団からかたよりなく無作為に選び出した一部の資料を標本という。
③ **全数調査**…調査の対象となる母集団のすべてのものについて，もれなく調べる方法を全数調査という。
　例　国勢調査，学校の健康診断など。
④ **標本調査**…標本だけを調査して，その結果から母集団を推定する方法を標本調査という。全数調査では，多くの費用と時間がかかったり，また不可能なときがある。例えば，工場でできた製品の良否を全数調査すると，売り出す製品がなくなるので，標本調査をする。

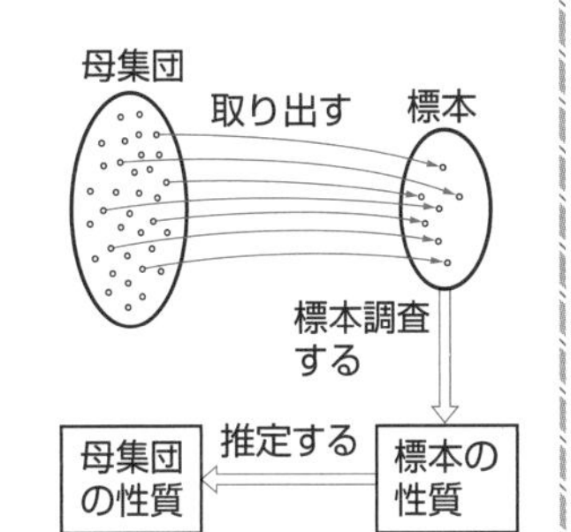

月　日

●時 間 60分	●得 点
●合格点 70点	点

解答▶別冊63ページ

1 次の問いに答えなさい。(5点×4)

(1) $(x-3)y^2+4(3-x)$を因数分解しなさい。〔成蹊高〕

(2) 次の2つの方程式をともに満たすx，yを求めなさい。〔東邦大付属東邦高〕

$$\begin{cases} x^2+3y^2+12y=0 \\ x+y-2=0 \end{cases}$$

(3) $\dfrac{12}{\sqrt{6}}-\dfrac{(\sqrt{3}-5)(5+\sqrt{3})}{2}+(\sqrt{3}-\sqrt{2})^2$を計算しなさい。〔日本大習志野高〕

(4) $\sqrt{24n}$が整数で，$\sqrt{24n}<60$となる最大の整数nを求めなさい。〔大阪教育大附高(池田)〕

2 右の図のように，関数$y=x^2$のグラフ上に2点A，Bがあり，点Bのx座標は点Aのx座標より大きく直線ABの傾きは1である。

(5点×3)〔東邦大付属東邦高〕

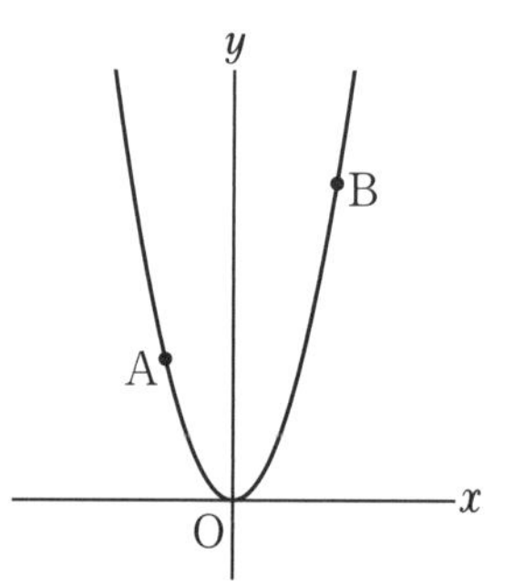

(1) 点Aのx座標が-1であるとき，△AOBの面積を求めなさい。

(2) 線分ABの長さが2であるとき，点Bのx座標を求めなさい。

(3) $\angle \mathrm{AOB}=90^\circ$のとき，点Bの$x$座標を求めなさい。

3 次の問いに答えなさい。(5点×2)

(1) ある宝石の価格は重さの2乗に比例しているとする。価格が100万円のこの宝石を3つに割ってしまった。その3つの重さの比が2：3：5であるとき，3つの宝石の価格の合計はもとの価格100万円よりいくら安くなりましたか。〔早稲田実業学校高〕

(2) 20％の食塩水100gがある。これからある量の食塩水を捨て，同量の水を入れた。次に，先の量の2倍の食塩水を捨て，これと同量の水を入れたら，食塩水の濃さが5.6％になった。はじめに捨てた食塩水の量を求めなさい。〔青雲高〕

4 右の図のように，∠CAB：∠ABC：∠BCA＝5：3：4である△ABCとその外接円Oがある。∠ACBの二等分線と外接円Oが交わる点をDとし，ABとCDの交点をEとする。外接円Oの半径が4であるとき，次の問いに答えなさい。(5点×4)〔桐光学園高〕

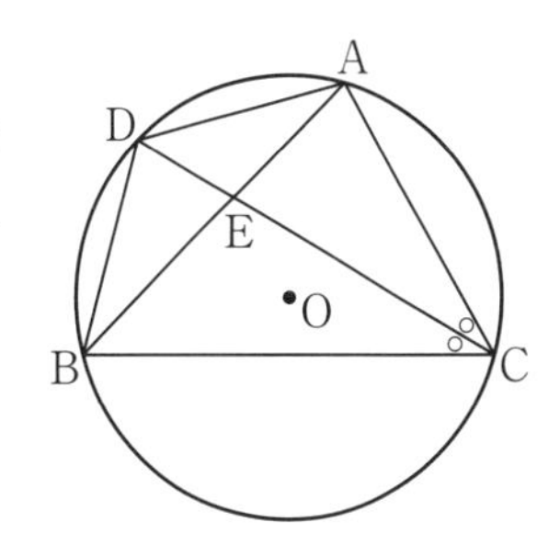

(1) ∠CABの大きさを求めなさい。

(2) ACの長さを求めなさい。

(3) CDの長さを求めなさい。

(4) 四角形ADBCの面積を求めなさい。

5 右の図のように，底辺ABが共通な直角三角形ABCと二等辺三角形ABDがある。∠C＝90°，AD＝BD＝12，CD＝4とする。ABの中点をM，CDの中点をNとする。(5点×3)　〔日本大第二高〕

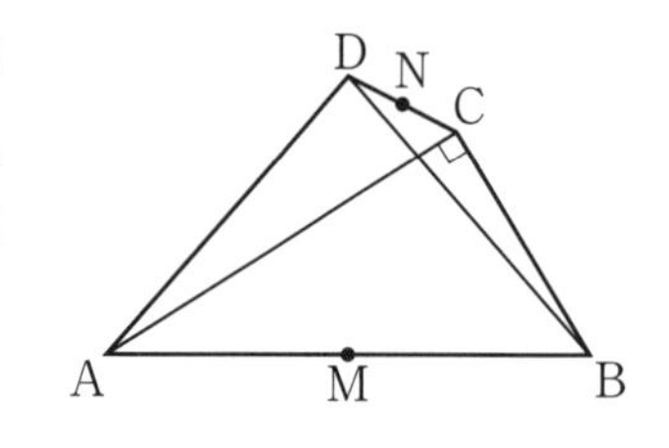

(1) AB＝16のとき，二等辺三角形ABDの面積を求めなさい。

(2) CM^2+DM^2 の値を求めなさい。

(3) MNの長さを求めなさい。

6 1辺が2cmの正六角形を底面とする高さ4cmの正六角柱ABCDEF－GHIJKLがある。右の図のように，頂点A，E，Iを結んで△IEAをつくった。(5点×4)　〔立命館高一改〕

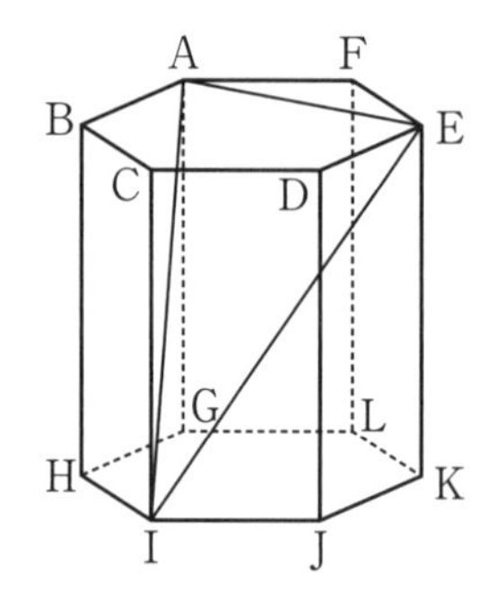

(1) 正六角柱の体積を求めなさい。

(2) EIの長さを求めなさい。

(3) △IEAの面積を求めなさい。

(4) 頂点Cから△IEAに垂線をひき，その交点をMとするとき，CMの長さを求めなさい。

解答編

1 数と式の計算

解答 本冊▶p.2〜p.3

1 (1) 12 (2) 3 (3) −16 (4) −29 (5) $-\dfrac{11}{3}$

2 (1) $7y$ (2) $\dfrac{4a+4b}{3}$ (3) $-27xy$

(4) $-108x^3y^2$ (5) $-\dfrac{16x^2}{9y^4}$

3 (1) $b=\dfrac{2a-1}{3}$ (2) $h=\dfrac{3V}{\pi r^2}$

(3) $a=\dfrac{2S}{h}-b\left(a=\dfrac{2S-bh}{h}\right)$ (4) $b=\dfrac{a-Sa}{S+1}$

4 (1) −1 (2) −3 (3) $-\dfrac{3}{8}$ (4) $\dfrac{5}{2}$

5 (1) 18 回 (2) 67 (3) 35 (4) 21

解き方

1 (4) $-2^3-\{5+4\times(-2)^2\}=-8-(5+4\times4)$

$=-8-(5+16)=-29$

(5) $\left(-\dfrac{3}{2}\right)^2\div\left(-\dfrac{3}{4}\right)^3-\dfrac{4}{3}\left\{1-\left(-\dfrac{3}{2}\right)^2\right\}$

$=\dfrac{9}{4}\div\left(-\dfrac{27}{64}\right)-\dfrac{4}{3}\times\left(1-\dfrac{9}{4}\right)$

$=-\dfrac{16}{3}-\dfrac{4}{3}\times\left(-\dfrac{5}{4}\right)=-\dfrac{16}{3}-\left(-\dfrac{5}{3}\right)=-\dfrac{11}{3}$

2 (1) $2(x+3y)-(2x-y)=2x+6y-2x+y=7y$

(2) $2a+b-\dfrac{2a-b}{3}=\dfrac{3(2a+b)-(2a-b)}{3}$

$=\dfrac{6a+3b-2a+b}{3}=\dfrac{4a+4b}{3}$

(3) $6x^2\times(-3y)^2\div(-2xy)=6x^2\times9y^2\div(-2xy)$

$=-\dfrac{6x^2\times9y^2}{2xy}=-27xy$

(4) $(-2xy)^2\div\left(-\dfrac{1}{3}xy^2\right)^3\times(x^2y^3)^2$

$=4x^2y^2\div\left(-\dfrac{1}{27}x^3y^6\right)\times x^4y^6$

$=-\dfrac{4x^2y^2\times27\times x^4y^6}{x^3y^6}=-108x^3y^2$

(5) $\left(\dfrac{4}{3}x^2y^3\right)^2\times\dfrac{27}{8x^5y^4}\div\left(-\dfrac{3y^2}{2x}\right)^3$

$=\dfrac{16}{9}x^4y^6\times\dfrac{27}{8x^5y^4}\div\left(-\dfrac{27y^6}{8x^3}\right)$

$=-\dfrac{16x^4y^6\times27\times8x^3}{9\times8x^5y^4\times27y^6}=-\dfrac{16x^2}{9y^4}$

3 (1) $2a-3b=1$ $-3b=-2a+1$ $3b=2a-1$

両辺を3でわって，$b=\dfrac{2a-1}{3}$

(2) $V=\dfrac{1}{3}\pi r^2h$ 両辺を3倍して，$3V=\pi r^2h$

$\pi r^2h=3V$ 両辺をπr^2でわって，$h=\dfrac{3V}{\pi r^2}$

(3) $S=\dfrac{(a+b)h}{2}$ 両辺を2倍して，

$2S=(a+b)h$ $(a+b)h=2S$

両辺をhでわって，$a+b=\dfrac{2S}{h}$

$a=\dfrac{2S}{h}-b$

(4) $S=\dfrac{a-b}{a+b}$ 両辺に$a+b$をかけて，

$S(a+b)=a-b$ $Sa+Sb=a-b$

$Sb+b=a-Sa$ $b(S+1)=a-Sa$

両辺を$S+1$でわって，$b=\dfrac{a-Sa}{S+1}$

4 (1) $2(2a+b)-(5a-b)=4a+2b-5a+b$

$=-a+3b=-2+3\times\dfrac{1}{3}=-2+1=-1$

(2) $yz\div\left(\dfrac{z}{xy}\right)^2\div\dfrac{3xy}{2z}=yz\div\dfrac{z^2}{x^2y^2}\div\dfrac{3xy}{2z}$

$=\dfrac{yz\times x^2y^2\times2z}{z^2\times3xy}=\dfrac{2}{3}xy^2=\dfrac{2}{3}\times\left(-\dfrac{1}{2}\right)\times3^2=-3$

(3) $x:y=1:3$より，$y=3x$

これを代入すると，

$\dfrac{xy}{x^2-y^2}=\dfrac{x\times3x}{x^2-(3x)^2}=\dfrac{3x^2}{-8x^2}=-\dfrac{3}{8}$

(4) $3a+2b=2a-b$より，$a=-3b$だから，

$\dfrac{a-2b}{a+b}=\dfrac{-3b-2b}{-3b+b}=\dfrac{-5b}{-2b}=\dfrac{5}{2}$

5 (1) 1から20までの整数が2で何回わり切れるかを調べると次の表のようになる。

1	2	3	4	5	6	7	8	9	10
	○		○ ○		○		○ ○ ○		○

11	12	13	14	15	16	17	18	19	20
	○ ○		○		○ ○ ○ ○		○		○ ○

これより，Nが2でわり切れる回数は，

$1+2+1+3+1+2+1+4+1+2=18$(回)

ひっぱると，はずして使えます。

別解 1から20までの整数の中には2の倍数が20÷2=10(個)あるから，2で10回わり切れる。同様に，2^2の倍数が5個，2^3の倍数が2個，2^4の倍数が1個あるから，全部で10+5+2+1=18(回)わり切れる。
(これは，前ページの表において，○の数を横に数えたものである。)

ここに注意 1からある数までの整数の積がnでわり切れる回数は，
(nの倍数の個数)+(n^2の倍数の個数)+(n^3の倍数の個数)+(n^4の倍数の個数)+……
で求められる。

(2) 求める正の整数nに3を加えた数は，5でわると5余り，6でわると4余り，7でわると7余る。つまり，5と7でわり切れて，6でわると4余る数である。そこで，5と7の公倍数(=35の倍数)の中から6でわると4余る最小の数をさがすと，35÷6=5余り5，70÷6=11余り4より，70とわかる。
よって，求める正の整数nは，$n=70-3=67$

(3) ある2けたの整数をa，余りをr，商を$3r$とすると，$2014=a\times3r+r=r(3a+1)$
これより，$3a+1$は2014の約数であり，31(aが最小の2けたの整数である10のとき)より大きいことから，2014=2×19×53から，
$3a+1=2014,\ 1007,\ 106,\ 53,\ 38$
このうち，aが2けたの整数となるのは，
$3a+1=106$のときで，$a=35$
このとき，2014÷35=57余り19となり，
57=19×3だから，問題にあてはまる。

(4) 3を何乗かしたときの一の位の数は，
$3^1=3,\ 3^2=9,\ 3^3=27,\ 3^4=81,\ 3^5=243,\ \cdots\cdots$
より，「3，9，7，1」の4個の数のくり返しである。
また，7を何乗かしたときの一の位の数は，
$7^1=7,\ 7^2=49,\ 7^3=343,\ 7^4=2401,\ 7^5=16807,$
……より，「7，9，3，1」の4個の数のくり返しである。
2013÷4=503余り1だから，2013乗したときの一の位の数は1乗のときの一の位の数に等しく，
$[3^{2013}]=3,\ [7^{2013}]=7$である。
よって，$[3^{2013}]\times[7^{2013}]=3\times7=21$

2 方程式

解答

本冊▶p.4～p.5

1 (1) $x=-3$ (2) $x=-2$ (3) $x=-2$

2 (1) $x=-1,\ y=3$ (2) $x=7,\ y=2$
(3) $x=1,\ y=3$ (4) $x=-3,\ y=\frac{5}{4}$
(5) $x=\frac{1}{2},\ y=-3$ (6) $x=-\frac{47}{200},\ y=\frac{53}{200}$
(7) $x=\frac{1}{2},\ y=\frac{1}{3}$

3 (1) $a=1,\ b=-2$ (2) $a=3,\ b=5$

4 (1) $\begin{cases} x+y=60 \\ 1.3x+0.8y=68 \end{cases}$
(2) 6月…アルミ缶40kg，スチール缶20kg
7月…アルミ缶52kg，スチール缶16kg

5 (1) $\frac{20+0.1x}{4}\left(5+\frac{1}{40}x\right)$(%) (2) $x=60$

6 (1) $x=72,\ y=30$ (2) 3600m

解き方

1 (1) $x-9=3(x-1)$ $x-9=3x-3$ $-2x=6$
$x=-3$
(2) $\frac{x-2}{4}+\frac{2-5x}{6}=1$ $3(x-2)+2(2-5x)=12$
$3x-6+4-10x=12$ $-7x=14$ $x=-2$
(3) $2(0.9x+2.1)=-0.3x$ $1.8x+4.2=-0.3x$
$18x+42=-3x$ $21x=-42$ $x=-2$

2 (1)～(4)，(6)で上の式を①，下の式を②とする。
(1) ②の両辺を3倍して，$6x-3y=-15$ ……②′
①+②′より，$7x=-7$ $x=-1$
これを①に代入して，$-1+3y=8$ $3y=9$ $y=3$
(2) ②の両辺を2倍して，$4x-10y=8$ ……②′
①−②′より，$7y=14$ $y=2$
これを②に代入して，$2x-10=4$ $2x=14$ $x=7$
(3) ②を①に代入して，$2x+(4x-1)=5$
$6x=6$ $x=1$
これを②に代入して，$y=4-1=3$
(4) ②より，$x+5=8(y-1)$ $x-8y=-13$
両辺を4倍して，$4x-32y=-52$ ……②′
①−②′より，$44y=55$ $y=\frac{5}{4}$
これを①に代入して，$4x+15=3$ $4x=-12$
$x=-3$
(5) $4x+y=x+\frac{1}{2}y$より，$8x+2y=2x+y$ $y=-6x$
これを，$4x+y=2x-y-5$に代入して，

$4x-6x=2x+6x-5\quad -10x=-5\quad x=\frac{1}{2}$

$y=-6x$ に代入して，$y=-3$

(6) ①＋②より，$100x+100y=3\quad x+y=\frac{3}{100}$ ……③

①－②より，$2x-2y=-1\quad x-y=-\frac{1}{2}$ ……④

③＋④より，$2x=-\frac{47}{100}\quad x=-\frac{47}{200}$

③－④より，$2y=\frac{53}{100}\quad y=\frac{53}{200}$

(7) $\frac{1}{x+y}=A$，$\frac{1}{x-y}=B$ と置きかえると，

$10A+B=18$，$5A+3B=24$

これを解いて，$A=\frac{6}{5}$，$B=6$

これより，$\frac{1}{x+y}=\frac{6}{5}$ から，$x+y=\frac{5}{6}$ ……①

$\frac{1}{x-y}=6$ から，$x-y=\frac{1}{6}$ ……②

①，②を解いて，$x=\frac{1}{2}$，$y=\frac{1}{3}$

3 (1) $x=1$，$y=-2$ を方程式に代入すると，

$a+2b=-3$ ……①，$b-2a=-4$ ……②

①－②×2 より，$5a=5\quad a=1$

これを②に代入して，$b-2=-4\quad b=-2$

(2) $x+2y=1$ と $x+y=2$ を満たす x，y の値を求めると，$x=3$，$y=-1$

これを残りの方程式に代入すると，

$3a-b=4$ ……①，$3a+b=14$ ……②

①＋②より，$6a=18\quad a=3$

これを②に代入して，$9+b=14\quad b=5$

4 (1) 7月のアルミ缶が $x\times(1+0.3)=1.3x$(kg)，スチール缶が $y\times(1-0.2)=0.8y$(kg) となる。

(2) $1.3x+0.8y=68$ より，$13x+8y=680$ ……①

$x+y=60$ より，$8x+8y=480$ ……②

①－②より，$5x=200\quad x=40$

これを $x+y=60$ に代入して，$y=20$

7月のアルミ缶は $40\times1.3=52$(kg)，スチール缶は $20\times0.8=16$(kg) である。

5 (1) ビーカーAには5%の食塩水 $400-x$(g) と15%の食塩水 x(g) が混ざっているので，濃度は，

$\frac{0.05(400-x)+0.15x}{400}\times100=\frac{20+0.1x}{4}$ (%)

ここに注意

食塩水の濃度(%)＝$\frac{\text{食塩の重さ}}{\text{食塩水の重さ}}\times100$

食塩の重さ ＝ 食塩水の重さ×$\frac{\text{食塩水の濃度(\%)}}{100}$

(2) (1)と同様に，ビーカーBには5%の食塩水 x(g) と15%の食塩水 $300-x$(g) が混ざっているので，濃度は，

$\frac{0.15(300-x)+0.05x}{300}\times100=\frac{45-0.1x}{3}$(%)

Bの濃度がAの濃度の2倍になったことから，

$\frac{45-0.1x}{3}=\frac{20+0.1x}{4}\times2$

$2(45-0.1x)=3(20+0.1x)$

$90-0.2x=60+0.3x\quad -0.5x=-30\quad x=60$

6 (1) 行きにかかった時間は102分だから，

$x+y=102$ ……①

また，登りと下りの速さの比が 5：6 であることから，帰りの P→Q 間(登り)にかかる時間は行きの $\frac{6}{5}$ 倍，帰りの Q→家間(下り)にかかる時間は行きの $\frac{5}{6}$ 倍になるので，

$\frac{5}{6}x+\frac{6}{5}y=96$ ……②

①×36－②×30 より，$11x=792\quad x=72$

これを①に代入して，$72+y=102\quad y=30$

(2) 登りの速さを分速 $5a$m，下りの速さを分速 $6a$m とすると，$5a\times72+6a\times30=5400$ より，

$540a=5400\quad a=10$

つまり，登りの速さは分速 50m とわかるので，家から峠Qまでの道のりは，

$50\times72=3600$(m)

3 関　数

解答　本冊▶p.6〜p.7

1 (1) $y=6$　(2) $y=-\frac{6}{x}$　(3) 6個

(4) 20%減少

2 (1) $y=\frac{4}{5}x-3$　(2) $y=-\frac{1}{2}x+\frac{5}{2}$

(3) $a=\frac{4}{5}$，$b=-\frac{2}{5}$　(4) $p=\frac{19}{6}$

3 (1) $z=\frac{1}{2}$　(2) $y=-2x+3$

4 (1) $b=8$　(2) $a=-1$，$b=7$

5 (1) $\left(\frac{20}{7},\ \frac{10}{7}\right)$　(2) $(10,\ 5)$　(3) $y=\frac{5}{6}x-\frac{10}{3}$

解き方

1 (1) $y=ax$ (a は定数) に $x=6$，$y=9$ を代入すると，

$9=6a\quad a=\dfrac{3}{2}$

よって，$y=\dfrac{3}{2}x$ という関係が成り立つので，

$x=4$ のとき，$y=\dfrac{3}{2}\times4=6$

別解 $6:9=4:y$ より，$6y=36\quad y=6$

(2) $y=\dfrac{a}{x}$ (a は定数) に $x=-3$，$y=2$ を代入すると，

$2=\dfrac{a}{-3}\quad a=-6$

よって，求める式は，$y=-\dfrac{6}{x}$

別解 $-3\times2=x\times y$ より，$xy=-6\quad y=-\dfrac{6}{x}$

(3) x が 18 の正の約数であれば，y は正の整数になる。そのような座標は，(1, 18)，(2, 9)，(3, 6)，(6, 3)，(9, 2)，(18, 1) の 6 個

(4) x の値が 25％増加するということは，x の値が $1.25=\dfrac{5}{4}$ (倍) になるということだから，y の値は $\dfrac{4}{5}=0.8$ (倍) になる。

つまり，y の値は 20％減少する。

2 (1) 2 点 $(-2,\ 1)$，$(3,\ 5)$ を通る直線の傾きは，$\dfrac{5-1}{3-(-2)}=\dfrac{4}{5}$ だから，これに平行な直線の傾きも $\dfrac{4}{5}$ である。

よって，求める直線の式を $y=\dfrac{4}{5}x+b$ とおくと，(5, 1) を通ることから，$1=4+b\quad b=-3$

したがって，求める直線の式は，$y=\dfrac{4}{5}x-3$

(2) 右の図のように，B(3, 1) と線分 OA の中点 (1, 2) を通る直線の式を求めればよい。

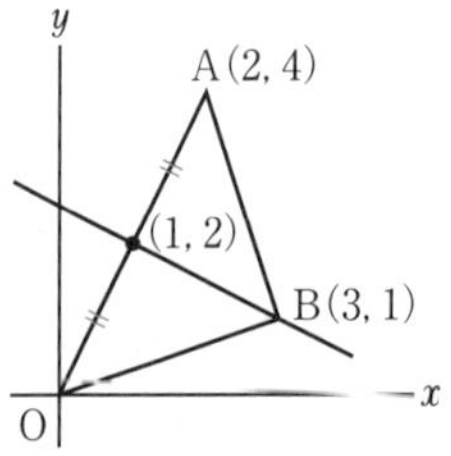

求める直線の式を $y=ax+b$ とおくと，$1=3a+b$，$2=a+b$ より，

$a=-\dfrac{1}{2}$，$b=\dfrac{5}{2}$

よって，求める直線の式は，$y=-\dfrac{1}{2}x+\dfrac{5}{2}$

(3) どちらの直線も点 (3, 2) を通るということだから，$2=3a+b$，$2=-3b+a$ の 2 つの等式が成り立つ。これらを a，b の連立方程式として解くと，$a=\dfrac{4}{5}$，$b=-\dfrac{2}{5}$

(4) 2 点 (1, 5)，(2, −6) を通る直線の式を $y=ax+b$ とおくと，$5=a+b$，$-6=2a+b$ より，

$a=-11$，$b=16$ だから，求める直線の式は，

$y=-11x+16$

点 $(p-2,\ p)$ がこの直線上にあるのだから，

$p=-11\times(p-2)+16\quad 12p=38\quad p=\dfrac{19}{6}$

3 (1) y は x に比例し，z は y に反比例するとき，x と z は反比例の関係にある。したがって，x と z の積はつねに一定なので，$3\times4=24\times z$ より，$z=\dfrac{1}{2}$

(2) $y+1=a(x-2)$ (a は定数) とおくことができ，$x=4$，$y=-5$ を代入して，$-4=2a\quad a=-2$

よって，$y+1=-2(x-2)\quad y=-2x+3$

4 (1) 変化の割合が -2 で負であるから，x の値が小さいほど y の値は大きく，x の値が大きいほど y の値は小さい。よって，$x=-1$ のとき $y=10$ であり，$x=3$ のとき $y=2$ である。

$y=-2x+b$ に $x=-1$，$y=10$ を代入して，

$10=2+b\quad b=8$

($x=3$，$y=2$ を代入しても同じ値になる。)

(2) (1) と同様に，変化の割合が負であるから，$x=-4$ のとき $y=b$ であり，$x=1$ のとき $y=2$ である。したがって，

$b=-4a+a+4$ ……①，$2=a+a+4$ ……②

②より，$a=-1$，①に代入して，$b=7$

5 (1) $y=-\dfrac{5}{4}x+5$ と $y=\dfrac{1}{2}x$ を連立方程式として解いて，$-\dfrac{5}{4}x+5=\dfrac{1}{2}x$ より，$x=\dfrac{20}{7}$

このとき，$y=\dfrac{1}{2}\times\dfrac{20}{7}=\dfrac{10}{7}$ より，$\mathrm{P}\left(\dfrac{20}{7},\ \dfrac{10}{7}\right)$

(2) △OBP＝△AQP のとき，両方に△POA を加えると，△OBP＋△POA＝△AQP＋△POA，すなわち，△BOA＝△QOA となればよいことがわかる。2 つの三角形は底辺が OA で共通だから，点 Q の y 座標は点 B の y 座標と等しくなり 5 になる。$y=\dfrac{1}{2}x$ に $y=5$ を代入して，$x=10$

よって，Q(10, 5)

(3) 2 点 A(4, 0) と Q(10, 5) を通る直線の式を求めればよい。傾きは，$\dfrac{5-0}{10-4}=\dfrac{5}{6}$ だから，

$y=\dfrac{5}{6}x+b$　これに $x=4$，$y=0$ を代入して，

$0=\dfrac{5}{6}\times4+b\quad b=-\dfrac{10}{3}$

よって，$y=\dfrac{5}{6}x-\dfrac{10}{3}$

4 図　形 ①

解答　　本冊▶p.8〜p.9

1 (1) 270°　(2) 9πcm³　(3) 16πcm²

2 $h=\frac{27}{4}$

3 体積…$\frac{40}{3}$cm³，表面積…32cm²

4〜**7** 解き方の図を参照。

解き方

1 (1) 半径 6cm の円の円周の長さは 12πcm であり，中心角は弧の長さに比例するから，弧の長さが 9πcm のおうぎ形の中心角を x° とすると，

$12\pi:360=9\pi:x$　$x=360\times\frac{9\pi}{12\pi}=270$

(2) 求める立体の体積は，半径 3cm の半球の体積から，底面の半径が 3cm，高さが 3cm の円錐の体積をひいたものである。

よって，$\frac{4}{3}\pi\times3^3\times\frac{1}{2}-\frac{1}{3}\times\pi\times3^2\times3$

$=18\pi-9\pi=9\pi$ (cm³)

> **ここに注意**　半径が r の球の体積は，
> $V=\frac{4}{3}\pi r^3$，表面積は $S=4\pi r^2$ で求められる。

(3) 側面となるおうぎ形の面積は，

$\pi\times6^2\times\frac{120}{360}=12\pi$ (cm²)

底面の円周はおうぎ形の弧の長さと等しいので，

$2\times\pi\times6\times\frac{120}{360}=4\pi$ (cm)

半径が $r$cm の円周は $2\pi r$cm だから，$2\pi r=4\pi$

$r=2$ より，底面の半径は 2cm とわかるので，

底面積は，$\pi\times2^2=4\pi$ (cm²)

よって，表面積は，$12\pi+4\pi=16\pi$ (cm²)

2 立体アは底面の半径が 4cm，高さが $h$cm の円錐で，

体積は，$\frac{1}{3}\times\pi\times4^2\times h=\frac{16}{3}\pi h$ (cm³)

立体イは半径が 3cm の球で，

体積は，$\frac{4}{3}\pi\times3^3=36\pi$ (cm³)

よって，$\frac{16}{3}\pi h=36\pi$ より，$h=\frac{27}{4}$

3 この立体は，直方体の 8 つの頂点から，それぞれ三角錐を切り取ったものだから，体積は，

$2\times2\times4-\left(\frac{1}{2}\times1\times1\times2\times\frac{1}{3}\right)\times8=\frac{40}{3}$ (cm³)

また，表面積は，対角線が 2cm の正方形 2 つと，対角線が 2cm と 4cm のひし形 4 つと，切り口にできた二等辺三角形 8 つの和である。

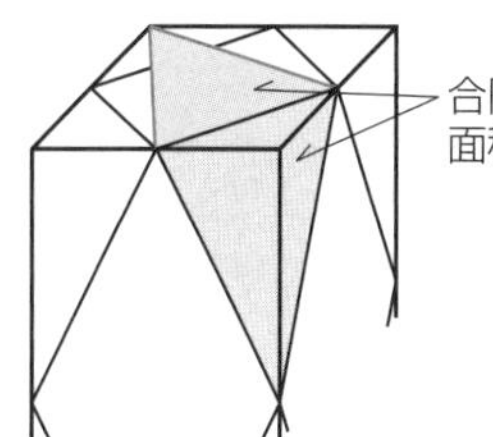

上の図のように，切り口の二等辺三角形は，それと合同な三角形を底面の正方形の中につくることができて，その面積は，

$2\times2-\left(1\times2\times\frac{1}{2}\right)\times2-1\times1\times\frac{1}{2}=\frac{3}{2}$ (cm²)

よって，表面積は，

$\left(2\times2\times\frac{1}{2}\right)\times2+\left(2\times4\times\frac{1}{2}\right)\times4+\frac{3}{2}\times8$

$=32$ (cm²)

4 円の接線は，接点と中心を結ぶ直線と垂直である。したがって，点 P を通り，直線 OP と垂直な直線を作図すればよい。

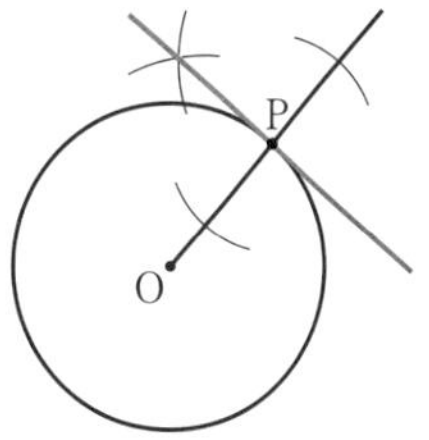

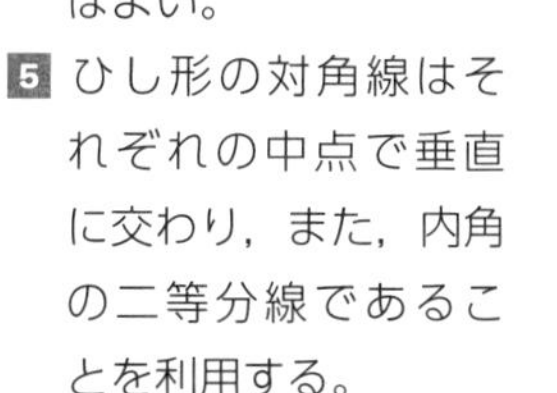

5 ひし形の対角線はそれぞれの中点で垂直に交わり，また，内角の二等分線であることを利用する。

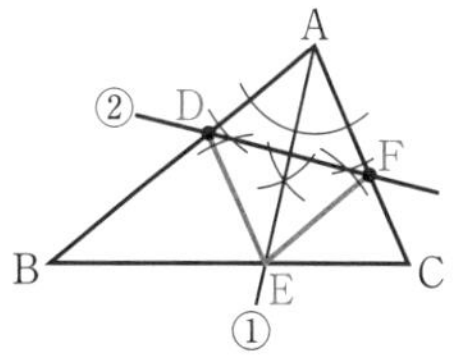

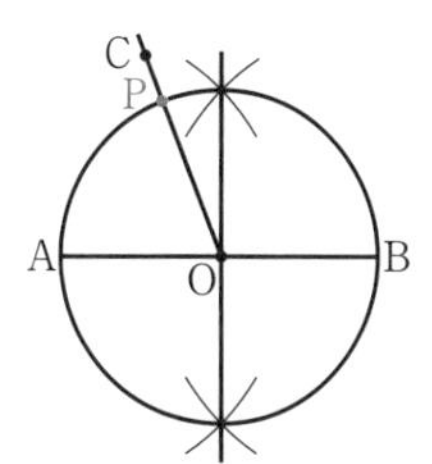

①まず，∠BAC の二等分線をひくと，辺 BC と交わる点が E となる。

②次に，線分 AE の垂直二等分線と辺 AB，AC と交わる点がそれぞれ D，F となる。

6 線分 AB の中点 O を作図し，O を中心とする直径 AB の円をかく。半直線 OC と円周との交点を P とすればよい。

7 直線 ℓ と直線 AB がつくる角の二等分線をひくと，二等分線上の点は直線 ℓ と直線 AB からの距離が等しい。したがって，この二等分線と円との交点のうち，点 A と異なる点を P とすればよい。(直

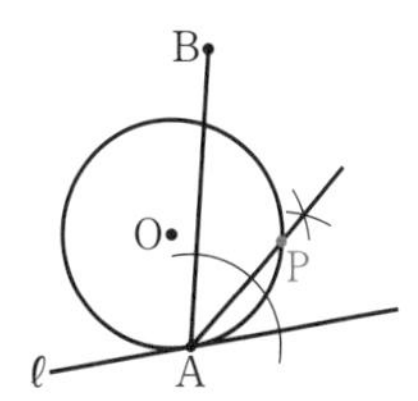

線ℓと直線ABとでつくられる角の二等分線はもう1本考えられるが，その場合は∠PABの大きさが45°より大きくなるので適さない。)

5 図　形 ②

解答　本冊▶p.10～p.11

1 20°

2 27°

3 117°

4 115°

5 ∠ABC＝51°，∠ACB＝69°

6 △ABDと△ACFにおいて，
△ABCは直角二等辺三角形だから，
AB＝AC ……①
四角形ADEFは正方形だから，
AD＝AF ……②
また，∠BAD＝∠BAC－∠CAD＝90°－∠CAD，
∠CAF＝∠FAD－∠CAD＝90°－∠CADであるから，∠BAD＝∠CAF ……③
よって，①，②，③より，2組の辺とその間の角がそれぞれ等しいから，
△ABD≡△ACF

7 △AOPと△COQにおいて，
平行四辺形の対角線はそれぞれの中点で交わるから，AO＝CO ……①
対頂角は等しいから，
∠AOP＝∠COQ ……②
AD∥BCより，錯角が等しいから，
∠PAO＝∠QCO ……③
よって，①，②，③より，1組の辺とその両端の角がそれぞれ等しいから，
△AOP≡△COQ
したがって，AP＝CQ

8 仮定より，∠BCF＝∠DCF
また，AD∥BCより，錯角が等しいから，
∠BCF＝∠DFC
よって，∠DCF＝∠DFCであるから，
FD＝CD
△ABEと△FDGにおいて，
仮定より，∠AEB＝∠FGD＝90° ……①
平行四辺形の対辺は等しいから，AB＝CD
これと，FD＝CDとから，AB＝FD ……②
平行四辺形の対角は等しいので，
∠ABE＝∠FDG ……③
よって，①，②，③より，直角三角形の斜辺と1つの鋭角がそれぞれ等しいから，
△ABE≡△FDG
したがって，AE＝FG

9 EC＝EFより，∠AFD＝∠FCE＝$\boldsymbol{a}$とおく。
△ADFの内角の和より，∠BAC＝90°－$\boldsymbol{a}$
また，∠BCA＝180°－∠BCE－∠FCE
＝180°－90°－$\boldsymbol{a}$＝90°－$\boldsymbol{a}$
これより，∠BAC＝∠BCAであることがわかるから，△ABCはBA＝BCの二等辺三角形である。

解き方

1 右の図のように，Eを通ってℓ，mと平行な直線をひくと，∠y＝56°
正五角形の1つの内角の大きさは，180°×(5－2)÷5＝108°だから，
∠z＝108°－56°＝52°
よって，∠x＝180°－(108°＋52°)＝20°

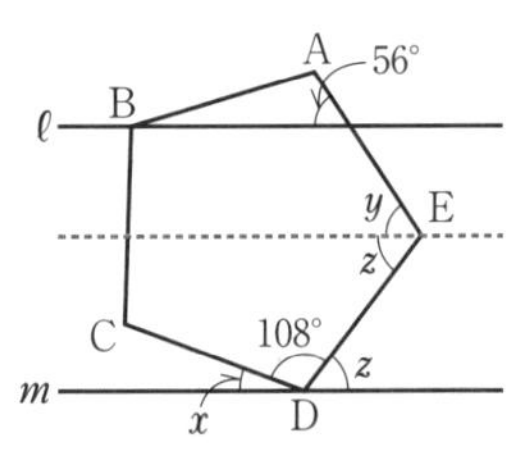

2 AB＝ACより，
∠ABC＝∠ACB＝(180°－42°)÷2＝69°
また，AD＝BDより，∠ABD＝∠BAD＝42°だから，∠x＝∠ABC－∠ABD＝69°－42°＝27°

3 PD∥BCより，∠PDB＝∠DBC＝54°だから，
∠PDA＝180°－54°＝126°
∠PDC＝∠ADCだから，
∠PDC＝(360°－126°)÷2＝117°

4 △ABDと△BCEの内角について，AB＝ACより，
∠ABD＝∠BCE
また，∠ADC＝∠AEBより，
∠ADB＝∠BECだから，
∠BAD＝∠CBEであることがわかる。これより，
∠AFE＝∠ABF＋∠BAD
＝∠ABF＋∠CBE＝∠ABCであるから，
∠AFE＝(180°－50°)÷2＝65°
したがって，∠AFB＝180°－65°＝115°

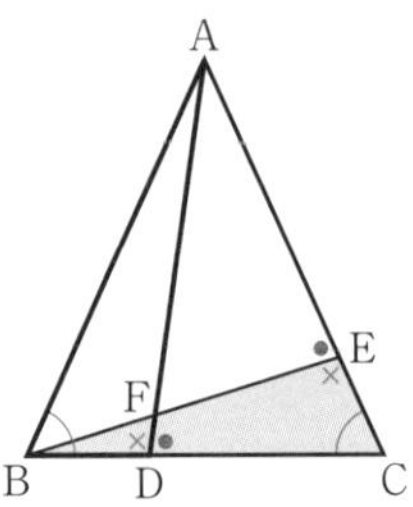

5 ∠SBC＝∠x，∠QCB＝∠yとすると，
△QBCで，2∠x＋∠y＝180°－123°＝57° ……①

また，△SBC で，

$\angle x+2\angle y=180°-117°=63°$ ……②

①，②より，連立方程式を解いて，

$\angle x=17°$，$\angle y=23°$

よって，$\angle ABC=3\angle x=51°$，

$\angle ACB=3\angle y=69°$

6 データの整理・確率

解答 本冊▶p.12〜p.13

1 (1) 4 点　(2) $x=6$，$y=12$

(3) 3 人以上 11 人以下

2 ア…8，イ…0.20，ウ…40

3 (1)

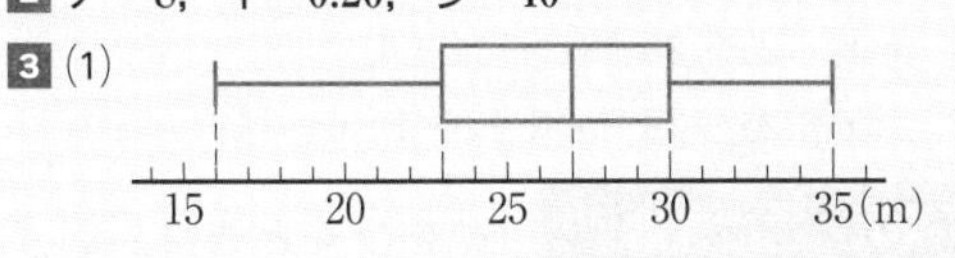

(2) 7m

4 $\frac{7}{10}$

5 (1) $\frac{5}{36}$　(2) $\frac{7}{9}$

6 (1) $\frac{11}{21}$　(2) $\frac{1}{3}$

7 (1) $\frac{5}{36}$　(2) 頂点 E，$\frac{1}{4}$

解き方

1 (1) 人数は $y=13$(人)が最も多いので，最頻値(モード)は 4 点である。

(2) 人数について，$2+x+9+y+6=35$ より，

$x+y=18$ ……①

得点の合計について，

$1\times2+2\times x+3\times9+4\times y+5\times6=3.4\times35$ より，

$2x+4y=60$　$x+2y=30$ ……②

①，②を連立させて解くと，$x=6$，$y=12$

(3) 全員で 35 人だから，中央値(メジアン)は得点の高いほうから 18 番目の生徒が属する階級である。

これが 3 点になるためには，4 点と 5 点の人数の合計が 17 人以下で，3 点と 4 点と 5 点の人数の合計が 18 人以上にならなければならない。

よって，$y+6\leqq17$　$y\leqq11$……①

$9+y+6\geqq18$　$y\geqq3$……②

①，②より，y は 3 以上 11 以下である。

2 4 人の相対度数が 0.10 だから，ウ $=4\div0.10=40$

よって，ア $=40-(4+12+8+6+2)=8$

イ $=8\div40=0.20$

3 (1) 箱ひげ図は最小値，最大値，四分位数を使ってかく。データより，最小値は 16，最大値は 35 である。第 1 四分位数は前半 5 つのデータの中央値だから 23 である。第 2 四分位数はデータ全体の中央値だから $\frac{26+28}{2}=27$ である。第 3 四分位数は後半 5 つのデータの中央値だから 30 である。

(2) 四分位範囲＝第 3 四分位数－第 1 四分位数だから，$30-23=7$(m)

4 5 個の玉を $\underline{A}$，$\underline{B}$，$\underline{C}$，D，E とし，$\underline{A}$，$\underline{B}$，$\underline{C}$ が赤玉，D，E が白玉とすると，取り出す 2 個の玉の組み合わせは，($\underline{A}$，$\underline{B}$)，($\underline{A}$，$\underline{C}$)，($\underline{A}$，D)，($\underline{A}$，E)，($\underline{B}$，$\underline{C}$)，($\underline{B}$，D)，($\underline{B}$，E)，($\underline{C}$，D)，($\underline{C}$，E)，(D，E) の 10 通りで，少なくとも 1 個が白玉の場合は 7 通りある。

よって，求める確率は，$\frac{7}{10}$

別解 2 個とも赤玉になる確率を 1 からひけばよい。すべての場合の数は，$5\times4\div2=10$(通り)

2 個とも赤玉になる場合の数は，$3\times2\div2=3$(通り)

よって，$1-\frac{3}{10}=\frac{7}{10}$

5 (1) 次の表のように，$6\times6=36$(通り)の目の出方のうち $a+b=6$ となるのは 5 通りあるから，求める確率は，$\frac{5}{36}$

a＼b	1	2	3	4	5	6
1					○	
2				○		
3			○			
4		○				
5	○					
6						

(2) 次の表のように，整数 P を表の中に書きこむとわかりやすい。素数は 8 通り(色をぬった部分)あるから，素数にならないのは，$36-8=28$(通り)

よって，求める確率は，$\frac{28}{36}=\frac{7}{9}$

a＼b	1	2	3	4	5	6
1	11	12	13	14	15	16
2	21	22	23	24	25	26
3	31	32	33	34	35	36
4	41	42	43	44	45	46
5	51	52	53	54	55	56
6	61	62	63	64	65	66

6 (1) 7枚の中から2枚を取り出す取り出し方は全部で $7\times6\div2=21$(通り)ある。そのうち，積が奇数になるのは取り出すカードの組み合わせが(1，3)，(3，3)となるときである。

(1，3)となるのは $1\times4=4$(通り)

(3，3)となるのは $4\times3\div2=6$(通り)

よって，偶数になるのは $21-(4+6)=11$(通り)あるから，求める確率は，$\frac{11}{21}$

(2) (2，2)となる場合が1通り，(3，3)となる場合が6通りあるから，求める確率は，$\frac{1+6}{21}=\frac{1}{3}$

7 (1) 点Pは，1の目のとき1，2の目のとき1，3の目のとき3，4の目のとき2，5の目のとき5，6の目のとき3移動する。さいころを2回投げて頂点Aにくるのは，2回の移動で5または10進む場合だから，(3，4)，(4，3)，(4，6)，(6，4)，(5，5)の5通りの目の出方がある。

よって，求める確率は，$\frac{5}{36}$

(2) 頂点Aにくるのは，(1)より5通り

頂点Bにくるのは，2回の移動で6進む場合だから，(1，5)，(5，1)，(2，5)，(5，2)，(3，6)，(6，3)，(3，3)，(6，6)の8通り

頂点Cにくるのは，2回の移動で2または7進む場合だから，(1，2)，(2，1)，(1，1)，(2，2)，(4，5)，(5，4)の6通り

頂点Dにくるのは，2回の移動で3または8進む場合だから，(1，4)，(4，1)，(2，4)，(4，2)，(3，5)，(5，3)，(5，6)，(6，5)の8通り

頂点Eにくるのは，

$36-(5+8+6+8)=9$(通り)

よって，点Pがいる確率が最も高い頂点は頂点Eで，その確率は，$\frac{9}{36}=\frac{1}{4}$

3年

第1章　多項式

1 多項式の計算

Step A 解答

本冊▶p.14〜p.15

1 (1) $3ab+8$　(2) $3a-2b$　(3) $-2x+1$

(4) $2a-6ab^2$

2 (1) x^2-4x+4　(2) $4x^2-4x+1$

(3) $9x^2+6xy+y^2$　(4) $2x^2+5x-3$　(5) $4x^2-1$

(6) x^2-4y^2

3 (1) $x^2-3x+28$　(2) $x^2-9x-10$　(3) $6x-19$

(4) $5x-2$　(5) $10x+34$　(6) $4x+17$

4 (1) $a^2+2ab+b^2-4$　(2) $a^2-b^2-2bc-c^2$

(3) $9a^2-b^2+4bc-4c^2$　(4) $16x^4-81y^4$

5 (1) 1　(2) 70028　(3) 6

解き方

1 (1) $(3a^2b+8a)\div a=3a^2b\div a+8a\div a=3ab+8$

(3) $(10x^2y-5xy)\div(-5xy)=10x^2y\div(-5xy)$

$-5xy\div(-5xy)=-2x+1$

3 (1) $(x-7)(x-4)+8x=x^2-11x+28+8x$

$=x^2-3x+28$

(3) $(x-3)(x+5)-(x-2)^2$

$=x^2+2x-15-(x^2-4x+4)$

$=x^2+2x-15-x^2+4x-4=6x-19$

ここに注意　式をひくときは，必ず(　)をつけてからひくこと。符号ミスに注意する。

4 (1) $a+b=X$ とおくと，

$(a+b+2)(a+b-2)=(X+2)(X-2)=X^2-4$

$=(a+b)^2-4=a^2+2ab+b^2-4$

(2) $(a+b+c)(a-b-c)=\{a+(b+c)\}\{a-(b+c)\}$

であるから，$b+c=X$ とおくと，

$=(a+X)(a-X)=a^2-X^2$

$=a^2-(b+c)^2=a^2-(b^2+2bc+c^2)$

$=a^2-b^2-2bc-c^2$

ここに注意　$-x+y=-(x-y)$，$-x-y=-(x+y)$ のように，かっこをつけることによって符号が変わることに注意する。

(3) $(3a-b+2c)(3a+b\quad2c)$

$=\{3a-(b-2c)\}\{3a+(b-2c)\}$ であるから，

$b-2c=X$ とおくと，

$=(3a-X)(3a+X)=9a^2-X^2$

$=9a^2-(b-2c)^2=9a^2-(b^2-4bc+4c^2)$

$=9a^2-b^2+4bc-4c^2$

ここに注意　(3項式)×(3項式)の展開では，適切な置きかえによって乗法公式を利用できる形にする。

(4) $(2x-3y)(4x^2+9y^2)(2x+3y)$

$=(2x-3y)(2x+3y)(4x^2+9y^2)$
$=(4x^2-9y^2)(4x^2+9y^2)$
$=(4x^2)^2-(9y^2)^2=16x^4-81y^4$

5 (1) $2013=x$とすると，$2013\times2013-2012\times2014$
$=x^2-(x-1)(x+1)=x^2-(x^2-1)=x^2-x^2+1=1$
(2) $100=x$とすると，
$97^2+98^2+99^2+100^2+101^2+102^2+103^2$
$=(x-3)^2+(x-2)^2+(x-1)^2+x^2+(x+1)^2$
$+(x+2)^2+(x+3)^2$
ここで，$(x-a)^2+(x+a)^2=2x^2+2a^2$となるから，
$2x^2+2\times3^2+2x^2+2\times2^2+2x^2+2\times1^2+x^2$
$=7x^2+28=7\times100^2+28=70028$
(3) $365=x$とすると，
$365\times365-364\times366+363\times367-362\times368$
$=x^2-(x-1)(x+1)+(x-2)(x+2)-(x-3)(x+3)$
$=x^2-(x^2-1)+(x^2-4)-(x^2-9)$
$=x^2-x^2+1+x^2-4-x^2+9=6$

Step B　解答

本冊▶p.16～p.17

1 (1) $\boldsymbol{x^2+8xy+3y^2}$　(2) $\boldsymbol{3a^2-5ab+7b^2}$
(3) $\boldsymbol{-2x-y-2}$　(4) $\boldsymbol{4x^2-12x-57}$　(5) **4**
2 (1) **−1500**　(2) **10**　(3) **40100**
3 (1) **10003**　(2) **400**　(3) **4027**　(4) **2016**
4 (1) $\boldsymbol{x^4-25x^2+60x-36}$　(2) $\boldsymbol{a^2b^2-a^2-b^2+1}$
(3) $\boldsymbol{8ab}$

解き方

1 (1) $3(x+y)^2-2x(x-y)$
$=3(x^2+2xy+y^2)-2x^2+2xy$
$=3x^2+6xy+3y^2-2x^2+2xy=x^2+8xy+3y^2$
(2) $(2a-b)^2-(a+3b)(a-2b)$
$=4a^2-4ab+b^2-(a^2+ab-6b^2)$
$=4a^2-4ab+b^2-a^2-ab+6b^2=3a^2-5ab+7b^2$
(3) $2x+y=X$とおくと，
$(2x+y+1)(2x+y-2)-(2x+y)^2$
$=(X+1)(X-2)-X^2=X^2-X-2-X^2$
$=-X-2=-2x-y-2$
(4) $(3x+4)(3x-4)-(2x+5)^2-(x-4)^2$
$=9x^2-16-(4x^2+20x+25)-(x^2-8x+16)$
$=9x^2-16-4x^2-20x-25-x^2+8x-16$
$=4x^2-12x-57$
(5) $\left(\frac{1}{a}+\frac{1}{b}\right)^2\times ab-(a-b)^2\div ab$
$=\left(\frac{a+b}{ab}\right)^2\times ab-(a-b)^2\div ab$
$=\frac{(a+b)^2}{(ab)^2}\times ab-\frac{(a-b)^2}{ab}$
$=\frac{(a+b)^2-(a-b)^2}{ab}=\frac{4ab}{ab}=4$

2 (1) $(x-8)(x+2)+(4-x)(4+x)$
$=x^2-6x-16+(16-x^2)=-6x$
$x=250$のとき，$-6x=-6\times250=-1500$
(2) $(2a+3)^2-4a(a+5)$
$=4a^2+12a+9-4a^2-20a=-8a+9$
$a=-\frac{1}{8}$のとき，$-8\times\left(-\frac{1}{8}\right)+9=1+9=10$
(3) $x(x+2y)-(x-y)(x+4y)$
$=x^2+2xy-(x^2+3xy-4y^2)$
$=x^2+2xy-x^2-3xy+4y^2=4y^2-xy$
$x=-1$，$y=100$のとき，
$4y^2-xy=4\times100^2-(-1)\times100=40100$

3 (1) $0.01=x$とすると，$1.01\times0.99+(0.01+100)^2$
$=(1+x)(1-x)+(x+100)^2$
$=1-x^2+(x^2+200x+10000)$
$=1+200x+10000=1+2+10000=10003$
(2) $20=x$とすると，$40=2x$だから，
$19\times21+20^2-40\times19+19^2$
$=(x-1)(x+1)+x^2-2x(x-1)+(x-1)^2$
$=x^2-1+x^2-2x^2+2x+x^2-2x+1$
$=x^2=20^2=400$
(3) $2014=x$とすると，$2014^3-2014^2\times2013-2013^2$
$=x^3-x^2(x-1)-(x-1)^2$
$=x^3-x^3+x^2-(x^2-2x+1)$
$=2x-1=2\times2014-1=4027$
(4) $2012=x$とすると，
$2013^2-3\times2012^2+2\times2013\times2012$
$+3\times2012\times2011-3\times2011\times2013$
$=(x+1)^2-3x^2+2(x+1)x+3x(x-1)$
$-3(x-1)(x+1)$
$=x^2+2x+1-3x^2+2x^2+2x+3x^2-3x-3x^2+3$
$=x+4=2012+4=2016$

4 (1) $(x-1)(x-2)(x-3)(x+6)$
$=(x-1)(x+6)(x-2)(x-3)$
$=(x^2+5x-6)(x^2-5x+6)$
$=\{x^2+(5x-6)\}\{x^2-(5x-6)\}$
$=(x^2)^2-(5x-6)^2=x^4-(25x^2-60x+36)$
$=x^4-25x^2+60x-36$
(2) $(ab+a-b-1)(ab-a+b-1)$
$=\{(ab-1)+(a-b)\}\{(ab-1)-(a-b)\}$
$=(ab-1)^2-(a-b)^2$

$=a^2b^2-2ab+1-(a^2-2ab+b^2)$
$=a^2b^2-2ab+1-a^2+2ab-b^2$
$=a^2b^2-a^2-b^2+1$

(3) $a+b=X$，$a-b=Y$ とおくと，
$(a+b+c)^2-(a-b-c)^2-(a-b+c)^2+(a+b-c)^2$
$=(X+c)^2-(Y-c)^2-(Y+c)^2+(X-c)^2$
$=2X^2+2c^2-(2Y^2+2c^2)$
$=2X^2-2Y^2=2\{(a+b)^2-(a-b)^2\}$
$=2\times4ab=8ab$

2｜因数分解

Step A　解答　本冊▶p.18〜p.19

1 (1) $\boldsymbol{(x+2)(x+5)}$　(2) $\boldsymbol{(x+8)(x-3)}$
(3) $\boldsymbol{(x-2)(x-3)}$　(4) $\boldsymbol{(x+5)(x-6)}$
(5) $\boldsymbol{(x+2)(x-10)}$　(6) $\boldsymbol{(x+8)(x+9)}$

2 (1) $\boldsymbol{(4x+9)(4x-9)}$　(2) $\boldsymbol{(2x+5)(2x-5)}$
(3) $\boldsymbol{(x-10)^2}$　(4) $\boldsymbol{(x+4y)(x-12y)}$
(5) $\boldsymbol{(2x+3y)^2}$

3 (1) $\boldsymbol{(x+3)(x-2)}$　(2) $\boldsymbol{(y-2)(x+1)}$
(3) $\boldsymbol{(x+y+3)(x-y-3)}$　(4) $\boldsymbol{(x+8)(x-1)}$
(5) $\boldsymbol{(x+1)(x-6)}$　(6) $\boldsymbol{(a+b-2)(a+b-4)}$

4 (1) $\boldsymbol{a(x-2)^2}$　(2) $\boldsymbol{x(x+2y)(x-5y)}$
(3) $\boldsymbol{(a+2)(b-5)}$　(4) $\boldsymbol{(b+1)(2a-1)}$
(5) $\boldsymbol{(a+b)(a-3b)}$　(6) $\boldsymbol{(a+b)(a-3b)}$

5 (1) **80**　(2) **4**　(3) **15.6**

解き方

3 (1) $x+1=A$ とおくと，
$(x+1)^2-(x+1)-6=A^2-A-6=(A+2)(A-3)$
$=(x+1+2)(x+1-3)=(x+3)(x-2)$

(2) $y-2=A$ とおくと，
$x(y-2)+y-2=xA+A=A(x+1)$
$=(y-2)(x+1)$

(3) $x^2-(y+3)^2=\{x+(y+3)\}\{x-(y+3)\}$
$=(x+y+3)(x-y-3)$

(4) $x(x+7)-8=x^2+7x-8=(x+8)(x-1)$

(5) $(x-2)(x-5)+2(x-8)=x^2-7x+10+2x-16$
$=x^2-5x-6=(x+1)(x-6)$

(6) $a+b=A$ とおくと，
$(a+b)^2-6(a+b)+8=A^2-6A+8$
$=(A-2)(A-4)=(a+b-2)(a+b-4)$

4 (1) $ax^2-4ax+4a=a(x^2-4x+4)=a(x-2)^2$

> **ここに注意**　共通因数があるときは，まず，共通因数でくくってから，さらに因数分解を考える。

(2) $x^3-3x^2y-10xy^2=x(x^2-3xy-10y^2)$
$=x(x+2y)(x-5y)$

(3) $ab-10+2b-5a=ab+2b-(5a+10)$
$=b(a+2)-5(a+2)=(a+2)(b-5)$

> **ここに注意**　共通因数を見つけやすくするために，項の順番を入れかえて考える。

(4) $2ab+2a-b-1=2a(b+1)-(b+1)$
$=(b+1)(2a-1)$

(5) $(2a-b)(a+3b)-a(a+7b)$
$=2a^2+6ab-ab-3b^2-a^2-7ab$
$=a^2-2ab-3b^2=(a+b)(a-3b)$

(6) $2a(a+2b)-2b(2b+3a)-(a+b)(a-b)$
$=2a^2+4ab-4b^2-6ab-a^2+b^2$
$=a^2-2ab-3b^2=(a+b)(a-3b)$

5 (1) $x^2-8x+15=(x-3)(x-5)=10\times8=80$
(2) $a^2+2ab+b^2=(a+b)^2=2^2=4$
(3) $x^2-y^2=(x+y)(x-y)=6\times2.6=15.6$

Step B　解答　本冊▶p.20〜p.21

1 (1) $\boldsymbol{(a+b+1)(a+b-3)}$
(2) $\boldsymbol{(a-b+1)(a-b-2)}$
(3) $\boldsymbol{(x+4)(x-2)}$　(4) $\boldsymbol{2(x+2)(x-6)}$
(5) $\boldsymbol{(x+y)(x-y+4)}$　(6) $\boldsymbol{(x-y)(a-b)}$

2 (1) $\boldsymbol{(x+y+2)(x+y-5)}$　(2) $\boldsymbol{(x-2)(7x-2)}$
(3) $\boldsymbol{(3a+6b-1)^2}$　(4) $\boldsymbol{(a+b)(a+b+ab)}$
(5) $\boldsymbol{(a+1)(a+b+2)}$
(6) $\boldsymbol{(3x-2y+2)(3x-2y-6)}$

3 (1) **5000**　(2) **15000**　(3) **325**

4 (1) **2**　(2) **2**　(3) **10**

5 (1) $\boldsymbol{(x,\ y)=(1,\ -2),\ (-1,\ 2)}$
(2) $\boldsymbol{a+b=12,\ 6}$

解き方

1 (1) $(a+b)^2-2a-2b-3=(a+b)^2-2(a+b)-3$
$=(a+b+1)(a+b-3)$

(2) $(a-b)^2-a+b-2=(a-b)^2-(a-b)-2$
$=(a-b+1)(a-b-2)$

(3) $x^2+6x+9-4(x+3)-5=(x+3)^2-4(x+3)-5$
$=(x+3+1)(x+3-5)=(x+4)(x-2)$

(4) $2(x-2)^2-32=2\{(x-2)^2-16\}$
$=2\{(x-2)^2-4^2\}=2(x-2+4)(x-2-4)$
$=2(x+2)(x-6)$

(5) $(x+2)^2-(y-2)^2$
$=\{(x+2)+(y-2)\}\{(x+2)-(y-2)\}$
$=(x+y)(x-y+4)$

(6) $a(x-y)+b(y-x)=a(x-y)-b(x-y)$
$=(x-y)(a-b)$

2 (1) $x+y=A$ とおくと,
$(x+y-1)(x+y-2)-12=(A-1)(A-2)-12$
$=A^2-3A+2-12=A^2-3A-10$
$=(A+2)(A-5)=(x+y+2)(x+y-5)$

(2) $(x-2)^2-6x(2-x)=(x-2)^2+6x(x-2)$
$x-2=A$ とおくと, $A^2+6xA=A(A+6x)$
$=(x-2)(x-2+6x)=(x-2)(7x-2)$

(3) $a+2b=A$ とおくと, $3a+6b=3A$ だから,
$3(a+2b)(3a+6b-2)+1=3A(3A-2)+1$
$=9A^2-6A+1=(3A-1)^2=(3a+6b-1)^2$

(4) $a^2+2ab+b^2+a^2b+ab^2=(a+b)^2+ab(a+b)$
$a+b=A$ とおくと,
$A^2+abA=A(A+ab)=(a+b)(a+b+ab)$

(5) $b(a+1)+a^2+3a+2=b(a+1)+(a+1)(a+2)$
$a+1=A$ とおくと, $bA+A(a+2)$
$=A(b+a+2)=(a+1)(a+b+2)$

(6) $9x^2-12xy+4y^2-12x+8y-12$
$=(3x-2y)^2-4(3x-2y)-12$
$3x-2y=A$ とおくと,
$=A^2-4A-12=(A+2)(A-6)$
$=(3x-2y+2)(3x-2y-6)$

3 (1) $75^2-25^2=(75+25)\times(75-25)$
$=100\times50=5000$

(2) $191^2-2\times191\times66+66^2-17^2-16\times17-64$
$=191^2-2\times191\times66+66^2-(17^2+2\times8\times17+8^2)$
$=(191-66)^2-(17+8)^2$
$=125^2-25^2=(125+25)\times(125-25)$
$=150\times100=15000$

(3) $25^2-24^2+23^2-22^2+\cdots\cdots+3^2-2^2+1^2-0^2$
$=(25+24)\times\underline{(25-24)}+(23+22)\times\underline{(23-22)}+$
$\cdots\cdots+(3+2)\times\underline{(3-2)}+(1+0)\times\underline{(1-0)}$
ここで, 下線部分はすべて1だから,
$=(25+24)+(23+22)+\cdots\cdots+(3+2)+(1+0)$
$=25+24+23+\cdots\cdots+2+1=\frac{1}{2}\times25\times(1+25)$
$=325$

ここに注意 1からnまでの連続する自然数の和は, $\frac{1}{2}n(n+1)$で表される。

4 (1) $x^2+y^2+2xy-x-y=(x+y)^2-(x+y)$
$=(x+y)(x+y-1)=2\times(2-1)=2$

(2) $17x^2+2xy+y^2=16x^2+x^2+2xy+y^2$
$=(4x)^2+(x+y)^2=1^2+1^2=2$

(3) $x^2-6xy+9y^2+1=(x-3y)^2+1=(3.96-0.96)^2+1$
$=3^2+1=10$

5 (1) x, yは整数だから, $3x-y$と$7x+3y$はともに整数である。よって, かけて5になる組み合わせを考えて,
・$3x-y=1$, $7x+3y=5$ の場合,
$x=\frac{1}{2}$, $y=\frac{1}{2}$ となり, 整数ではない。
・$3x-y=5$, $7x+3y=1$ の場合,
$x=1$, $y=-2$ となり, 問題に適する。
・$3x-y=-1$, $7x+3y=-5$ の場合,
$x=-\frac{1}{2}$, $y=-\frac{1}{2}$となり, 整数ではない。
・$3x-y=-5$, $7x+3y=-1$ の場合,
$x=-1$, $y=2$ となり, 問題に適する。
よって, 答えは, $(x, y)=(1, -2)$, $(-1, 2)$

(2) $a^2-b^2=24$ より, $(a+b)(a-b)=24$
a, bは自然数だから, $a+b$は自然数であり, しかも$a+b>a-b$であることを考えると, かけて24になる組み合わせは,
$(a+b, a-b)=(24, 1)$, $(12, 2)$, $(8, 3)$, $(6, 4)$
ここで, $a+b+(a-b)=2a$は偶数になることから, $(a+b, a-b)=(24, 1)$, $(8, 3)$は適さない。
よって, $a+b=12$, 6

ここに注意 一般に, a, bが整数のとき, $a+b$が偶数ならば$a-b$も偶数, $a+b$が奇数ならば$a-b$も奇数になる。

3 いろいろな因数分解

Step A 解答 本冊▶p.22〜p.23

1 (1) $(x-y)(x+y-1)$　(2) $(x-y)(x+y-z)$
(3) $(x-y)(x-y+1)(x-y-1)$
(4) $(y-1)(x+1)(x-1)$
(5) $(a+b-1)(a-b+1)$
(6) $(x+3y+1)(x-3y-1)$

2 (1) $(x-1)^2(x+1)(x-3)$　(2) $(x-1)^2(x^2-2x-6)$
(3) $(x-1)(x+y-3)$　(4) $(x-2)(x+y+4)$
(5) $(2x-3y)(2x+3y-2)$　(6) $(x+7)^2(x-1)^2$

3 (1) 9　(2) 16

4 (1) $(y-2)(x-3)$　(2) $(x,\ y)=(8,\ 3),\ (4,\ 7)$

5 (1) $a=8$　(2) $P=19$

解き方

1 (1) $x^2-x-y^2+y=(x^2-y^2)-(x-y)$
$=(x+y)(x-y)-(x-y)$
$=(x-y)(x+y-1)$

(2) $x^2-xz+yz-y^2=(x^2-y^2)-(xz-yz)$
$=(x+y)(x-y)-z(x-y)$
$=(x-y)(x+y-z)$

(3) $(x-y)^3-x+y=(x-y)^3-(x-y)$
$=(x-y)\{(x-y)^2-1\}$
$=(x-y)(x-y+1)(x-y-1)$

(4) $x^2(y-1)-y+1=x^2(y-1)-(y-1)$
$=(y-1)(x^2-1)=(y-1)(x+1)(x-1)$

(5) $a^2-b^2+2b-1=a^2-(b^2-2b+1)$
$=a^2-(b-1)^2=(a+b-1)(a-b+1)$

(6) $x^2-6y-1-9y^2=x^2-(9y^2+6y+1)$
$=x^2-(3y+1)^2=(x+3y+1)(x-3y-1)$

ここに注意　b^2-2b+1 や $9y^2+6y+1$ のように，$(\quad)^2$ になる3項式を見つけ出し，2乗の差の形をつくる。

2 (1) $x^2-2x=A$ とおくと，
$(x^2-2x)^2-2(x^2-2x)-3=A^2-2A-3$
$=(A+1)(A-3)=(x^2-2x+1)(x^2-2x-3)$
$=(x-1)^2(x+1)(x-3)$

ここに注意　3次式や4次式の因数分解では，因数分解した答えの(　　)の中の式が，さらに因数分解できることがある。

(2) $(x^2-2x)^2-5x^2+10x-6$
$=(x^2-2x)^2-5(x^2-2x)-6$
$x^2-2x=A$ とおくと，A^2-5A-6
$=(A+1)(A-6)=(x^2-2x+1)(x^2-2x-6)$
$=(x-1)^2(x^2-2x-6)$

(3) $x^2+xy-4x-y+3=(x^2-4x+3)+(xy-y)$
$=(x-1)(x-3)+y(x-1)=(x-1)(x-3+y)$
$=(x-1)(x+y-3)$

ここに注意　(3) x については2次式，y については1次式である。このような場合，次数の低い y を含む項と含まない項とに分けると共通因数を見つけることができる。

(4) $x^2+xy+2x-2y-8$
$=(x^2+2x-8)+(xy-2y)$
$=(x+4)(x-2)+y(x-2)=(x-2)(x+4+y)$
$=(x-2)(x+y+4)$

(5) $4x(x-1)-9y(y-1)-3y$
$=4x^2-4x-9y^2+9y-3y$
$=4x^2-4x-9y^2+6y=(4x^2-9y^2)-(4x-6y)$
$=(2x+3y)(2x-3y)-2(2x-3y)$
$=(2x-3y)(2x+3y-2)$

(6) $x^2+6x=A$ とおくと，
$(x^2+6x-6)(x^2+6x-8)+1=(A-6)(A-8)+1$
$=A^2-14A+48+1=A^2-14A+49$
$=(A-7)^2=(x^2+6x-7)^2=\{(x+7)(x-1)\}^2$
$=(x+7)^2(x-1)^2$

3 (1) $2015=65\times31$ であるから，
$65^2-4\times2015+4\times31^2$
$=65^2-4\times65\times31+4\times31^2$
ここで，$65=x$，$31=y$ とおくと，
$=x^2-4xy+4y^2=(x-2y)^2=(65-2\times31)^2=3^2=9$

(2) $76^2-76\times72+72^2-(74^2-2^2)$
$=76^2-76\times72+72^2-(74+2)\times(74-2)$
$=76^2-2\times76\times72+72^2$
$=(76-72)^2=4^2=16$

4 (1) $xy-2x-3y+6=x(y-2)-3(y-2)$
$=(y-2)(x-3)$

(2) $xy-2x-3y+1=0$ の両辺に5を加えると，
$xy-2x-3y+6=5$
(1)より，左辺を因数分解して，$(y-2)(x-3)=5$
ここで，x，y は自然数だから，$x-3$，$y-2$ は整数で，$x-3\geqq-2$，$y-2\geqq-1$
したがって，$(y-2)(x-3)=5$ となるのは，
・$x-3=5$，$y-2=1$ の場合，$x=8$，$y=3$
・$x-3=1$，$y-2=5$ の場合，$x=4$，$y=7$
の2通りである。
よって，$(x,\ y)=(8,\ 3),\ (4,\ 7)$

ここに注意　整数解を求める問題では，因数分解を利用して，(　　)(　　)＝整数 の形をつくる。

5 (1) $a^2-p^2=15$ より，$(a+p)(a-p)=15$

a は自然数，p は素数だから，$a+p$ は自然数であり，$a+p>a-p$ である。したがって，積が 15 になる組み合わせは，

・$a+p=15$，$a-p=1$ の場合，$a=8$，$p=7$ となり，問題に適する。

・$a+p=5$，$a-p=3$ の場合，$a=4$，$p=1$ となり，p が素数でないので問題に適さない。

よって，求める a の値は，$a=8$

(2) $P=n^2+10n-56=(n+14)(n-4)$ より，P は $n+14$ と $n-4$ の積であるが，$n+14$ は 1 より大きい自然数で P は素数であるから，$n+14=P$，$n-4=1$ 以外の組み合わせは考えられない。

よって，$n-4=1$ より，$n=5$

このとき，$P=5+14=19$ で素数となり，問題に適する。

ここに注意 $AB=p$ (素数)のとき，$A>B$ ならば，$A=p$，$B=1$ または，$A=-1$，$B=-p$

Step B 解答

本冊▶p.24～p.25

1 (1) $(x-1)(x+2)(x-6)$

(2) $(x+y-1)(xy-1)$

(3) $(xy+1)(x-y-3z)$

(4) $(x-1)(x+1)(x-8)$

(5) $(a-b)(a+2b-c)$

(6) $(x+3y-3)(x-y+1)$

(7) $(x+2)(x-2)(x+3)(x-3)$

(8) $(x+2y-1)(x+2y-6)$

(9) $(x+yz+2xy)(x+yz-2xy)$

(10) $(x+1)(x+2y)(x+3y)$

2 (1) $(a-b)(a-3b)$ (2) $(a, b)=(11, 3), (1, 3)$

3 (1) $a=10$，$b=12$ (2) $n=12$ (3) $a=25$

4 (1) $-3(x-13)(x-20)$

(2) $(b-c)(a+b+c-2)$

解き方

1 (1) $x^2(x-1)-4(x^2+2x-3)$

$=x^2(x-1)-4(x-1)(x+3)$

$=(x-1)\{x^2-4(x+3)\}$

$=(x-1)(x^2-4x-12)=(x-1)(x+2)(x-6)$

(2) $x^2y+xy^2-xy-x-y+1$

$=xy(x+y-1)-(x+y-1)$

$=(x+y-1)(xy-1)$

(3) $x^2y-3xyz-y-xy^2+x-3z$

$=(x^2y+x)-(xy^2+y)-(3xyz+3z)$

$=x(xy+1)-y(xy+1)-3z(xy+1)$

$=(xy+1)(x-y-3z)$

(4) $x(x-1)(x-3)+4(1-x)(x+2)$

$=x(x-1)(x-3)-4(x-1)(x+2)$

$=(x-1)\{x(x-3)-4(x+2)\}$

$=(x-1)(x^2-7x-8)=(x-1)(x+1)(x-8)$

(5) $a^2-2b^2+ab+bc-ca=a^2+ab-2b^2-ca+bc$

$=(a+2b)(a-b)-c(a-b)$

$=(a-b)(a+2b-c)$

(6) $y-1=A$ とおくと，

$x^2+2x(y-1)-3(y-1)^2=x^2+2Ax-3A^2$

$=(x+3A)(x-A)=(x+3y-3)(x-y+1)$

(7) $x^4-13x^2+36=(x^2)^2-13x^2+36=(x^2-4)(x^2-9)$

$=(x+2)(x-2)(x+3)(x-3)$

(8) $x+2y=A$ とおくと，

$(x+2y-3)^2-x-2y-3=(A-3)^2-A-3$

$=A^2-7A+6=(A-1)(A-6)$

$=(x+2y-1)(x+2y-6)$

(9) $x^2-4x^2y^2+y^2z^2+2xyz$

$=x^2+2xyz+y^2z^2-4x^2y^2=(x+yz)^2-(2xy)^2$

$=(x+yz+2xy)(x+yz-2xy)$

(10) $x^3+(5y+1)x^2+(6y+5)xy+6y^2$

$=x^3+5x^2y+x^2+6xy^2+5xy+6y^2$

$=x^3+x^2+5x^2y+5xy+6xy^2+6y^2$

$=x^2(x+1)+5xy(x+1)+6y^2(x+1)$

$=(x+1)(x^2+5xy+6y^2)$

$=(x+1)(x+2y)(x+3y)$

2 (2) $a^2-4ab+3b^2=(a-b)(a-3b)=16$

a, b が自然数のとき，$a-b>a-3b$ であるから，

$(a-b)(a-3b)=(16, 1)$，$(8, 2)$，$(-1, -16)$，$(-2, -8)$ のいずれかとなる。

$a-b-(a-3b)=2b$ は偶数だから，

$(16, 1)$，$(-1, -16)$ は適さない。

・$a-b=8$，$a-3b=2$ の場合，$a=11$，$b=3$

・$a-b=-2$，$a-3b=-8$ の場合，$a=1$，$b=3$

よって，$(a, b)=(11, 3)$，$(1, 3)$

3 (1) $a^2+2a+24=b^2$ の両辺から 23 をひくと，

$a^2+2a+1=b^2-23$ $a^2+2a+1-b^2=-23$

$(a+1)^2-b^2=-23$ $b^2-(a+1)^2=23$

よって，$(b+a+1)(b-a-1)=23$

a，b は正の整数だから，$b+a+1>0$ であり，
$b+a+1>b-a-1$
これより，積が 23 になる組合せは，
$b+a+1=23$，$b-a-1=1$ のときに限られる。
このとき，$a=10$，$b=12$

(2) $(n-1)^2+8(n-1)-180=p$ (素数) とおくと，
$(n-1+18)(n-1-10)=p$
$(n+17)(n-11)=p$
ここで，$n+17$ は 1 より大きい自然数だから，
$n+17=p$，$n-11=1$ より，$n=12$
このとき，$p=29$ で素数となり，問題に適する。

(3) $a^2-a=a(a-1)$
a と $a-1$ は連続する整数だから，両方ともが 5 の倍数になることはない。したがって，a，$a-1$ のどちらかが 25 の倍数で，しかも，残りの一方は 4 の倍数でなければならない。a は 2 けたの奇数だから，$a=25$，75，または，$a-1=50$ のいずれかである。
このうち，残りの一方が 4 の倍数になるのは，$a=25$ のときで，このとき $a(a-1)=25\times24$ $=600$ となり，100 の倍数である。

4 (1) $-500-3x^2+100x-280-x$
$=-3x^2+99x-780=-3(x^2-33x+260)$
$=-3(x-13)(x-20)$

(2) $ab+b^2-ac-c^2-2b+2c$
$=ab-ac+b^2-c^2-2b+2c$
$=a(b-c)+(b+c)(b-c)-2(b-c)$
$=(b-c)(a+b+c-2)$

4 | 式の計算の利用

Step A 解答 本冊▶p.26〜p.27

1 (1) 1 (2) 18 (3) 12 (4) 0 (5) -4 (6) -21

2 n を整数とすると，奇数は $2n+1$ と表すことができて，その平方から 1 をひくと，
$(2n+1)^2-1=4n^2+4n+1-1=4n^2+4n$
$=4(n^2+n)$ となる。
よって，n^2+n は整数だから，$4(n^2+n)$ は 4 の倍数である。

3 $OB=r$ とすると，$S=\pi(r+a)^2-\pi r^2$
$=2\pi ar+\pi a^2=\pi a(2r+a)$
また，ℓ は半径 $r+\dfrac{a}{2}$ の円の円周の長さだから，
$\ell=2\times\pi\times\left(r+\dfrac{a}{2}\right)=\pi(2r+a)$
したがって，$S=a\ell$ が成り立つ。

4 大きい正方形の面積は，$(a+b)^2=a^2+2ab+b^2$
これを，小さい正方形と 4 つの直角三角形の面積の和で表すと，
$c^2+\dfrac{1}{2}ab\times4=c^2+2ab$
よって，$a^2+2ab+b^2=c^2+2ab$ であるから，両辺から $2ab$ をひいて，$a^2+b^2=c^2$

解き方

1 (1) $a^2-5a+b^2+5b-2ab+5$
$=a^2-2ab+b^2-5a+5b+5$
$=(a-b)^2-5(a-b)+5=1^2-5\times1+5=1$

(2) $x^2+y^2=(x+y)^2-2xy=4^2-2\times(-1)=18$

ここに注意 $x^2+y^2=(x+y)^2-2xy$ の式の変形は覚えておこう。

(3) $(x+y)(x-2y)+y(2x+3y)$
$=x^2-xy-2y^2+2xy+3y^2=x^2+xy+y^2$
$=(x+y)^2-xy=2^2-(-8)=12$

(4) $ab^2+3ab-b-3=ab(b+3)-(b+3)$
$=(b+3)(ab-1)=(b+3)\times(1-1)=0$

(5) $x+\dfrac{1}{y}=y+\dfrac{1}{x}$ の両辺に xy をかけると，
$x^2y+x=xy^2+y$ $x^2y-xy^2+x-y=0$
$xy(x-y)+(x-y)=0$ $(x-y)(xy+1)=0$
$x\neq y$ だから，$x-y$ は 0 ではないので，$xy+1$ が 0 である。よって，$xy=-1$
このとき，$x^2y^2-xy-6=(-1)^2-(-1)-6=-4$

(6) $(a+1)(b+1)=2$ より，$ab+a+b+1=2$
$a+b=4$ だから，$ab+4+1=2$ $ab=-3$
このとき，$a^2b+ab^2-a^2b^2=ab(a+b-ab)$
$=-3\times\{4-(-3)\}=-21$

2 式の値がある数 a の倍数であることを示すには，式を変形して，$a\times$(整数) の形になることを示す必要がある。また，$4(n^2+n)=4n(n+1)$ で，n，$n+1$ は連続する整数だから，必ずどちらかが偶数である。したがって，$n(n+1)$ は偶数になり，$4n(n+1)$ は結局 8 の倍数になる。

Step B 解答 本冊▶p.28〜p.29

1 (1) -6 (2) 264 (3) 3

2 (1) 6 (2) 1 (3) 34

3 (1) $ab+a+bc+c$　(2) $(a-c)(1-b)$
(3) $(a,\ b,\ c)=(2,\ 8,\ 13)$

4 (1) $x=21,\ y=20$
(2) ア…$a+n$，イ…$b+n$，ウ…c
（ア，イは順不同）
(3) $p=25,\ q=26,\ r=28,\ s=31$

5 (1) $(a^2+d^2)(b^2+c^2)$
(2) $(m,\ n)=(1,\ 3),\ (3,\ 1),\ (7,\ 9),\ (9,\ 7)$
(3) $2173=41\times53$
(4) $2173=38^2+27^2$，$2173=43^2+18^2$

解き方

1 (1) $(n^2+1)m-(m^2+1)n=n^2m+m-m^2n-n$
$=(m-n)-mn(m-n)=(m-n)(1-mn)$
$=2\times(1-4)=-6$

(2) $ab^2-a^2b+a-b=48$ より，
$(a-b)-ab(a-b)=48$
$ab=4$ だから，$(a-b)-4(a-b)=48$
$-3(a-b)=48$　$a-b=-16$
よって，$a^2+b^2=(a-b)^2+2ab$
$=(-16)^2+2\times4=264$

(3) $\dfrac{y}{x}+\dfrac{x}{y}=6$ の両辺に xy をかけて，$x^2+y^2=6xy$
両辺に $2xy$ をたすと，
$x^2+2xy+y^2=8xy$　$(x+y)^2=8xy$ ……①
また，$x^2y+xy^2=1$ より，$xy(x+y)=1$
両辺を 8 倍して，$8xy(x+y)=8$ ……②
①を②に代入すると，$(x+y)^3=8=2^3$
これより，$x+y=2$
$xy(x+y)=1$ だから，$2xy=1$
よって，$x^2+y^2=(x+y)^2-2xy=2^2-1=3$

2 (1)(2) $a+b=x$，$ab=y$ とおくと，
$5ab+3a+3b-23=0$ より，$3x+5y=23$ ……①
$ab+2a+2b-13=0$ より，$2x+y=13$ ……②
①，②を解いて，$x=6$，$y=1$
(3) $a^2+b^2=(a+b)^2-2ab=6^2-2\times1=34$

3 (2) $a+bc-ab-c=a-c+bc-ab$
$=(a-c)+b(c-a)=(a-c)-b(a-c)$
$=(a-c)(1-b)$

(3) $a+bc=106$ ……①，$ab+c=29$ ……②とする。
①＋②より，$a+bc+ab+c=135$
(1) より，$(a+c)(b+1)=135$ ……③
①－②より，$a+bc-ab-c=77$
(2) より，$(a-c)(1-b)=77$ ……④
b は自然数だから，③より，$b+1$ は 135 の正の約数，④より，$1-b$ は 77 の負の約数とわかるので，$b+1$ は 3，5，9，15，27，45，135 のいずれかであり，$1-b$ は -1，-7，-11，-77 のいずれかである。ここで，$b+1$ と $1-b$ の和は 2 であるから，$(b+1,\ 1-b)=(3,\ -1),\ (9,\ -7)$ のどちらかに決定する。
よって，$b=2$ または，$b=8$ である。
・$b=2$ のとき，③，④より，$a+c=45$，
$a-c=-77$ となり，$a=-16$，$c=61$
a は自然数だから，これは適さない。
・$b=8$ のとき，③，④より，$a+c=15$，
$a-c=-11$ となり，$a=2$，$c=13$
これは $a\leqq b\leqq c$ を満たす。
以上より，$(a,\ b,\ c)=(2,\ 8,\ 13)$

4 (1) $6^2+8^2+17^2+x^2=5^2+9^2+18^2+y^2$ より，
$x^2-y^2=41$　$(x+y)(x-y)=41$
x，y は正の整数だから，$x+y$，$x-y$ はともに整数で，$x+y>x-y$
41 は素数だから，$x+y=41$，$x-y=1$ となり，
$x=21$，$y=20$

(2) $a^2+b^2+(c+n)^2+(d+n)^2$
$=a^2+b^2+c^2+\underline{2cn}+n^2+d^2+\underline{2dn}+n^2$ ……①
ここで，$a+b=c+d$ であるから，
$2cn+2dn=2n(c+d)=2n(a+b)=2an+2bn$
よって，①は，
$a^2+b^2+c^2+\underline{2an}+n^2+d^2+\underline{2bn}+n^2$
$=(a+n)^2+(b+n)^2+c^2+d^2$

(3) $a=24$，$b=27$，$c+n=29$，$d+n=30$ とおくと，
$a+b=51$，$c+d+2n=59$ だから，$2n=8$ のとき $a+b=c+d$ となり，このとき，$n=4$，$c=25$，$d=26$ である。これらを(2)の等式に代入すると，
$24^2+27^2+29^2+30^2=28^2+31^2+25^2+26^2$
$=25^2+26^2+28^2+31^2$
よって，$p=25$，$q=26$，$r=28$，$s=31$

5 (1) $(ab+cd)^2+(ac-bd)^2$
$=a^2b^2+2abcd+c^2d^2+a^2c^2-2abcd+b^2d^2$
$=a^2b^2+c^2d^2+a^2c^2+b^2d^2$
$=a^2(b^2+c^2)+d^2(b^2+c^2)=(a^2+d^2)(b^2+c^2)$

(2) 1 けたの自然数どうしの積を考えて，その一の位が 3 になるものは，$1\times3=3$，$3\times1=3$，$7\times9=63$，$9\times7=63$ のみである。

(3) (2) より，$2173=(10a+1)(10b+3)$ ……①
または，$2173=(10a+7)(10b+9)$ ……②
（ただし，a，b は 9 以下の自然数）

①のとき，$2173=100ab+10(3a+b)+3$
$ab=20$，$3a+b=17$ より，$a=4$，$b=5$ となり，
$2173=41\times53$ で適する。
素因数分解は1通りしかないので，これで決まる。

(4) $41=16+25=4^2+5^2$，$53=4+49=2^2+7^2$ より，
$2173=41\times53=(4^2+5^2)\times(2^2+7^2)$
$=(4\times2+7\times5)^2+(4\times7-2\times5)^2=43^2+18^2$
〔(1)で，$a=4$，$b=2$，$c=7$，$d=5$ の場合〕
また，$2173=41\times53=(5^2+4^2)\times(2^2+7^2)$
$=(5\times2+7\times4)^2+(5\times7-2\times4)^2=38^2+27^2$
〔(1)で，$a=5$，$b=2$，$c=7$，$d=4$ の場合〕

Step C 解答

本冊▶p.30〜p.31

1 (1) 7　(2) -9
2 (1) 475200　(2) 1394
3 (1) $(x^2+5x+5)^2$
(2) $2(a+2)(a-2)(b+2)(b-2)$
4 (1) 21　(2) 81　(3) -12
5 (1) $b=1$，$c=49$　(2) $b(a+3)(c+12)$　(3) 4組
6 (1) $(x^2+1)(y-1)$
(2) x が3でわり切れない正の整数であるとき，n をある整数として，$x=3n+1$ または $x=3n+2$ と表すことができる。
$x=3n+1$ のとき，$x^2=9n^2+6n+1$
$=3(3n^2+2n)+1$ となり，$3n^2+2n$ は整数だから，x^2 は3でわると1余る数である。
$x=3n+2$ のとき，$x^2=9n^2+12n+4$
$=3(3n^2+4n+1)+1$ となり，$3n^2+4n+1$ は整数だから，x^2 は3でわると1余る数である。
(3) $(x,\ z)=(0,\ 473)$，$(2,\ 95)$

解き方

1 (1) 展開したときに現れる x^3 の項は，
$2x^2\times(-2x)=-4x^3$，$(-4x)\times x^2=-4x^3$，
$5\times3x^3=15x^3$ の3つだから，係数は，
$(-4)+(-4)+15=7$

(2) $(a-1)(a^2+a+1)$
$=a^3+a^2+a-a^2-a-1=a^3-1$
$(a-2)(a^2+2a+4)=a^3+2a^2+4a-2a^2-4a-8$
$=a^3-8$
よって，与えられた式は $(a^3-1)(a^3-8)$
$=a^6-9a^3+8$ となり，x の係数は -9

2 (1) $1\times2\times3\times4\times5=x$ とおくと，$2\times4\times6\times8\times10=(1\times2\times3\times4\times5)\times2\times2\times2\times2\times2=32x$ だから，
$\{(2\times4\times6\times8\times10)^2-(1\times2\times3\times4\times5)^2\}\div31$
$=\{(32x)^2-x^2\}\div31=(32^2-1)x^2\div31$
$=(32+1)\times(32-1)\div31\times x^2=33x^2$
$x=120$ だから，$33x^2=33\times120^2=475200$

(2) $2^4=x$，$3^4=y$ とおくと，
$\dfrac{(2^8-1)(3^8-1)}{6^4-2^4-3^4+1}=\dfrac{(x^2-1)(y^2-1)}{xy-x-y+1}$
$=\dfrac{(x+1)(x-1)(y+1)(y-1)}{(x-1)(y-1)}=(x+1)(y+1)$
$x+1=17$，$y+1=82$ だから，$17\times82=1394$

3 (1) $(x+1)(x+2)(x+3)(x+4)+1$
$=(x^2+5x+4)(x^2+5x+6)+1$
$x^2+5x=A$ とおくと，
$(A+4)(A+6)+1=A^2+10A+24+1$
$=A^2+10A+25=(A+5)^2=(x^2+5x+5)^2$

(2) $(ab+4)^2+(a^2-4)(b^2-4)-4(a+b)^2$ を2つの式に分けて，$(ab+4)^2-4(a+b)^2=(ab+4)^2-\{2(a+b)\}^2$
$=(ab+4+2a+2b)(ab+4-2a-2b)$
$=(a+2)(b+2)(a-2)(b-2)$
$(a^2-4)(b^2-4)=(a+2)(a-2)(b+2)(b-2)$
よって，$2(a+2)(a-2)(b+2)(b-2)$

4 (1) $b=\dfrac{6}{a}$ の両辺に a をかけると，$ab=6$
よって，$a^2+b^2=(a-b)^2+2ab=3^2+2\times6=21$

(2) $(a-b)(a^2+b^2)=a^3+ab^2-a^2b-b^3$
$=a^3-b^3-ab(a-b)$ であるから，
$a^3-b^3=(a-b)(a^2+b^2)+ab(a-b)$
$=3\times21+6\times3=81$

(3) $(a+3)(b-3)=ab-3a+3b-9$
$=ab-3(a-b)-9=6-3\times3-9=-12$

5 (1) $a=30$ のとき，
$30bc+360b+3bc+36b=2013$ より，
$33b(c+12)=2013$　$b(c+12)=61$
b，$c+12$ は自然数で，$c+12\geqq13$ より，これが成り立つのは，61が素数だから，$b=1$，$c+12=61$ のときである。
よって，$b=1$，$c=49$

(2) $abc+12ab+3bc+36b=b(ac+12a+3c+36)$
$=b\{a(c+12)+3(c+12)\}=b(a+3)(c+12)$

(3) $b(a+3)(c+12)=2013$ より，b は2013の約数だから，$b=1$，3，11，33，61，183，671，2013 のいずれかである。
$a+3\geqq4$，$c+12\geqq13$ であることを考えると，
$b\leqq2013\div(4\times13)<39$
㋐ $b=1$ のとき，$(a+3)(c+12)=2013$

$(a+3,\ c+12)=(11,\ 183),\ (33,\ 61),\ (61,\ 33)$
の3組で，$(a,\ c)=(8,\ 171),\ (30,\ 49),\ (58,\ 21)$
㋑ $b=3$ のとき，$(a+3)(c+12)=671$
$(a+3,\ c+12)=(11,\ 61)$ の1組で，
$(a,\ c)=(8,\ 49)$
㋒ $b=11$ のとき，$(a+3)(c+12)=183=3\times61$
㋓ $b=33$ のとき，$(a+3)(c+12)=61$
となり，㋒，㋓のときは等式を満たす a，c の値が存在しない。
以上より，等式を満たす自然数の組 $(a,\ b,\ c)$ は4組ある。

6 (1) $x^2y-1-x^2+y=x^2(y-1)+(y-1)$
$=(x^2+1)(y-1)$
(3) $2x^2z-x^2+2z=946$ より，
$2x^2z-x^2+2z-1=946-1$
$x^2(2z-1)+(2z-1)=945$
$(x^2+1)(2z-1)=945,\ 945=3^3\times5\times7$
ここで，x が3の倍数のとき，x^2+1 は3でわると1余り，x が3の倍数でないとき，(2)より x^2+1 は3でわると2余ることになり，いずれにしても x^2+1 は3の倍数ではない。
よって，x^2+1 は945の約数のうち，3の倍数でないものだから，$5\times7=35$ の約数である。
これより，$x^2+1=1,\ 5,\ 7,\ 35$
x は0以上の整数だから，あてはまるのは，
$x=0,\ 2$ のみである。
$x=0$ のとき，$2z-1=945$　$z=473$
$x=2$ のとき，$2z-1=189$　$z=95$
よって，$(x,\ z)=(0,\ 473),\ (2,\ 95)$

第2章　平方根

5 平方根

Step A 解答

本冊▶p.32～p.33

1 (1) ±8　(2) ○　(3) 5　(4) $\pm\sqrt{6}$
2 ウ，エ
3 (1) イ，ア，エ，ウ　(2) ア，エ，ウ，イ
4 (1) 7個　(2) 3個
5 (1) $n=10$　(2) $n=7$　(3) 9
6 (1) $179500000\leqq a<180500000$　(2) 小数第2位
(3) ① 4.84×10^3　② $4.57\times\frac{1}{10}$　③ 5.47×10^4
④ $7.00\times\frac{1}{10^4}$

解き方

1 (1) 正の数の平方根は2つある。
(2) $\sqrt{(-3)^2}=\sqrt{9}=3$
(3) $\sqrt{25}$ は2乗して25になる正の数を表している。
$-\sqrt{25}$ ならば -5 である。
(4) $\sqrt{36}=6$ だから，$\sqrt{36}$ の平方根は6の平方根のことである。よって，$\pm\sqrt{6}$

2 分数で表すことができる数を有理数といい，表すことのできない数を無理数という。中学の範囲では，$\sqrt{\ }$ を用いないと表せない数と円周率 π が無理数であり，それ以外の数は有理数である。

3 すべて正の数どうしであるから，2乗した数で比べるとよい。それぞれ2乗すると，
(1) ア 4　イ 3　ウ 16　エ 5
(2) ア $\frac{2}{9}$　イ $\frac{4}{3}$　ウ $\frac{2}{3}$　エ $\frac{4}{9}$

4 (1) 各辺を2乗すると，$4<a<\frac{100}{9}(=11.11\cdots)$ となるので，これを満たす正の整数 a は，5，6，7，8，9，10，11 の7個
(2) 各辺から1をひいて，$4<\sqrt{3n}<5$
各辺を2乗すると，$16<3n<25$　$\frac{16}{3}<n<\frac{25}{3}$
これを満たす整数 n は 6，7，8 の3個

5 (1) $90n$ が平方数になればよい。$90=2\times3^2\times5$ だから，$n=2\times5(=10)$ にすれば，$90n=2^2\times3^2\times5^2$ $=(2\times3\times5)^2=30^2$ となり，$\sqrt{90n}=30$ となる。

> **ここに注意**　10のほかにも，10×2^2，10×3^2，……など，$90n$ を平方数にする自然数 n は無数にあるが，できるだけ小さいものだから10が答えとなる。

(2) n が1けたの自然数のとき，$n+18$ は19以上27以下の自然数になるから，$\sqrt{n+18}$ が整数になるのは $n+18=25$ のときだけである。
よって，$n=7$
(3) $\sqrt{64}<\sqrt{72.3}<\sqrt{81}$ だから，$\sqrt{72.3}$ は8と9の間の数である。そこで，8.5^2 を計算してみると，$8.5^2=72.25$ となることから，$8.5<\sqrt{72.3}$ であることがわかる。
よって，$\sqrt{72.3}$ に最も近い整数は9である。

Step B 解答

本冊▶p.34～p.35

1 (1) $\frac{2}{\sqrt{5}}$　(2) $-\frac{1}{a^2}$，$\frac{1}{a}$，$-a^3$，$\sqrt{(-a)^2}$

2 (1) 4 個　(2) 5 個　(3) $x=20$　(4) $(4n+3)$ 個
3 (1) $a=6$　(2) 6 個　(3) 4 個　(4) $m=7,\ 13,\ 15$
(5) 425
4 (1) 18 個　(2) $m=19$

解き方

1 (1) それぞれを 2 乗すると，順に $\frac{4}{25}$，$\frac{4}{5}$，$\frac{2}{25}$，$\frac{2}{5}$
だから，最も大きい数は $\frac{2}{\sqrt{5}}$
(2) 例えば，$a=-\frac{1}{2}$ としてそれぞれの値を計算してみると，左から順に $\frac{1}{8}$，-2，-4，$\frac{1}{2}$ となる。
2 (1) n を整数として，$2\sqrt{3}<n<5\sqrt{2}$ より，
$12<n^2<50$
これにあてはまるのは，$n=4,\ 5,\ 6,\ 7$ の 4 個
(2) $4\leqq\sqrt{6+2a}<5$ となればよい。各辺を 2 乗して，
$16\leqq 6+2a<25$　$10\leqq 2a<19$　$5\leqq a<9.5$
これにあてはまる自然数 a は，$a=5,\ 6,\ 7,\ 8,\ 9$ の 5 個
(3) $4<\sqrt{x}<5$ より，$16<x<25$
これを満たす整数 x のうち，$\sqrt{5x}$ が整数になるのは，x が $5\times$(平方数)なので，$x=20$
(4) $n<\sqrt{a}<n+2$ より，$n^2<a<(n+2)^2$
n^2，$(n+2)^2$ はどちらも自然数だから，これを満たす自然数 a の個数は，n^2+1 から $(n+2)^2-1$ までの，$(n+2)^2-1-(n^2+1)+1=4n+3$ (個)
3 (1) $1350=2\times3^3\times5^2$ より，$\frac{1350}{a}$ が平方数となるような最小の自然数 a の値は，$a=2\times3=6$
(2) $2^4\times3^3$ を n でわったときの数の指数が偶数になればよい。よって，$n=3,\ 3\times2^2,\ 3\times2^4,\ 3^3,\ 3^3\times2^2,\ 3^3\times2^4$ の 6 個
(3) n が 50 以下の自然数のとき，$2(n+3)$ は偶数で 8 以上 106 以下だから，$2(n+3)$ が平方数になるのは，$2(n+3)=16,\ 36,\ 64,\ 100$ である。
よって，$n=5,\ 15,\ 29,\ 47$ の 4 個
(4) $\sqrt{270-18m}=3\sqrt{30-2m}$ だから，$30-2m$ が平方数(ただし，0 も含む)になればよい。
$30-2m$ は 30 以下の偶数だから，$30-2m=0,\ 4,\ 16$ より，$m=15,\ 13,\ 7$

> **ここに注意**　$\sqrt{\ }$ の中が 0 になる場合を忘れずに！

(5) $153=3^2\times17$ だから，$153n$ が平方数となるような最小の自然数 n は 17 で，以下，小さい順に，
17×2^2，17×3^2，17×4^2，17×5^2，……
小さいものから 5 番目の数は，$17\times5^2=425$
4 (1) $8\leqq\sqrt{n}\leqq9$ より，$64\leqq n\leqq81$
これを満たす自然数 n の個数は，
$81-64+1=18$ (個)
(2) $m\leqq\sqrt{n}\leqq m+1$ より，$m^2\leqq n\leqq(m+1)^2$
これを満たす自然数 n の個数は，
$(m+1)^2-m^2+1=2m+2$ (個)だから，
$2m+2=40$ を解いて，$m=19$

6 根号を含む式の計算

Step A 解答

本冊▶p.36〜p.37

1 (1) $2\sqrt{2}$　(2) $6\sqrt{3}$　(3) $\sqrt{3}$　(4) $3\sqrt{10}$
(5) $7+4\sqrt{3}$　(6) $13-4\sqrt{3}$　(7) $-2\sqrt{2}$
(8) $9\sqrt{5}$
2 (1) $6\sqrt{6}$　(2) $5\sqrt{3}$　(3) 6　(4) 2
(5) $7+2\sqrt{3}$　(6) -3
3 (1) 2　(2) $4-5\sqrt{3}$　(3) $2-3\sqrt{10}$　(4) $\sqrt{2}$
(5) $\frac{7\sqrt{2}}{10}$　(6) $35-12\sqrt{6}$
4 (1) $\sqrt{6}+\sqrt{3}$　(2) $4+\sqrt{15}$

解き方

2 (1) $\sqrt{24}+\frac{30}{\sqrt{6}}-\sqrt{6}=2\sqrt{6}+5\sqrt{6}-\sqrt{6}=6\sqrt{6}$
(2) $\sqrt{27}+\sqrt{2}(\sqrt{24}-\sqrt{6})=3\sqrt{3}+\sqrt{2}\times\sqrt{6}$
$=3\sqrt{3}+2\sqrt{3}=5\sqrt{3}$
(3) $\sqrt{27}\times\sqrt{32}\div\sqrt{24}=\frac{3\sqrt{3}\times4\sqrt{2}}{2\sqrt{6}}=\sqrt{36}=6$
(4) $\frac{10}{\sqrt{5}}-(1+\sqrt{5})(3-\sqrt{5})=2\sqrt{5}-(2\sqrt{5}-2)=2$
(5) $(2-\sqrt{3})^2+6\sqrt{3}=7-4\sqrt{3}+6\sqrt{3}=7+2\sqrt{3}$
(6) そのまま展開してもよいが，
$(x+a)(x-a)=x^2-a^2$ を利用して，
$(3\sqrt{2}+3\sqrt{3})(\sqrt{2}-\sqrt{3})$
$=3(\sqrt{2}+\sqrt{3})(\sqrt{2}-\sqrt{3})$
$=3\times(2-3)=3\times(-1)=-3$
3 (1) $\sqrt{2}(\sqrt{6}-\sqrt{2})+(\sqrt{3}-1)^2$
$=2\sqrt{3}-2+(4-2\sqrt{3})=2$
(2) $(\sqrt{2}-\sqrt{6})^2-\frac{1}{\sqrt{3}}(3+\sqrt{48})$
$=(8-4\sqrt{3})-\sqrt{3}-4=4-5\sqrt{3}$
(3) $(\sqrt{5}-\sqrt{2})^2-\frac{\sqrt{50}+2\sqrt{5}}{\sqrt{2}}$

$=(7-2\sqrt{10})-(5+\sqrt{10})=2-3\sqrt{10}$

ここに注意 有理化するより約分するほうがはやい場合がある。

(3) $\dfrac{\sqrt{50}+2\sqrt{5}}{\sqrt{2}}=\dfrac{\sqrt{50}+\sqrt{20}}{\sqrt{2}}$

$=\sqrt{25}+\sqrt{10}=5+\sqrt{10}$

(4) $\dfrac{6-\sqrt{18}}{\sqrt{2}}+(1-\sqrt{2})^2$

$=(3\sqrt{2}-3)+(3-2\sqrt{2})=\sqrt{2}$

(5) $\sqrt{0.32}-\sqrt{0.18}+\sqrt{0.72}=\sqrt{\dfrac{32}{100}}-\sqrt{\dfrac{18}{100}}+\sqrt{\dfrac{72}{100}}$

$=\dfrac{4\sqrt{2}}{10}-\dfrac{3\sqrt{2}}{10}+\dfrac{6\sqrt{2}}{10}=\dfrac{7\sqrt{2}}{10}$

(6) $(\sqrt{27}+\sqrt{18}-\sqrt{50})^2=(3\sqrt{3}+3\sqrt{2}-5\sqrt{2})^2$

$=(3\sqrt{3}-2\sqrt{2})^2=35-12\sqrt{6}$

4 (1) 分母と分子に$\sqrt{2}$をかけると,

$\dfrac{2\sqrt{3}+\sqrt{6}}{\sqrt{2}}=\dfrac{\sqrt{2}(2\sqrt{3}+\sqrt{6})}{\sqrt{2}\times\sqrt{2}}$

$=\dfrac{2\sqrt{6}+2\sqrt{3}}{2}=\sqrt{6}+\sqrt{3}$

(2) 分母と分子に$\sqrt{5}+\sqrt{3}$をかけると,

$\dfrac{\sqrt{5}+\sqrt{3}}{\sqrt{5}-\sqrt{3}}=\dfrac{(\sqrt{5}+\sqrt{3})^2}{(\sqrt{5}-\sqrt{3})(\sqrt{5}+\sqrt{3})}$

$=\dfrac{8+2\sqrt{15}}{2}=4+\sqrt{15}$

Step B 解答

本冊▶p.38～p.39

1 (1) $9\sqrt{3}-10$ (2) 24 (3) $-\sqrt{2}$ (4) -5
(5) $\sqrt{5}$ (6) $-\dfrac{2\sqrt{6}}{9}$

2 (1) 2011 (2) $4\sqrt{6}+8\sqrt{3}$ (3) 4 (4) -24
(5) 1 (6) $-4+3\sqrt{2}$

解き方

1 (1) (分子)$=(2\sqrt{2})^2-3^2+(28-10\sqrt{3})$

$=27-10\sqrt{3}$ だから,

$\dfrac{27-10\sqrt{3}}{\sqrt{3}}=9\sqrt{3}-10$

(2) $(\sqrt{320}+\sqrt{48}-\sqrt{80})(\sqrt{75}+\sqrt{45}-\sqrt{192})$

$=(8\sqrt{5}+4\sqrt{3}-4\sqrt{5})(5\sqrt{3}+3\sqrt{5}-8\sqrt{3})$

$=(4\sqrt{5}+4\sqrt{3})(3\sqrt{5}-3\sqrt{3})$

$=4(\sqrt{5}+\sqrt{3})\times3(\sqrt{5}-\sqrt{3})$

$=4\times3\times(\sqrt{5}+\sqrt{3})(\sqrt{5}-\sqrt{3})=4\times3\times2=24$

(3) (分子)$=(\sqrt{2}+1)(\sqrt{2}-1)\times(\sqrt{2}+2)(\sqrt{2}-2)$

$=1\times(-2)=-2$ だから, $\dfrac{-2}{\sqrt{2}}=-\sqrt{2}$

ここに注意 (　)がいくつもある計算をするときは，かける組み合わせを考える。

(4) $(\sqrt{2}+\sqrt{3}+\sqrt{5})(-\sqrt{2}-\sqrt{3}+\sqrt{5})-(\sqrt{2}-\sqrt{3})^2$

$=\{\sqrt{5}+(\sqrt{2}+\sqrt{3})\}\{\sqrt{5}-(\sqrt{2}+\sqrt{3})\}$

$-(\sqrt{2}-\sqrt{3})^2$

$=(\sqrt{5})^2-(\sqrt{2}+\sqrt{3})^2-(\sqrt{2}-\sqrt{3})^2$

$=5-(5+2\sqrt{6})-(5-2\sqrt{6})=-5$

(5) $\dfrac{(2-\sqrt{10})^2}{\sqrt{2}}-(\sqrt{10}-4)\left(\sqrt{5}-\sqrt{\dfrac{1}{2}}\right)$

$=\dfrac{14-4\sqrt{10}}{\sqrt{2}}-(7\sqrt{2}-5\sqrt{5})$

$=(7\sqrt{2}-4\sqrt{5})-(7\sqrt{2}-5\sqrt{5})=\sqrt{5}$

(6) $\dfrac{1}{\sqrt{15}}-\dfrac{1}{3}=\dfrac{1}{\sqrt{3}}\left(\dfrac{1}{\sqrt{5}}-\dfrac{1}{\sqrt{3}}\right)$,

$\sqrt{14}-2=\sqrt{2}(\sqrt{7}-\sqrt{2})$だから,

$\dfrac{1}{\sqrt{3}}\left(\dfrac{1}{\sqrt{5}}+\dfrac{1}{\sqrt{3}}\right)\left(\dfrac{1}{\sqrt{5}}-\dfrac{1}{\sqrt{3}}\right)$

$\times\sqrt{2}(\sqrt{7}+\sqrt{2})(\sqrt{7}-\sqrt{2})$

$=\dfrac{1}{\sqrt{3}}\times\left(-\dfrac{2}{15}\right)\times\sqrt{2}\times5=-\dfrac{2\sqrt{2}}{3\sqrt{3}}=-\dfrac{2\sqrt{6}}{9}$

2 (1) $2018\times2004+49=(2011+7)(2011-7)+49$

$=2011^2-49+49=2011^2$ だから,

$\sqrt{2018\times2004+49}=2011$

(2) $\sqrt{3}+\sqrt{2}+\sqrt{6}$と$\sqrt{3}-\sqrt{2}+\sqrt{6}$の和と差はそれぞれ, $2\sqrt{3}+2\sqrt{6}$, $2\sqrt{2}$であるから,

$(2\sqrt{3}+2\sqrt{6})\times2\sqrt{2}=4\sqrt{6}+8\sqrt{3}$

ここに注意 $(\quad)^2-(\quad)^2$の計算では,和と差の積に因数分解して計算するとよい。

(3) $\dfrac{\sqrt{3}+2}{2}=a$, $\dfrac{\sqrt{3}-2}{2}=b$とおくと, 与えられた式は, $a^2+b^2-2ab=(a-b)^2$と表せる。

ここで, $a-b=2$だから, $2^2=4$

(4) $(\sqrt{2}+\sqrt{3}+\sqrt{5})(\sqrt{2}+\sqrt{3}-\sqrt{5})$

$=(\sqrt{2}+\sqrt{3})^2-(\sqrt{5})^2=5+2\sqrt{6}-5=2\sqrt{6}$

$(\sqrt{2}-\sqrt{3}+\sqrt{5})(\sqrt{2}-\sqrt{3}-\sqrt{5})$

$=(\sqrt{2}-\sqrt{3})^2-(\sqrt{5})^2=5-2\sqrt{6}-5=-2\sqrt{6}$

よって, $2\sqrt{6}\times(-2\sqrt{6})=-24$

(5) $\dfrac{1}{1+\sqrt{2}}+\dfrac{1}{\sqrt{2}+\sqrt{3}}+\dfrac{1}{\sqrt{3}+2}$

$=(\sqrt{2}-1)+(\sqrt{3}-\sqrt{2})+(2-\sqrt{3})=1$

(6) $(\sqrt{2}+1)^{10}(\sqrt{2}-1)^{11}$

$=\{(\sqrt{2}+1)(\sqrt{2}-1)\}^{10}(\sqrt{2}-1)=\sqrt{2}-1$

$(3+2\sqrt{2})^{12}(3-2\sqrt{2})^{13}$

$=\{(3+2\sqrt{2})(3-2\sqrt{2})\}^{12}(3-2\sqrt{2})=3-2\sqrt{2}$

よって，$(\sqrt{2}-1)-(3-2\sqrt{2})=-4+3\sqrt{2}$

7｜平方根の利用

Step A 解答 本冊▶p.40〜p.41

1 ア…7，イ…6

2 (1) $2\sqrt{7}$　(2) 3　(3) 4　(4) 25　(5) $8\sqrt{7}$

3 (1) 5　(2) $4\sqrt{6}$　(3) 5　(4) -13

4 (1) 2　(2) $\sqrt{5}-2$　(3) 2

5 (1) 4　(2) 37　(3) 8　(4) $12\sqrt{6}$　(5) 3

解き方

1 $x=\sqrt{7}+2$ の 2 を左辺に移項して，$x-2=\sqrt{7}$

両辺を 2 乗すると，$(x-2)^2=7$　$x^2-4x+4=7$

両辺から 1 をひいて，$x^2-4x+3=6$

> **ここに注意**　条件 $x=p+\sqrt{q}$ に対しては，$x-p=\sqrt{q}\rightarrow(x-p)^2=q$ の変形を考える。

2 (4) $x^2+xy+y^2=(x+y)^2-xy=(2\sqrt{7})^2-3=25$

(5) $x^2-y^2=(x+y)(x-y)=2\sqrt{7}\times4=8\sqrt{7}$

> **ここに注意**　$x^2+y^2=(x+y)^2-2xy$ の変形は覚えておこう。

3 (1) $x^2-2xy+y^2=(x-y)^2=(\sqrt{5})^2=5$

(2) $x^2y+xy^2=xy(x+y)=2\times2\sqrt{6}=4\sqrt{6}$

(3) $x=\sqrt{5}-2$ より，$x+2=\sqrt{5}$

両辺を 2 乗して，$x^2+4x+4=5$

(4) $(a-b)^2-8(a-b)=(a-b)(a-b-8)$

ここで，$a-b=\sqrt{3}+4$ だから，

$(\sqrt{3}+4)(\sqrt{3}-4)=3-16=-13$

4 (1)(2) $2<\sqrt{5}<3$ だから，整数部分は 2，小数部分は $\sqrt{5}-2$

(3) $b^2+4b+1=(b+2)^2-3=(\sqrt{5})^2-3=2$

> **ここに注意**　(小数部分)＝(もとの数)－(整数部分)で求められる。

5 (1) $x=\sqrt{3}-2$ のとき，$x+2=\sqrt{3}$ だから，

$x^2+4x+4=3$　$x^2+4x+5=4$

(2) $a+b=6$，$ab=1$ だから，

$a^2+3ab+b^2=(a+b)^2+ab=6^2+1=37$

(3) $\dfrac{y}{x}+\dfrac{x}{y}=\dfrac{y^2}{xy}+\dfrac{x^2}{xy}=\dfrac{x^2+y^2}{xy}$

$x+y=2\sqrt{5}$，$xy=2$ より，

$(分子)=x^2+y^2=(x+y)^2-2xy=(2\sqrt{5})^2-2\times2$

$=16$ だから，$\dfrac{16}{2}=8$

(4) $(2a+b)^2-(a+2b)^2$

$=\{(2a+b)+(a+2b)\}\{(2a+b)-(a+2b)\}$

$=(3a+3b)(a-b)=3(a+b)(a-b)$

$a+b=2\sqrt{3}$，$a-b=2\sqrt{2}$ だから，

$3\times2\sqrt{3}\times2\sqrt{2}=12\sqrt{6}$

(5) $2<\sqrt{7}<3$ だから，整数部分は 2，小数部分 a は $\sqrt{7}-2$

よって，$a+2=\sqrt{7}$

両辺を 2 乗して，$a^2+4a+4=7$　$a^2+4a=3$

Step B 解答 本冊▶p.42〜p.43

1 (1) -11　(2) 29　(3) $3-2\sqrt{6}$

2 (1) $2\sqrt{3}$　(2) $x+y=10$，$3x^2+5xy+3y^2=299$

(3) 5

3 $xy=\dfrac{7}{2}$，$x^2+y^2=9$

4 $3-5\sqrt{3}$

5 (1) 12　(2) $\sqrt{6}$　(3) $-\dfrac{3}{8}$

解き方

1 (1) $x=\dfrac{-3+\sqrt{5}}{2}$ より，$2x+3=\sqrt{5}$

両辺を 2 乗して，$4x^2+12x+9=5$

両辺から 16 をひいて，$4x^2+12x-7=-11$

(2) $x+y=2\sqrt{7}$，$xy=\dfrac{28-27}{4}=\dfrac{1}{4}$ だから，

$x^2+6xy+y^2=(x+y)^2+4xy=(2\sqrt{7})^2+1=29$

(3) $b^2+ab-a-1=(b+1)(b-1)+a(b-1)$

$=(b-1)(a+b+1)$ と因数分解できる。

$2<\sqrt{6}<3$ より，$a=2$，$b=\sqrt{6}-2$ だから，

$(\sqrt{6}-3)(\sqrt{6}+1)=3-2\sqrt{6}$

2 (1) $x^3-3x^2+2x=x(x^2-3x+2)=x(x-1)(x-2)$

$=(\sqrt{3}+1)\times\sqrt{3}\times(\sqrt{3}-1)=2\sqrt{3}$

(2) 分母を有理化すると，$x=5-2\sqrt{6}$，$y=5+2\sqrt{6}$ であるから，$x+y=10$，$xy=1$

よって，$3x^2+5xy+3y^2=3(x+y)^2-xy$

$=3\times10^2-1=299$

(3) $2<\sqrt{5}<3$ より，$4<\sqrt{5}+2<5$ であるから，

整数部分は 4，小数部分 x は $\sqrt{5}+2-4$

$=\sqrt{5}-2$ より，$x+2=\sqrt{5}$　$x^2+4x+4=5$

$x^2+4x=1$ だから，$2x^2+8x+3=2(x^2+4x)+3$

$=2\times1+3=5$

3 $x+y=4$ の両辺を2乗すると，
$x^2+2xy+y^2=16$ ……①
$x-y=\sqrt{2}$ の両辺を2乗すると，
$x^2-2xy+y^2=2$ ……②
①−②より，$4xy=14$　$xy=\frac{7}{2}$
①＋②より，$2(x^2+y^2)=18$　$x^2+y^2=9$

4 $3x+y+1=2x+3y+\sqrt{3}$ より，$x-2y=\sqrt{3}-1$
$x^2-4xy+4y^2-3x+6y-4$
$=(x-2y)^2-3(x-2y)-4$
$=(x-2y+1)(x-2y-4)$
$=\sqrt{3}\times(\sqrt{3}-5)=3-5\sqrt{3}$

5 (1) $a+b=\frac{2\sqrt{6}}{\sqrt{3}}=2\sqrt{2}$，$ab=\frac{6-2}{3}=\frac{4}{3}$
より，$a^2+5ab+b^2=(a+b)^2+3ab$
$=(2\sqrt{2})^2+3\times\frac{4}{3}=8+4=12$
(2) $x+y=\frac{2\sqrt{3}}{\sqrt{2}}=\sqrt{6}$，$xy=\frac{3-1}{2}=1$ より，
$x^4y^3+x^3y^4=(xy)^3(x+y)=1^3\times\sqrt{6}=\sqrt{6}$
(3) $x+y=\frac{1}{\sqrt{2}}$ の両辺を2乗して，
$x^2+2xy+y^2=\frac{1}{2}$ ……①
$x-y=\frac{x^2-y^2}{x+y}=1\div\frac{1}{\sqrt{2}}=\sqrt{2}$ より，両辺を2乗して，$x^2-2xy+y^2=2$ ……②
よって，①−②より，$4xy=-\frac{3}{2}$　$xy=-\frac{3}{8}$

Step C 解答

本冊▶p.44〜p.45

1 (1) $2\sqrt{6}$　(2) $-\frac{\sqrt{30}}{6}$
2 (1) $a=3$，$b=-2$　(2) $-12-8\sqrt{2}$
3 (1) $4\sqrt{14}$　(2) $-2+3\sqrt{2}$
4 (1) -4　(2) $\frac{16}{81}$
5 $x=\frac{1+4\sqrt{5}}{18}$，$y=\frac{1-4\sqrt{5}}{18}$
6 x^4-10x^2+1
7 ① $x^3+y^3+z^3-3xyz$　② $-48-24\sqrt{3}$

解き方

1 (1) $(\sqrt{2}+\sqrt{3}+\sqrt{5})(\sqrt{2}+\sqrt{3}-\sqrt{5})$
$=(\sqrt{2}+\sqrt{3})^2-(\sqrt{5})^2=5+2\sqrt{6}-5=2\sqrt{6}$
(2) $\sqrt{2}+\sqrt{3}+\sqrt{5}=a$，$\sqrt{2}+\sqrt{3}-\sqrt{5}=b$ とおくと，求める式は，$\frac{1}{a}-\frac{1}{b}=\frac{b-a}{ab}$
ここで，$b-a=-2\sqrt{5}$，(1)より，$ab=2\sqrt{6}$ であるから，$\frac{b-a}{ab}=\frac{-2\sqrt{5}}{2\sqrt{6}}=-\frac{\sqrt{30}}{6}$

2 (1) $(3+2\sqrt{2})(a+b\sqrt{2})=1$ の左辺を展開して整理すると，$(3a+4b)+\sqrt{2}(2a+3b)=1$ となることから，$3a+4b=1$，$2a+3b=0$ が成り立つ。
これを解いて，$a=3$，$b=-2$

> **ここに注意**　a, b が有理数で，$a+b\sqrt{A}=0$ ならば，$a=0$，$b=0$ である。

(2) $6\sqrt{2}x+2x+6=8x+2\sqrt{2}x+14$ より，
$4\sqrt{2}x-6x=8$　$(4\sqrt{2}-6)x=8$
よって，$x=\frac{8}{4\sqrt{2}-6}=-12-8\sqrt{2}$

3 (1) $\sqrt{7}=2.64\cdots$，$\sqrt{8}=2.82\cdots$，$\sqrt{9}=3$ だから，
$\sqrt{7}+\sqrt{8}+\sqrt{9}=8.4\cdots$ となり，整数部分は8，
小数部分は $\sqrt{7}+\sqrt{8}+\sqrt{9}-8=\sqrt{7}+2\sqrt{2}-5$
よって，$a=8$，$b=\sqrt{7}+2\sqrt{2}-5$
これより，$b^2+10b+26-2a=(b+5)^2+1-2a$
$=(\sqrt{7}+2\sqrt{2})^2+1-2\times8=4\sqrt{14}$
(2) $x^2+8xy+17y^2-x-2\sqrt{2}y+1$
$=(x^2+8xy+16y^2)+y^2-2\sqrt{2}y-x+1$
$=(x+4y)^2+y(y-2\sqrt{2})-x+1$
ここで，$x+4y=\sqrt{2}$，
$y(y-2\sqrt{2})=(-1+\sqrt{2})(-1-\sqrt{2})=-1$
であるから，求める式の値は，
$(\sqrt{2})^2+(-1)-(4-3\sqrt{2})+1=-2+3\sqrt{2}$

4 (1) $2+\sqrt{5}=a$，$2-\sqrt{5}=b$ とおくと，求める式は，
$(a^{99}+b^{99})^2-(a^{99}-b^{99})^2=2a^{99}b^{99}+2a^{99}b^{99}=4(ab)^{99}$
$ab=-1$ だから，$4\times(-1)^{99}=4\times(-1)=-4$
(2) 求める式は，$\frac{\{(5\sqrt{2}+4\sqrt{3})(5\sqrt{2}-4\sqrt{3})\}^8}{\{(3\sqrt{2}-2\sqrt{3})(3\sqrt{2}+2\sqrt{3})\}^4}$
$=\frac{2^8}{6^4}=\frac{2^8}{2^4\times3^4}=\frac{2^4}{3^4}=\frac{16}{81}$

5 上の式の両辺を $(\sqrt{5}+2)$ 倍して，
$(\sqrt{5}+2)^2x+y=5+2\sqrt{5}$ ……①
下の式の両辺を $(\sqrt{5}-2)$ 倍して，
$(\sqrt{5}-2)^2x-y=2\sqrt{5}-4$ ……②
①＋②より，
$\{(\sqrt{5}+2)^2+(\sqrt{5}-2)^2\}x=1+4\sqrt{5}$
$18x=1+4\sqrt{5}$　$x=\frac{1+4\sqrt{5}}{18}$
次に，上の式の両辺を $(\sqrt{5}-2)$ 倍して，
$x+(\sqrt{5}-2)^2y=5-2\sqrt{5}$ ……③

下の式の両辺を$(\sqrt{5}+2)$倍して，

$x-(\sqrt{5}+2)^2y=2\sqrt{5}+4$ ……④

③－④より，$\{(\sqrt{5}-2)^2+(\sqrt{5}+2)^2\}y=1-4\sqrt{5}$

$18y=1-4\sqrt{5}$　$y=\dfrac{1-4\sqrt{5}}{18}$

6 $\sqrt{2}+\sqrt{3}=a$，$\sqrt{2}-\sqrt{3}=b$とおくと，展開する式は，$(x+a)(x-b)(x+b)(x-a)$

$=(x^2-a^2)(x^2-b^2)=x^4-(a^2+b^2)x^2+(ab)^2$

ここで，$ab=-1$，$a^2+b^2=10$だから，展開した式は，x^4-10x^2+1

7 ②$1+\sqrt{2}+\sqrt{3}=x$，$1-\sqrt{2}+\sqrt{3}=y$，

$-2-2\sqrt{3}=z$とおくと，与えられた式は，

$x^3+y^3+z^3$

$=(x+y+z)(x^2+y^2+z^2-xy-yz-zx)+3xyz$

ここで，$x+y+z=0$であるから，

$x^3+y^3+z^3=3xyz$

$=3(1+\sqrt{2}+\sqrt{3})(1-\sqrt{2}+\sqrt{3})(-2-2\sqrt{3})$

$=3\{(1+\sqrt{3})^2-(\sqrt{2})^2\}\times(-2)(1+\sqrt{3})$

$=-6(2+2\sqrt{3})(1+\sqrt{3})=-12(1+\sqrt{3})^2$

$=-48-24\sqrt{3}$

第3章　2次方程式

8 | 2次方程式の解き方

Step A　解答

本冊▶p.46〜p.47

1 (1) $x=\pm2\sqrt{5}$　(2) $x=\pm3$　(3) $x=\pm2$
(4) $x=-3\pm2\sqrt{3}$　(5) $x=3,\ 0$　(6) $x=1,\ -3$

2 (1) $x=-5,\ 3$　(2) $x=2,\ 6$　(3) $x=-1,\ 6$
(4) $x=-2,\ 14$　(5) $x=-3,\ -12$
(6) $x=-2,\ 7$

3 (1) $x=\dfrac{-7\pm\sqrt{41}}{2}$　(2) $x=\dfrac{5\pm\sqrt{29}}{2}$
(3) $x=\dfrac{2}{5},\ -1$　(4) $x=\dfrac{-3\pm\sqrt{11}}{2}$
(5) $x=\dfrac{9\pm\sqrt{21}}{10}$　(6) $x=\dfrac{3\pm\sqrt{17}}{4}$

4 (1) $x=\dfrac{7\pm\sqrt{13}}{2}$　(2) $x=1,\ 7$　(3) $x=-2,\ 4$
(4) $x=\dfrac{4\pm\sqrt{13}}{3}$　(5) $x=-3,\ 5$　(6) $x=\dfrac{2\pm\sqrt{6}}{3}$

5 (1) $a=-8$　(2) $a=1$，$b=-6$

解き方

1 (1) 平方根を利用して，$x=\pm2\sqrt{5}$

(2) $x^2+1=10$　$x^2=9$　$x=\pm3$

(4) $(x+3)^2=12$　$x+3=\pm2\sqrt{3}$　$x=-3\pm2\sqrt{3}$

(5) $3(2x-3)^2=27$　$(2x-3)^2=9$　$2x-3=\pm3$

$2x=6,\ 0$　$x=3,\ 0$

2 (1) $x^2+2x-15=0$　$(x+5)(x-3)=0$　$x=-5,\ 3$

3 (1) $x=\dfrac{-7\pm\sqrt{7^2-4\times1\times2}}{2\times1}=\dfrac{-7\pm\sqrt{41}}{2}$

(3) $x=\dfrac{-3\pm\sqrt{3^2-4\times5\times(-2)}}{2\times5}$

$=\dfrac{-3\pm\sqrt{49}}{10}=\dfrac{-3\pm7}{10}=\dfrac{2}{5},\ -1$

4 (1) $(x-3)^2=x$　$x^2-6x+9=x$　$x^2-7x+9=0$

$x=\dfrac{-(-7)\pm\sqrt{(-7)^2-4\times1\times9}}{2\times1}=\dfrac{7\pm\sqrt{13}}{2}$

(2) $x^2-x=7(x-1)$　$x^2-x=7x-7$

$x^2-8x+7=0$　$(x-1)(x-7)=0$　$x=1,\ 7$

(3) $x(x-6)=-4(x-2)$　$x^2-6x=-4x+8$

$x^2-2x-8=0$　$(x+2)(x-4)=0$　$x=-2,\ 4$

(4) $(3x+4)(x-2)=6x-9$　$3x^2-2x-8=6x-9$

$3x^2-8x+1=0$

$x=\dfrac{-(-8)\pm\sqrt{(-8)^2-4\times3\times1}}{2\times3}$

$=\dfrac{8\pm\sqrt{52}}{6}=\dfrac{8\pm2\sqrt{13}}{6}=\dfrac{4\pm\sqrt{13}}{3}$

(5) $(x+4)(x-3)=3(x+1)$　$x^2+x-12=3x+3$

$x^2-2x-15=0$　$(x+3)(x-5)=0$　$x=-3,\ 5$

(6) $0.3x^2-0.4x-\dfrac{1}{15}=0$の両辺を30倍すると，

$9x^2-12x-2=0$

$x=\dfrac{-(-12)\pm\sqrt{(-12)^2-4\times9\times(-2)}}{2\times9}$

$=\dfrac{12\pm\sqrt{216}}{18}=\dfrac{12\pm6\sqrt{6}}{18}=\dfrac{2\pm\sqrt{6}}{3}$

> **ここに注意**　2次方程式は
> $ax^2+bx+c=0$の形に整理して，因数分解または解の公式を用いて解く。

5 (1) $x^2+(a+1)x+12=0$に$x=4$を代入して，

$16+4(a+1)+12=0$　$a=-8$

(2) $x^2+ax+b=0$に$x=2$を代入して，

$4+2a+b=0$ ……①

また，$x=-3$を代入して，$9-3a+b=0$ ……②

①－②より，$a=1$，$b=-6$

Step B　解答

本冊▶p.48〜p.49

1 (1) $x=\dfrac{3\pm\sqrt{17}}{4}$　(2) $x=-\dfrac{1}{2},\ \dfrac{5}{2}$　(3) $x=6,\ 8$

(4) $\boldsymbol{x=98,\ 102}$ (5) $\boldsymbol{x=-1,-2}$

(6) $\boldsymbol{x=\dfrac{3}{100},\ \dfrac{3}{400}}$

2 (1) $\boldsymbol{k=\dfrac{1\pm\sqrt{7}}{2}}$

(2) $\boldsymbol{a=2}$，**もう 1 つの解は** $\boldsymbol{x=-1}$ (3) $\boldsymbol{x=1}$

3 (1) $\boldsymbol{a=17}$ (2) $\boldsymbol{a=1,\ b=-12}$ (3) $\boldsymbol{5+3\sqrt{2}}$

(4) $\boldsymbol{x=\sqrt{5}\pm2}$

4 (1) $\boldsymbol{a=-6,\ b=-12}$ (2) $\boldsymbol{x=3\pm\sqrt{21}}$

解き方

1 (1) $3(x+1)(x-4)-(x-3)^2=-20$

$3(x^2-3x-4)-(x^2-6x+9)+20=0$

$2x^2-3x-1=0$

$x=\dfrac{-(-3)\pm\sqrt{(-3)^2-4\times2\times(-1)}}{2\times2}=\dfrac{3\pm\sqrt{17}}{4}$

(2) $\left(x+\dfrac{1}{2}\right)^2=3\left(x+\dfrac{1}{2}\right)$ において，

$x+\dfrac{1}{2}=X$ とおくと，$X^2=3X$　$X(X-3)=0$

$X=0,\ 3$　$x+\dfrac{1}{2}=0,\ 3$　$x=-\dfrac{1}{2},\ \dfrac{5}{2}$

(3) $(x-1)^2-12(x-1)+35=0$ において，

$x-1=X$ とおくと，$X^2-12X+35=0$

$(X-5)(X-7)=0$　$X=5,\ 7$　$x-1=5,\ 7$

$x=6,\ 8$

(4) $(100-x)(101-x)=104-x$ において，

$100-x=X$ とおくと，$X(X+1)=X+4$

$X^2+X=X+4$　$X^2=4$　$X=\pm2$

$100-x=\pm2$　$x=98,\ 102$

(5) $x^2-\dfrac{(2x+1)(x-2)}{3}=0$ の両辺を 3 倍して展開すると，$3x^2-(2x^2-3x-2)=0$

$x^2+3x+2=0$　$(x+1)(x+2)=0$　$x=-1,\ -2$

(6) $40000x^2-1500x+9=0$ において，$100x=X$ とおくと，$4X^2-15X+9=0$

$X=\dfrac{-(-15)\pm\sqrt{(-15)^2-4\times4\times9}}{2\times4}=\dfrac{15\pm\sqrt{81}}{8}$

$=\dfrac{15\pm9}{8}=3,\ \dfrac{3}{4}$　$100x=3,\ \dfrac{3}{4}$　$x=\dfrac{3}{100},\ \dfrac{3}{400}$

2 (1) $x^2-3kx-1=0$ に $x=k-2$ を代入すると，

$(k-2)^2-3k(k-2)-1=0$

$k^2-4k+4-3k^2+6k-1=0$

$-2k^2+2k+3=0$　$2k^2-2k-3=0$

$k=\dfrac{-(-2)\pm\sqrt{(-2)^2-4\times2\times(-3)}}{2\times2}$

$=\dfrac{2\pm\sqrt{28}}{4}=\dfrac{2\pm2\sqrt{7}}{4}=\dfrac{1\pm\sqrt{7}}{2}$

(2) $x^2-ax-a^2+1=0$ に $x=3$ を代入すると，

$9-3a-a^2+1=0$　$a^2+3a-10=0$

$(a+5)(a-2)=0$　$a>0$ だから，$a=2$

このとき，もとの方程式は，$x^2-2x-3=0$

$(x+1)(x-3)=0$　$x=-1,\ 3$

よって，もう 1 つの解は，$x=-1$

(3) $x^2+ax+b=0$ の解が $-2,\ 1$ であることから，

$4-2a+b=0$ ……①，$1+a+b=0$ ……②

①－②より，$a=1$　$b=-2$

よって，2 次方程式 $x^2-2x+1=0$ を解くと，

$(x-1)^2=0$ より，$x=1$

3 (1) 2 次方程式 $x^2-ax+72=0$ の 2 つの解を $m,\ n$ ($m,\ n$ は整数) とすると，左辺は $(x-m)(x-n)$ と因数分解できる。

$(x-m)(x-n)$ を展開すると $x^2-(m+n)x+mn$ となるから，これが $x^2-ax+72$ と一致するとき，$mn=72$，$a=m+n$ となる。$mn=72$ となる整数 $m,\ n$ で，$m+n$ が最も小さい正の整数となるのは $m=8,\ n=9$ (または $m=9,\ n=8$) のときで，$a=m+n=17$

ここに注意　$\boldsymbol{x=p,\ q}$ **を解とする** $\boldsymbol{x^2}$ **の係数が 1 の 2 次方程式は，** $\boldsymbol{(x-p)(x-q)=0}$

(2) 2 次方程式 $x^2-x-12=0$ の 2 つの解は，

$(x+3)(x-4)=0$ より，$x=-3,\ 4$

2 次方程式 $x^2+ax+b=0$ の 2 つの解はこれらより 1 ずつ小さいから，$x=-4,\ 3$ である。

$x=-4,\ 3$ を解とする x^2 の係数が 1 の 2 次方程式は $(x+4)(x-3)=0$ であるから，左辺を展開して，$x^2+x-12=0$

よって，$a=1,\ b=-12$

(3) $a,\ b$ は 2 次方程式 $x^2-2x-1=0$ の解だから，

$a^2-2a-1=0$，$b^2-2b-1=0$ が成り立つ。

これより，$a^2-2a=1$，$b^2-1=2b$ だから，

$2a^2-4a+b^2+b-1=2(a^2-2a)+(b^2-1)+b$

$=2\times1+2b+b=3b+2$

ここで，2 次方程式 $x^2-2x-1=0$ の解は，

$x=1\pm\sqrt{2}$ だから，$b=1+\sqrt{2}$

よって，式の値は，

$3(1+\sqrt{2})+2=5+3\sqrt{2}$

(4) まず，両辺を $\sqrt{3}$ でわると，$x^2-2\sqrt{5}x+1=0$

$x=\dfrac{-(-2\sqrt{5})\pm\sqrt{(-2\sqrt{5})^2-4\times1\times1}}{2}$

$=\dfrac{2\sqrt{5}\pm\sqrt{16}}{2}=\dfrac{2\sqrt{5}\pm4}{2}=\sqrt{5}\pm2$

4 (1) A 君が係数 a を p に，B 君が係数 b を q に書きまちがえたとすると，

$9+3p+b=0$ ……①，$16-4p+b=0$ ……②

$49+7a+q=0$ ……③，$1-a+q=0$ ……④

が成り立つ。

①，②より，$p=1$，$b=-12$

③，④より，$a=-6$，$q=-7$

(2) 2 次方程式 $x^2-6x-12=0$ を解くと，

$$x=\frac{-(-6)\pm\sqrt{(-6)^2-4\times1\times(-12)}}{2\times1}$$

$$=\frac{6\pm\sqrt{84}}{2}=3\pm\sqrt{21}$$

9 | 2 次方程式の利用

Step A 解答

本冊▶p.50〜p.51

1 (1) $x=6$ (2) 12 (3) -5

2 アの数を x とすると，イの数は $x+3$，ウの数は $(x+3)^2$，エの数は $(x+3)^2-21$ となり，これが $10x$ と等しいから，$(x+3)^2-21=10x$

$x^2-4x-12=0$ $(x+2)(x-6)=0$ $x=-2,\ 6$

3 1m

4 紙の横の長さは $(x+2)$ cm だから，この容器の底面は縦が $(x-8)$ cm，横が $(x-6)$ cm の長方形になり，高さは 4cm だから，

$4(x-8)(x-6)=96$ $(x-8)(x-6)=24$

$x^2-14x+24=0$ $(x-2)(x-12)=0$ $x=2,\ 12$

ここで，$x-8>0$ より，$x>8$ だから，$x=2$ は問題に合わない。よって，縦の長さは 12cm

5 4cm

6 (1) 1 (2) $x=-3,\ 4$

解き方

1 (1) $x^2-2x=24$ より，$x^2-2x-24=0$

$(x+4)(x-6)=0$ $x=-4,\ 6$

x は正の数だから，$x=6$

(2) ある正の整数を x とすると，$x^2=8(x+6)$

$x^2-8x-48=0$ $(x+4)(x-12)=0$ $x=-4,\ 12$

x は正の整数だから，$x=12$

(3) 最も大きい負の整数を x とすると，

$(x-2)^2+(x-1)^2+x^2=110$

$3x^2-6x+5=110$ $3x^2-6x-105=0$

$x^2-2x-35=0$ $(x+5)(x-7)=0$ $x=-5,\ 7$

x は負の整数だから，$x=-5$

3 道路の幅を xm とすると，残った畑の面積は，縦 $(13-x)$m，横 $(15-x)$m の長方形の面積に等しいから，$(13-x)(15-x)=168$ $x^2-28x+195=168$

$x^2-28x+27=0$ $(x-1)(x-27)=0$ $x=1,\ 27$

ここで，道幅 xm は 13m 未満だから，$x=27$ は問題に合わない。よって，道路の幅は 1m

5 長さ 16cm の針金を $x$cm と $(16-x)$cm に切って，それぞれ正方形をつくると，その面積はそれぞれ，

$\left(\frac{1}{4}x\right)^2$cm^2，$\left(\frac{16-x}{4}\right)^2$cm^2 となるから，

$\left(\frac{1}{4}x\right)^2+\left(\frac{16-x}{4}\right)^2=10$ $x^2+(16-x)^2=160$

$2x^2-32x+256=160$ $2x^2-32x+96=0$

$x^2-16x+48=0$ $(x-12)(x-4)=0$ $x=12,\ 4$

x を短いほうの針金の長さとすると，$0<x<8$ であるから，$x=12$ は問題に合わない。よって，短いほうの針金の長さは 4cm

6 (1) $5\times(-1)-(-3)\times2=-5+6=1$

(2) $(x+1)(x-2)-1\times4=6$ より，$x^2-x-2-4=6$

$x^2-x-12=0$ $(x+3)(x-4)=0$ $x=-3,\ 4$

Step B 解答

本冊▶p.52〜p.53

1 (1) $\left(18-\frac{3}{50}x\right)$g または，$18\left(1-\frac{x}{300}\right)$g

(2) $x=100$

2 $2000\left(1+\frac{x}{100}\right)\left(1-\frac{x}{100}\right)=2000-45$

$\frac{x}{100}=X$ とおくと，$2000(1-X^2)=2000-45$

$2000-2000X^2=2000-45$

$2000X^2=45$ $X^2=\frac{9}{400}$

$X>0$ だから，$X=\frac{3}{20}=\frac{15}{100}$ $\frac{x}{100}=\frac{15}{100}$

よって，$x=15$

3 (1) 3 時間 (2) 時速 $\frac{84}{19}$ km

4 (1) 2.5%減る (2) 20%

5 2m

6 (1) 13 人 (2) 15 枚

解き方

1 (1) はじめの食塩水 300g 中には，6%の食塩水は当然 300g ふくまれているが，そこから xg をくみ出してかわりに水を xg 入れてできた食塩水 300g の中には，6%の食塩水は $(300-x)$g だけふくまれていることになる。つまり，この操作によって，6%の食塩水のふくまれている割合

が $\dfrac{300-x}{300}$ になったことになり，ふくまれる食塩の量も $\dfrac{300-x}{300}$ になるから，

$18\times\dfrac{300-x}{300}=18\left(1-\dfrac{x}{300}\right)=\left(18-\dfrac{3}{50}x\right)$g

別解 6%の食塩水 300g の中には，食塩が $300\times\dfrac{6}{100}=18$(g) 入っている。くみ出した xg の食塩水の中には，食塩が $x\times\dfrac{6}{100}=\dfrac{3}{50}x$(g) ふくまれているので，残った食塩は $\left(18-\dfrac{3}{50}x\right)$g

(2) (1) のように考え，この操作をもう1回行うと，食塩の量はさらに $\dfrac{300-x}{300}$ になり，

$18\times\dfrac{300-x}{300}\times\dfrac{300-x}{300}=18\left(\dfrac{300-x}{300}\right)^2$g となる。

よって，$18\left(\dfrac{300-x}{300}\right)^2=8$ より，

$\left(\dfrac{300-x}{300}\right)^2=\dfrac{4}{9}$　$\dfrac{300-x}{300}>0$ だから，

$\dfrac{300-x}{300}=\dfrac{2}{3}$　$x=100$

3 (1) 2人が出会った地点をP地点とし，A君が出発してから2人が出会うまでの時間を t 時間とする。A君は学校からP地点間を t 時間で，P地点からキャンプ場間を3時間20分で進んだので，学校からP地点間とP地点からキャンプ場間の道のりの比は $t:\dfrac{10}{3}$ と表すことができる。

また，B君はP地点から学校間を2時間15分で，キャンプ場からP地点間を $\left(t-\dfrac{1}{2}\right)$ 時間で進んだので，学校からP地点間とP地点からキャンプ場間の道のりの比は $\dfrac{9}{4}:\left(t-\dfrac{1}{2}\right)$ と表すことができる。

これより，$t:\dfrac{10}{3}=\dfrac{9}{4}:\left(t-\dfrac{1}{2}\right)$　$t^2-\dfrac{1}{2}t=\dfrac{15}{2}$

$2t^2-t-15=0$　$t=\dfrac{1\pm\sqrt{121}}{4}=\dfrac{1\pm11}{4}=3,\ -\dfrac{5}{2}$

$t>0$ だから，$t=3$

(2) B君はP地点から学校間を2時間15分で，キャンプ場からP地点間を2時間30分で進んだことになり，合計4時間45分かかっている。したがって，時速は，$21\div4\dfrac{3}{4}=\dfrac{84}{19}$(km)

4 (1) 入園料を30%値上げすると入場者数は25%減るから，収入は $(1+0.3)\times(1-0.25)=0.975$(倍) になる。よって，0.025倍(=2.5%)だけ減少する。

(2) $\left(1+\dfrac{a}{100}\right)\left(1-\dfrac{\frac{5}{6}a}{100}\right)=1$ となればよい。

$1-\dfrac{5a}{600}+\dfrac{a}{100}-\dfrac{5a^2}{60000}=1$

$\dfrac{a}{600}-\dfrac{5a^2}{60000}=0$　$\dfrac{a}{60000}(100-5a)=0$

$a>0$ だから，$a=20$

5 通路の幅を xm とすると，通路を除いた部分は，縦 $(30-2x)$m，横 $(60-3x)$m の長方形の面積と等しいから，$(30-2x)(60-3x)=30\times60\times0.78$ となればよい。

$1800-90x-120x+6x^2=1404$

$x^2-35x+66=0$　$(x-2)(x-33)=0$

$0<x<15$ だから，$x=2$

6 (1) 男子の人数を x 人とすると，女子の人数は $(x+4)$ 人。2通りの配り方について，方程式をつくると，

$18(x+4)+18(x-5)=x^2+(x+4)^2-8$

整理して，$x^2-14x+13=0$　$(x-1)(x-13)=0$

$x\geqq5$ より，$x=13$

(2) $x=13$ のとき，クラスの人数は $13+17=30$(人)，カードの枚数は，$18\times17+18\times8=450$(枚) だから，$450\div30=15$(枚) ずつ配ればよい。

Step C 解答

本冊▶p.54～p.55

1 (1) $\boldsymbol{a=2-\sqrt{2}}$　(2) $\boldsymbol{a=1+\sqrt{3}}$
(3) $\boldsymbol{x=2,\ y=6}$

2 (1) $\boldsymbol{x=-3,\ -6}$　(2) $\boldsymbol{k=9,\ n=-3}$

3 (1) $\boldsymbol{a=-6}$
(2) $\boldsymbol{(a,\ b)=(-1,\ -10),\ (-3,\ -5)}$

4 $\boldsymbol{4\sqrt{3}}$ **cm**

5 (1) $\boldsymbol{[3x]=8,\ \langle 3x\rangle=0.4}$　(2) ① **1**　② $\boldsymbol{x=\dfrac{7}{3}}$

6 (1) $\boldsymbol{\dfrac{23}{2}}$　(2) $\boldsymbol{k=4}$

解き方

1 (1) 2次方程式 $x^2-2ax+1-4\sqrt{2}-2\sqrt{6}=0$ に $x=2+\sqrt{3}$ を代入すると，

$(2+\sqrt{3})^2-2(2+\sqrt{3})a+1-4\sqrt{2}-2\sqrt{6}=0$

$7+4\sqrt{3}+1-4\sqrt{2}-2\sqrt{6}=2(2+\sqrt{3})a$

$8+4\sqrt{3}-4\sqrt{2}-2\sqrt{6}=2(2+\sqrt{3})a$

$4+2\sqrt{3}-2\sqrt{2}-\sqrt{6}=(2+\sqrt{3})a$

$2(2+\sqrt{3})-\sqrt{2}(2+\sqrt{3})=(2+\sqrt{3})a$

$(2+\sqrt{3})(2-\sqrt{2})=(2+\sqrt{3})a$　$a=2-\sqrt{2}$

(2) $a^2+b^2=8$ において，小数部分 b は $0\leqq b<1$ だから，$0\leqq b^2<1$，$a^2=8-b^2$ より，$7<a^2\leqq8$

$\sqrt{7}<a\leqq\sqrt{8}$ より，a の整数部分は2とわかるので，$b=a-2$

これを $a^2+b^2=8$ に代入して，

$a^2+(a-2)^2=8 \quad a^2-2a-2=0$

$$a=\frac{-(-2)\pm\sqrt{(-2)^2-4\times1\times(-2)}}{2\times1}=1\pm\sqrt{3}$$

$a>0$ だから，$a=1+\sqrt{3}$

(3) $x:y=1:3$ より，$y=3x$

これを $x+y=x^2+4$ に代入して，$x+3x=x^2+4$

$x^2-4x+4=0 \quad (x-2)^2=0 \quad x=2$ より，$y=6$

2 (1) ①に $x=5$ を代入して，$25-10-(k+6)=0 \quad k=9$

このとき，②は $x^2+9x+18=0$ となり，

$(x+3)(x+6)=0 \quad x=-3,\ -6$

(2) $x=n$ を①，②それぞれに代入して，

$n^2-2n-(k+6)=0$ ……①′，

$n^2+kn+2k=0$ ……②′

②′−①′より，$kn+2n+2k+(k+6)=0$，

$(k+2)n+3(k+2)=0$，$(k+2)(n+3)=0$

よって，$k+2=0$ または $n+3=0$

㋐ $k+2=0$ のとき，$k=-2$ で，これを①′に代入すると，$n^2-2n-4=0$ となるが，これを満たす n は整数とならないので問題に合わない。

㋑ $n+3=0$ のとき，$n=-3$ で，これを①′に代入すると，$9+6-(k+6)=0$ より，$k=9$

以上より，$k=9$，$n=-3$

3 (1) ①は，$x^2-ax-4x-a-5=0$ であり，左辺は，

$x^2-4x-5-a(x+1)=(x-5)(x+1)-a(x+1)$

$=(x+1)(x-5-a)$ と因数分解できるので，

$(x+1)(x-5-a)=0$ となる。

よって，①の解は，$x=-1$，$a+5$

ただ1つの解をもつのは，$a+5=-1$ のときだから，$a=-6$

(2) 条件にあてはまる場合は，次の㋐，㋑のときである。

㋐②が $x=-1$ を解にもち，$x=a+5$ を解にもたないとき，

②に $x=-1$ を代入して，$1+a+2b=0$ より $a+2b=-1$ となるが，a と b は負の整数だから，これを満たす値は存在しない。

㋑②が $x=a+5$ を解にもち，$x=-1$ を解にもたないとき，

②に $x=a+5$ を代入して，

$(a+5)^2-a(a+5)+2b=0$ より，$5a+2b+25=0$

これを満たす負の整数 a，b の値は，

$(a,\ b)=(-1,\ -10)$，$(-3,\ -5)$ であり，これらは $a>b$ を満たす。

4 右の図のように X，Y，Z とすると，長方形や正方形の面積は，対角線の交点を通る直線によって2等分されるから，四角形 XDEY の面積は長方形の $\frac{1}{2}$ で，四角形 XCBZ の面積は正方形の $\frac{1}{2}$ である。よって，正方形の1辺の長さを $x$cm とすると，色のついた部分の面積は，

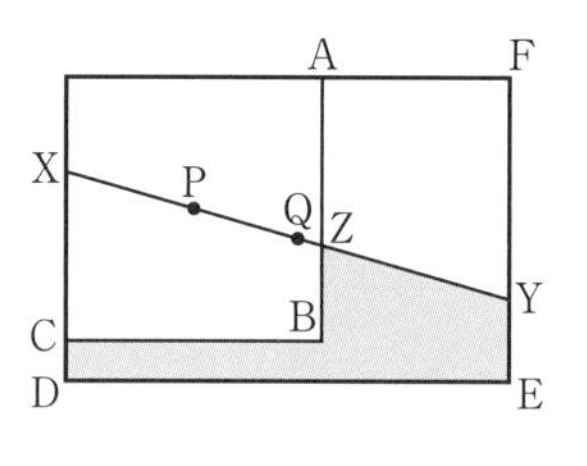

$8\times12\times\frac{1}{2}-x^2\times\frac{1}{2}=48-\frac{1}{2}x^2\,(\text{cm}^2)$

となるから，$48-\frac{1}{2}x^2=24$ より，$x^2=48$

$0<x<8$ だから，$x=4\sqrt{3}$

5 (1) $[x]=2$，$\langle x\rangle=0.8$ より，$x=2.8$ だから，$3x=8.4$

よって，$[3x]=8$，$\langle 3x\rangle=0.4$

(2) ① $2\leqq x<2\sqrt{2}$ のとき，$2^2\leqq x^2<(2\sqrt{2})^2$

$4\leqq x^2<8 \quad 1\leqq\frac{1}{4}x^2<2$

よって，$\frac{1}{4}x^2$ の整数部分 $\left[\frac{1}{4}x^2\right]=1$

② $\left\langle\frac{1}{4}x^2\right\rangle=\frac{1}{4}x^2-1$ だから，

$\frac{1}{4}x^2-1=\frac{1}{3}x-\frac{5}{12} \quad 3x^2-4x-7=0$

$$x=\frac{4\pm\sqrt{16+84}}{2\times3}=\frac{4\pm10}{6}=\frac{7}{3},\ -1$$

$2\leqq x<2\sqrt{2}$ だから，$x=\frac{7}{3}$

6 (1) 直線 ℓ と y 軸との交点を S とすると，$k=10$ のとき，S(0, 10)，P(5, 0)，R(0, 1)，Q(3, 4) であるから，四角形 OPQR＝△OPS－△RQS

$=\frac{1}{2}\times5\times10-\frac{1}{2}\times(10-1)\times3=\frac{23}{2}$

(2) P は直線 $y=-2x+k$ と x 軸との交点だから，その x 座標は

$0=-2x+k$ より，$x=\frac{k}{2}$

Q は直線 $y=-2x+k$ と直線 $y=x+1$ の交点だから，その x 座標は

$-2x+k=x+1$ より，

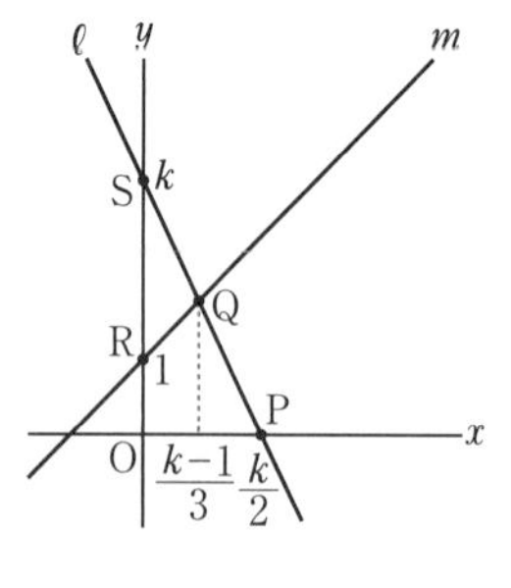

$x=\frac{k-1}{3}$ と表すことができる。

これより，四角形 OPQR の面積は，

$\frac{1}{2}\times k\times\frac{k}{2}-\frac{1}{2}\times(k-1)\times\frac{k-1}{3}$

$=\frac{k^2}{4}-\frac{(k-1)^2}{6}$ と表すことができるので，これが $\frac{5}{2}$ のとき，$\frac{k^2}{4}-\frac{(k-1)^2}{6}=\frac{5}{2}$　$k^2+4k-32=0$

$(k+8)(k-4)=0$

図より，$k>1$ であるから，$k=4$

第4章　関数 $y=ax^2$

10 関数 $y=ax^2$ とそのグラフ

Step A　解答

本冊▶p.56〜p.57

1 (1) $y=x^2$　比例する。比例定数は1

(2) $y=4x$　比例しない。

(3) $y=6x^2$　比例する。比例定数は6

(4) $y=\frac{1}{2}x^2$　比例する。比例定数は $\frac{1}{2}$

2 (1) $y=\frac{1}{2}x^2$　(2) $y=18$　(3) $x=\pm2$

3 (1) $y=5x^2$

(2) ㋐…5，㋑…20，㋒…80，㋓…125　(3) 25m

4 (1) イ　(2) オ　(3) ウ　(4) エ

5 (1) イ，ウ，カ，キ，ク　(2) ア，エ，オ

(3) キ　(4) エ　(5) アとカ，イとオ

解き方

2 (1) y は x の2乗に比例するから，$y=ax^2$ とおいて，$x=4$，$y=8$ を代入すると，$8=a\times16$

よって，$a=\frac{1}{2}$ だから，$y=\frac{1}{2}x^2$

(2) $y=\frac{1}{2}\times(-6)^2=18$

(3) $2=\frac{1}{2}x^2$ より，$x^2=4$　$x=\pm2$

3 (1) $y=ax^2$ とおいて，$x=3$，$y=45$ を代入すると，

$45=a\times9$

よって，$a=5$ だから，$y=5x^2$

(2) (1)の式 $y=5x^2$ を利用して求める。

(3) $45-20=25$ (m)

5 (5) $y=ax^2$ で，a の絶対値が等しく符号が逆である2つのグラフは x 軸について対称である。

Step B　解答

本冊▶p.58〜p.59

1 (1) $y=\frac{1}{4}x^2$　(2) $a=3$　(3) $y=98$　(4) $a=\frac{1}{3}$

2 (1) $y=\frac{1}{160}x^2$　(2) 10m　(3) 時速25.6km

3 $y=-2x+3$

4 $a=4$

5 $a=\frac{3}{2}$

6 5

解き方

1 (1) $y=ax^2$ とおいて，$x=2$，$y=1$ を代入すると，

$1=a\times4$

よって，$a=\frac{1}{4}$ だから，$y=\frac{1}{4}x^2$

(3) $y=ax^2$ とおいて，$x=1$，$y=2$ を代入すると，

$2=a\times1$

よって，$a=2$ だから，$y=2x^2$ となり，$x=7$ のとき $y=2\times7^2=98$

(4) グラフより，$x=6$ のとき $y=12$ であることがわかるので，$y=ax^2$ に $x=6$，$y=12$ を代入すると，

$12=a\times36$　$a=\frac{1}{3}$

2 (1) $y=ax^2$ とおいて，$x=80$，$y=40$ を代入すると，

$40=a\times6400$　$a=\frac{1}{160}$ だから，$y=\frac{1}{160}x^2$

(2) $y=\frac{1}{160}x^2$ に $x=40$ を代入して，

$y=\frac{1}{160}\times40^2=10$

(3) $y=\frac{1}{160}x^2$ に $y=4$ を代入して，$4=\frac{1}{160}x^2$

$x=\sqrt{640}=8\sqrt{10}=25.6$ より，時速25.6km

3 2点A，Bは関数 $y=x^2$ のグラフ上の点だから，y 座標はそれぞれ，$(-3)^2=9$ と $1^2=1$ である。

よって，2点A$(-3,\ 9)$，B$(1,\ 1)$ を通る直線の式は $y=-2x+3$

別解　一般に，放物線 $y=ax^2$ 上の2点P$(p,\ ap^2)$，Q$(q,\ aq^2)$ を通る直線の式を $y=mx+n$ とおくと，$ap^2=pm+n$ ……①，$aq^2=qm+n$ ……②が成り立つ。

①－②より，$pm-qm=ap^2-aq^2$ だから，

$m=\frac{ap^2-aq^2}{p-q}=\frac{a(p+q)(p-q)}{p-q}=a(p+q)$

$n=ap^2-pm=ap^2-pa(p+q)=-apq$

よって，直線PQの式は，$y=a(p+q)x-apq$ で表される。

この問題では，$a=1$，$p=-3$，$q=1$ だから，

$y=1\times(-3+1)x-1\times(-3)\times1=-2x+3$

ここに注意　放物線 $y=ax^2$ 上の2点P$(p,\ ap^2)$，Q$(q,\ aq^2)$ を通る直線の式は，$y=a(p+q)x-apq$ で表される。

4 直線ABは2点(1, 0), (0, 2)を通るので，その式は$y=-2x+2$
点Aのx座標は-1で，直線$y=-2x+2$上にあるから，y座標は$-2\times(-1)+2=4$
よって，$y=ax^2$に$x=-1$, $y=4$を代入して，
$4=a\times(-1)^2$より，$a=4$

5 点Bのy座標は$-2^2=-4$だから，線分ABのうちx軸より下の部分の長さは4とわかる。よって，x軸より上の部分の長さが$10-4=6$となればよいので，点Aのy座標は6
したがって，$a\times 2^2=6$より，$a=\dfrac{3}{2}$

6 点Aのx座標を$t(t>0)$とおく。放物線はy軸について対称だから，点Bのx座標は$-t$となり，
$AB=t-(-t)=2t$
また，OC=(Aのy座標)$=\dfrac{2}{5}t^2$だから，方程式$2t=\dfrac{2}{5}t^2$を解くと，$t=0$, 5
$t>0$だから，$t=5$

11| 関数$y=ax^2$の値の変化

Step A 解答　　本冊▶p.60〜p.61

1 (1) $0\leqq y\leqq 18$　(2) $0\leqq y\leqq 8$
(3) 0, 1, 2　(4) $a=-3$

2 (1) -12　(2) $a=\dfrac{1}{2}$　(3) $a=\dfrac{2}{5}$

3 ア, エ

4 (1) $a=\dfrac{1}{3}$　(2) $b=-\dfrac{1}{3}$　(3) $c=\dfrac{1}{2}$
(4) $y=cx^2$…イ, $y=ex^2$…エ

解き方

1 (1)(2) グラフをかいて考える

(1)

(2)

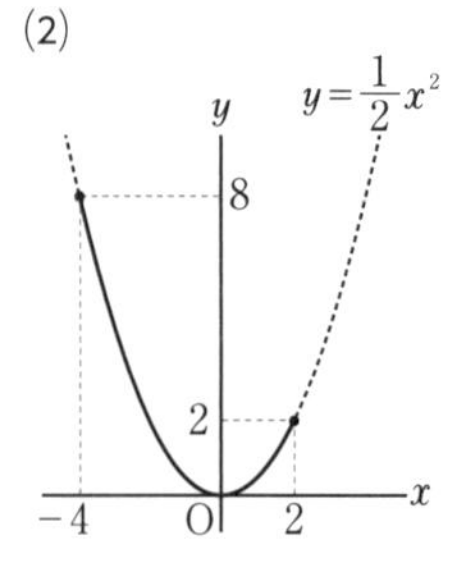

(3) xの変域が$-1\leqq x\leqq\dfrac{3}{2}$のとき，$y$の変域は
$0\leqq y\leqq\dfrac{9}{4}$であるから，これに含まれる整数は，
0, 1, 2

(4) 関数$y=2x^2$において，$x=1$のとき$y=2$, $x=0$のとき$y=0$であるから，xの変域が$a\leqq x\leqq 1$のとき，yの変域が$0\leqq y\leqq 18$になるためには，$a<0$で，$x=a$のときのyの値が18になる必要がある。
したがって，$2a^2=18$より，$a^2=9$　$a=-3$

> **ここに注意**　関数の変域を考えるときは，グラフの概形をかいて考える。

2 (1) xの増加量は$4-2=2$, $x=2$のとき$y=-8$, $x=4$のとき$y=-32$だから，yの増加量は，
$-32-(-8)=-24$
よって，変化の割合は，$\dfrac{-24}{2}=-12$

(2) xの増加量は$3-1=2$, $x=1$のとき$y=a$, $x=3$のとき$y=9a$だから，yの増加量は，$9a-a=8a$
よって，変化の割合は，$\dfrac{8a}{2}=4a$と表すことができて，これが2のとき，$4a=2$より，$a=\dfrac{1}{2}$

(3) 関数$y=ax^2$において，xの値が1から4まで増加するとき，xの増加量は$4-1=3$, yの増加量は$16a-a=15a$だから，変化の割合をaで表すと，$\dfrac{15a}{3}=5a$となる。一方，関数$y=2x$の変化の割合はつねに2であるから，これらが等しいとき，$5a=2$より，$a=\dfrac{2}{5}$

3 **イ** $a<0$であるから，グラフはx軸の下側にある。
ウ 変化の割合が一定であれば，グラフは直線になる。

4 (1) $y=ax^2$に$x=3$, $y=3$を代入して，$3=9a$
これより，$a=\dfrac{1}{3}$

(2) aとbは絶対値が同じで符号が逆だから，
$b=-\dfrac{1}{3}$

(3) xの増加量は$3-1=2$, $x=1$のとき$y=c$, $x=3$のとき$y=9c$だから，yの増加量は$9c-c=8c$
よって，変化の割合は，$\dfrac{8c}{2}=4c$と表すことができて，これが2のとき，$4c=2$より，$c=\dfrac{1}{2}$

(4) $y=ax^2$と$y=bx^2$は「**イ**と**エ**」,「**ウ**と**オ**」のどちらかであるが，$e<b$だから，もし，$y=ax^2$が**イ**, $y=bx^2$が**エ**とすると，$y=ex^2$のグラフが存在しないことになる。したがって，$y=ax^2$が**ウ**, $y=bx^2$が**オ**で，$y=ex^2$のグラフが**エ**とわかる。
また，$0<a<c<d$より，$y=cx^2$のグラフは**イ**である。

Step B　解答　本冊▶p.62〜p.63

1 (1) $-48 < y \leqq 0$　(2) $a=3$, $b=0$
(3) $-\dfrac{7}{3} < a < \dfrac{7}{2}$

2 (1) $a=\dfrac{1}{3}$　(2) $a=\dfrac{1}{2}$　(3) $a=-\dfrac{1}{30}$

3 (1) 45m　(2) 秒速 25m

4 (1) $b \to c \to a$　(2) $a=3$

5 (1) ア　(2) エ，変化の割合…3

6 (1) $a=\dfrac{1}{2}$　(2) ア…3，イ…0

解き方

1 (1) $y=0$ は y の変域に含まれるが，$x=-4$ のときの y の値 ($y=-48$) は y の変域に含まれないことに注意する。

(2) 関数 $y=-3x^2$ において，$x=-1$ のとき $y=-3$ だから，$a>0$ で，$x=a$ のときの y の値が -27 である。
よって，$-3a^2=-27$ より，$a^2=9$　$a=3$
また，x の変域に 0 を含むので，$b=0$ である。

(3) x の変域が $-2 \leqq x \leqq 3$ のとき，関数 $y=-x^2$ の最小値は -9 である。関数 $y=ax-2$ は点 $(0,\ -2)$ を通る傾き a の直線であるが，$-2 \leqq x \leqq 3$ のときの y の値が -9 より大きくなるのは，直線 $y=ax-2$ が 2 点 A$(-2,\ -9)$，B$(3,\ -9)$ を結ぶ線分 AB と交わらないときである。直線 $y=ax-2$ が A$(-2,\ -9)$，B$(3,\ -9)$ を通るときの a の値を求めて，$-\dfrac{7}{3} < a < \dfrac{7}{2}$

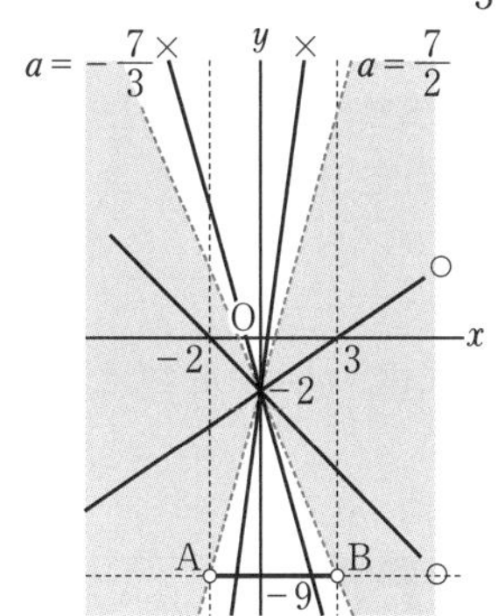

2 (1) x の増加量は $3-1=2$，$x=1$ のとき $y=a$，$x=3$ のとき $y=9a$ だから，y の増加量は $9a-a=8a$
よって，変化の割合は，$\dfrac{8a}{2}=4a$ となり，これが $\dfrac{4}{3}$ だから，$4a=\dfrac{4}{3}$　$a=\dfrac{1}{3}$

別解　関数 $y=ax^2$ において，x の値が p から q まで増加するとき，x の増加量は $q-p$，y の増加量は aq^2-ap^2 だから，変化の割合は，
$\dfrac{aq^2-ap^2}{q-p}=\dfrac{a(q+p)(q-p)}{q-p}=a(p+q)$
これを用いると，
$a\times(1+3)=\dfrac{4}{3}$ より，$4a=\dfrac{4}{3}$　$a=\dfrac{1}{3}$

> **ここに注意**　関数 $y=ax^2$ において，x の値が p から q まで増加するときの変化の割合は $a(p+q)$ である。

(2) 関数 $y=x+3$ の変化の割合はつねに 1 だから，
$a\times\left(-\dfrac{1}{2}+\dfrac{5}{2}\right)=1$ より，$a=\dfrac{1}{2}$

(3) 関数 $y=\dfrac{1}{x}$ において，$x=1$ のとき $y=1$，$x=5$ のとき $y=\dfrac{1}{5}$ だから，x の増加量は 4，y の増加量は $-\dfrac{4}{5}$ より，変化の割合は，$-\dfrac{4}{5}\div4=-\dfrac{1}{5}$
一方，$y=ax^2$ の変化の割合は，$a\times(1+5)=6a$
よって，$6a=-\dfrac{1}{5}$ より，$a=-\dfrac{1}{30}$

3 (1) $5\times3^2=45$ (m)
(2) 1 秒後までに $5\times1^2=5$ (m)，4 秒後までに $5\times4^2=80$ (m) 落ちるので，1 秒後から 4 秒後までの 3 秒間に落ちた距離は $80-5=75$ (m)
よって，平均の速さは，秒速 $75\div3=25$ (m)

> **ここに注意**　平均の速さは，その間の変化の割合と等しい。

4 (1) グラフより，a は正，b，c は負の数で，b の絶対値は c の絶対値より大きい。
(2) $a\times(-3+1)=-6$ より，$a=3$

5 (1) 点 $(2,\ 2)$ を通っているグラフを選ぶ。
(2) x の値が -2 から -1 まで 1 だけ増加するとき，y の増加量が最も大きいのは**エ**のグラフで，$y=-4$ から $y=-1$ まで 3 増加している。

6 (1) 点 B は関数 $y=2x^2$ 上の点だから，x 座標が 1 のとき y 座標は 2 で，点 C の y 座標も 2 である。また，AB＝BC＝1 だから，点 C の x 座標は 2 である。よって，関数 $y=ax^2$ のグラフが C$(2,\ 2)$ を通ることから，$2=4a$　$a=\dfrac{1}{2}$
(2) $x=-1$ のとき $y=18$ ではないので，x がア (>0)

のとき $y=18$ だから，$2x^2=18$　$x=\pm3$　ア $=3$

x の変域に 0 を含むので，イ $=0$

12 放物線と図形

Step A　解答　本冊▶p.64～p.65

1 (1) $(-2,\ 4)$ と $(3,\ 9)$　(2) $(-4,\ -8)$ と $\left(3,\ -\frac{9}{2}\right)$

(3) $(2,\ 2)$

2 (1) $y=\frac{1}{2}x+6$　(2) $y=-x+6$

3 (1) $\left(-1,\ \frac{3}{2}\right)$　(2) $y=x+12$

4 (1) $a=\frac{1}{2}$，$b=18$　(2) $y=2x+6$　(3) 24

(4) $y=5x$　(5) P$(4,\ 8)$

解き方

1 (1) $x^2=x+6$ より，$x^2-x-6=0$　$(x+2)(x-3)=0$

$x=-2,\ 3$

$x=-2$ のとき $y=4$，$x=3$ のとき $y=9$

よって，$(-2,\ 4)$ と $(3,\ 9)$

> **ここに注意**　放物線 $y=ax^2$ と直線 $y=mx+n$ の交点の x 座標は 2 次方程式 $ax^2=mx+n$ の解で求められる。

(3) $\frac{1}{2}x^2=2x-2$ より，$x^2=4x-4$　$x^2-4x+4=0$

$(x-2)^2=0$　$x=2$　$x=2$ のとき $y=2$

よって，$(2,\ 2)$

この場合，グラフの交点は 1 つで，直線と放物線が点 $(2,\ 2)$ で接していることを表している。

2 (1) 点 A，B は放物線 $y=\frac{1}{4}x^2$ 上の点だから，点 A，B の y 座標はそれぞれ 4，9 である。

よって，2 点 A$(-4,\ 4)$ と B$(6,\ 9)$ を通る直線の式を求めて，$y=\frac{1}{2}x+6$

別解　放物線 $y=ax^2$ 上の 2 点 P$(p,\ ap^2)$，Q$(q,\ aq^2)$ を通る直線の式は，

$y=a(p+q)x-apq$ であるから，

$y=\frac{1}{4}\times(-4+6)x-\frac{1}{4}\times(-4)\times6=\frac{1}{2}x+6$

(2) 点 B$(3,\ 3)$ が放物線 $y=ax^2$ 上にあるから，

$3=9a$ より，$a=\frac{1}{3}$　$y=\frac{1}{3}x^2$

よって，点 A の y 座標は，$\frac{1}{3}\times(-6)^2=12$ とわかるので，2 点 $(-6,\ 12)$ と $(3,\ 3)$ を通る直線の式を求めて，$y=-x+6$

別解　直線 ℓ の式は $y=a\times(-6+3)x-a\times(-6)\times3=-3ax+18a$ と表すことができ，これが B$(3,\ 3)$ を通るから，$3=-9a+18a$　$a=\frac{1}{3}$

よって，直線 ℓ の式は $y=-x+6$

3 (1) $y=ax^2$ に $x=2$，$y=6$ を代入して，$6=4a$

$y=ax+b$ に $x=2$，$y=6$ を代入して，$6=2a+b$

これより，$a=\frac{3}{2}$，$b=3$

よって，$y=\frac{3}{2}x^2$ と $y=\frac{3}{2}x+3$ の交点のうち，$(2,\ 6)$ 以外の点の座標を求めて，$\left(-1,\ \frac{3}{2}\right)$

(2) $y=\frac{1}{2}\times\{6+(-4)\}x-\frac{1}{2}\times6\times(-4)=x+12$

4 (1) $y=ax^2$ に $x=-2$，$y=2$ を代入して，$2=4a$

$a=\frac{1}{2}$　$y=\frac{1}{2}x^2$

このとき，点 B の y 座標 b は，$b=\frac{1}{2}\times6^2=18$

(2) $y=\frac{1}{2}\times\{6+(-2)\}x-\frac{1}{2}\times6\times(-2)=2x+6$

(3) 直線 AB と y 軸との交点を C とすると，C$(0,\ 6)$

$\triangle$OAB$=\triangle$OAC$+\triangle$OBC

$=\frac{1}{2}\times6\times2+\frac{1}{2}\times6\times6=6+18=24$

(4) 2 点 A$(-2,\ 2)$，B$(6,\ 18)$ の中点を M とすると，

M$\left(\frac{-2+6}{2},\ \frac{2+18}{2}\right)=(2,\ 10)$

このとき，直線 OM は $\triangle$OAB の面積を 2 等分する。よって，求める直線の式は，$y=5x$

(5) 右の図のように，原点 O を通り，直線 AB と平行な直線 ℓ と放物線 $y=\frac{1}{2}x^2$ との交点のうち，点 O 以外の点を P とすれば，$\triangle$OAB$=\triangle$PAB となる。

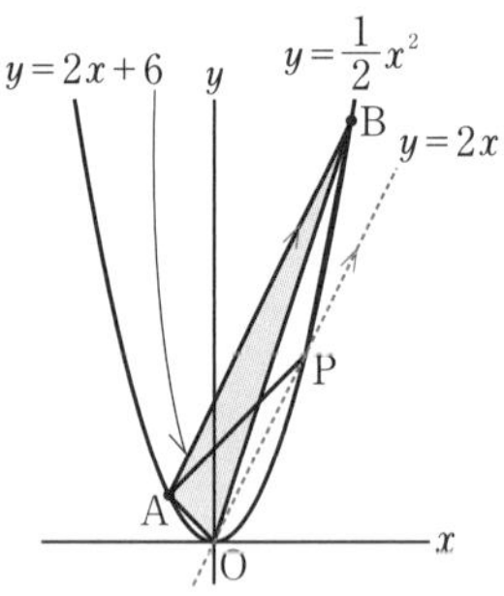

直線 ℓ の式は，$y=2x$ だから，$\frac{1}{2}x^2=2x$ より，$x=0,\ 4$

よって，P$(4,\ 8)$

> **ここに注意**　放物線上の点 P で，$\triangle$OAB$=\triangle$PAB を満たす点は，O を通って直線 AB と平行な直線と放物線が交わる点である。

Step B　解答

本冊▶p.66〜p.67

1 (1) $D\left(2t,\ \frac{1}{4}t^2\right)$　(2) $t=\frac{4}{3}$　(3) $t=\frac{3}{2},\ 2\sqrt{2}$

2 (1) $a=\frac{1}{3},\ b=\frac{1}{3}$　(2) $C\left(1,\ \frac{13}{3}\right)$　(3) 10

(4) $y=-\frac{2}{3}x+\frac{5}{2}$

3 (1) $a=\frac{1}{2}$　(2) $D\left(\frac{1}{2},\ \frac{1}{2}\right)$

(3) $\frac{1\pm\sqrt{3}}{2},\ \frac{1\pm\sqrt{15}}{2}$

4 (1) $-a$　(2) $t=-3$　(3) $a=\frac{3}{8}$

解き方

1 (1) $A(t,\ t^2)$，$B\left(t,\ \frac{1}{4}t^2\right)$ であり，C の y 座標は A の y 座標と等しいから t^2 で，x 座標は $\frac{1}{4}x^2=t^2$ より，$x^2=4t^2$

点 C の x 座標は正だから，$x=2t$

よって，$C(2t,\ t^2)$

D は x 座標が C の x 座標と等しく，y 座標が B の y 座標と等しいので，$D\left(2t,\ \frac{1}{4}t^2\right)$

(2) 長方形 ABDC が正方形になるのは，AB＝AC のときである。

AB＝(A の y 座標)－(B の y 座標)

$=t^2-\frac{1}{4}t^2=\frac{3}{4}t^2$

AC＝(C の x 座標)－(A の x 座標)

$=2t-t=t$ であるから，$\frac{3}{4}t^2=t$ を満たす正の数 t を求めて，$t=\frac{4}{3}$

> **ここに注意**　座標平面上で，x 軸や y 軸に平行な線分の長さは，2 点の x 座標の差や y 座標の差で求めることができる。

(3) 点(3，2)が長方形 ABDC の 4 つの辺それぞれにある場合を考える。

㋐辺 AB 上にあるとすると，$t=3$ となるが，このとき，A，B の y 座標はそれぞれ 9，$\frac{9}{4}$ になるので，点(3，2)は線分 AB 上にはない。

㋑辺 CD 上にあるとすると，$2t=3$ より，$t=\frac{3}{2}$ となる。このとき C，D の y 座標はそれぞれ，$\frac{9}{4}$，$\frac{9}{16}$ だから，点(3，2)は線分 CD 上にある。

㋒辺 AC 上にあるとすると，$t^2=2$ より $t=\sqrt{2}$ となるが，このとき，A，C の x 座標はそれぞれ $\sqrt{2}$，$2\sqrt{2}$ になるので，点(3，2)は線分 AC 上にはない。

㋓辺 BD 上にあるとすると，$\frac{1}{4}t^2=2$ より $t=2\sqrt{2}$ となる。このとき，B，D の x 座標はそれぞれ $2\sqrt{2}$，$4\sqrt{2}$ になり，点(3，2)は線分 BD 上にある。

以上より，求める t の値は，$t=\frac{3}{2}$，$2\sqrt{2}$

2 (1) $y=ax^2$ と $y=bx+2$ において，$x=-2$ のときの y の値が等しいから，

$4a=-2b+2$ より，$2a=-b+1$ ……①

また，$x=3$ のときの y の値が等しいから，

$9a=3b+2$ ……②

①，②を連立させて解くと，$a=\frac{1}{3}$，$b=\frac{1}{3}$

(2) $A\left(-2,\ \frac{4}{3}\right)$，$B(3,\ 3)$ とわかるので，線分 AB の中点を M とすると，M の座標は，$M\left(\frac{1}{2},\ \frac{13}{6}\right)$

点 C は OM を 2 倍に延長したところにあるから，M の座標をそれぞれ 2 倍して，$C\left(1,\ \frac{13}{3}\right)$

別解　O から B は，「右に 3，上に 3」移動させればよい。よって，C は A から「右に 3，上に 3」移動させた点だから，$C\left(-2+3,\ \frac{4}{3}+3\right)$ より，$C\left(1,\ \frac{13}{3}\right)$

(3) 直線 AB が y 軸と交わる点を D とすると，$D(0,\ 2)$ だから，△OAB＝△OAD＋△OBD

$=\frac{1}{2}\times2\times2+\frac{1}{2}\times2\times3=2+3=5$

平行四辺形 AOBC の面積は△OAB の面積の 2 倍だから，$5\times2=10$

(4) $B(3,\ 3)$，$C\left(1,\ \frac{13}{3}\right)$ より，直線 BC の式は $y=-\frac{2}{3}x+5$ とわかるので，求める直線の傾きは $-\frac{2}{3}$ である。平行四辺形の 2 本の対角線の交点(＝線分 AB または線分 OC の中点 M)を通る直線は平行四辺形の面積を 2 等分するから，求める直線を $y=-\frac{2}{3}x+n$ とおいて，(2)より，$x=\frac{1}{2}$，$y=\frac{13}{6}$ を代入すると，$\frac{13}{6}=-\frac{2}{3}\times\frac{1}{2}+n$ より，$n=\frac{5}{2}$ となり，$y=-\frac{2}{3}x+\frac{5}{2}$

別解　求める直線は辺 OA，BC と平行だから，

平行四辺形の面積を2等分するとき，直線OAの切片から直線BCの切片までの線分の中点を通る。直線OAの式は，$y=-\frac{2}{3}x$，直線BCの式は $y=-\frac{2}{3}x+5$ だから，

求める直線の式は $y=-\frac{2}{3}x+\frac{5}{2}$ である。

> **ここに注意** 平行四辺形の2本の対角線の交点(＝どちらかの対角線の中点)を通る直線は平行四辺形の面積を2等分する。

3 (1) 直線ABの傾きは $a\times(-1+2)=a$ と表すことができるので，これが $\frac{1}{2}$ のとき，$a=\frac{1}{2}$

(2) $A\left(-1,\ \frac{1}{2}\right)$，B(2, 2)より，

直線ABの式は $y=\frac{1}{2}x+1$ で，

Cの座標は(0, 1)である。

よって，△OAB＝△OAC＋△OBC

$=\frac{1}{2}\times1\times1+\frac{1}{2}\times1\times2=\frac{1}{2}+1=\frac{3}{2}$

直線CDが△OABの面積を2等分するとき，

四角形ODCAの面積は $\frac{3}{2}\div2=\frac{3}{4}$ となるが，

△OACの面積は $\frac{1}{2}$ であるから，△OCDの面積は $\frac{3}{4}-\frac{1}{2}=\frac{1}{4}$ になる。よって，Dのx座標をdとすれば，$\frac{1}{2}\times1\times d=\frac{1}{4}$ より，$d=\frac{1}{2}$

Dは直線OB($y=x$)上の点だから，$D\left(\frac{1}{2},\ \frac{1}{2}\right)$

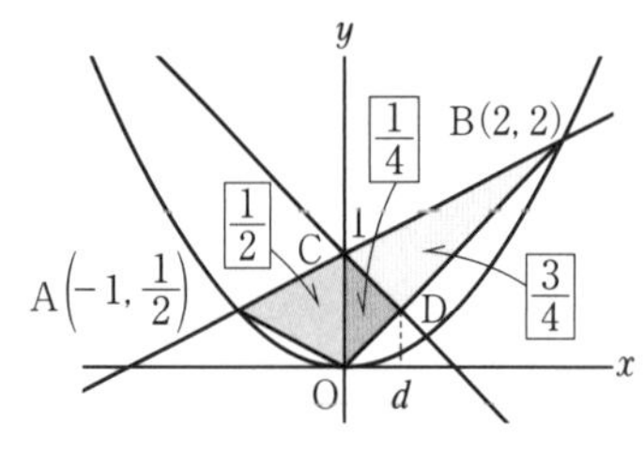

(3) Dを通って直線ABと平行な直線の式は

$y=\frac{1}{2}x+\frac{1}{4}$ となり，この直線と放物線との交点をPとすれば，△PBC＝△DBCとなる。

また，直線ABと平行で，直線ABに関して

$y=\frac{1}{2}x+\frac{1}{4}$ と距離が等しく反対側にある直線

$y=\frac{1}{2}x+\frac{7}{4}$ と放物線との交点をPとすれば，

やはり△PBC＝△DBCとなる。

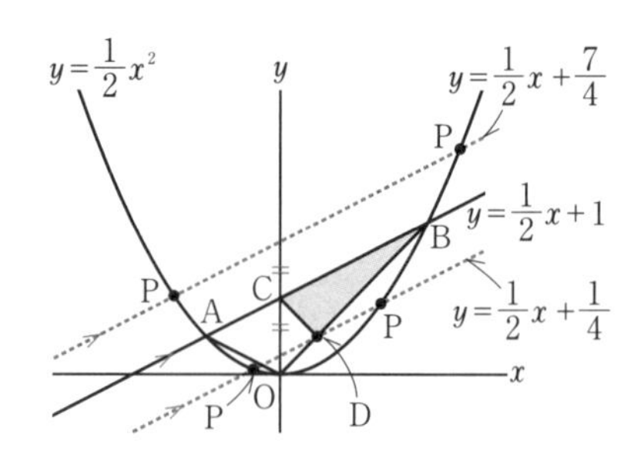

よって，条件を満たす点Pは4つあり，

$\frac{1}{2}x^2=\frac{1}{2}x+\frac{1}{4}$ より，$2x^2-2x-1=0$

$x=\frac{1\pm\sqrt{3}}{2}$

$\frac{1}{2}x^2=\frac{1}{2}x+\frac{7}{4}$ より，$2x^2-2x-7=0$

$x=\frac{1\pm\sqrt{15}}{2}$

4 (1) $a\times(-2+1)=-a$

(2) 直線CDの傾きは $a\times\{t+(t+5)\}=a(2t+5)$ と表すことができるので，$-a=a(2t+5)$，$a\neq0$ より，

$2t+5=-1$　$t=-3$

(3) $t=-3$ だから，C，Dのx座標はそれぞれ -3，2となり，AとDのy座標が$4a$となって等しく，線分ADはx軸と平行である。また，B，Cのy座標はそれぞれa，$9a$と表すことができる。

したがって，AD＝4より，

四角形ABDC＝△CAD＋△BAD

$=\frac{1}{2}\times4\times(9a-4a)+\frac{1}{2}\times4\times(4a-a)=16a$

よって，$16a=6$ より，$a=\frac{3}{8}$

13 点の移動とグラフ

Step A　解答　本冊▶p.68〜p.69

1 (1) $2cm^2$

(2) ①秒速3cm

②2点(9, 36)，(12, 0)を結ぶ直線の式を $y=mx+n$ とおくと，

$36=9m+n$ ……㋐，$0=12m+n$ ……㋑

㋐－㋑より，$36=-3m$　$m=-12$

㋑に代入して，$0=-144+n$　$n=144$

よって，直線の式は $y=-12x+144$ となり，yが12になるときのxの値を求めると，

$12=-12x+144$　$x=11$

(3) **1.5 秒間**

2 (1) $\boldsymbol{x=3}$ **のとき** $\boldsymbol{y=3}$**，** $\boldsymbol{x=\frac{9}{2}}$ **のとき** $\boldsymbol{y=\frac{5}{2}}$

(2) ① $\boldsymbol{x=\frac{16}{3}}$

② $\boldsymbol{4 \leqq x \leqq \frac{16}{3}}$ **のとき，** $\boldsymbol{y=-3x+16}$

$\boldsymbol{\frac{16}{3} \leqq x \leqq 6}$ **のとき，** $\boldsymbol{y=3x-16}$

(3)

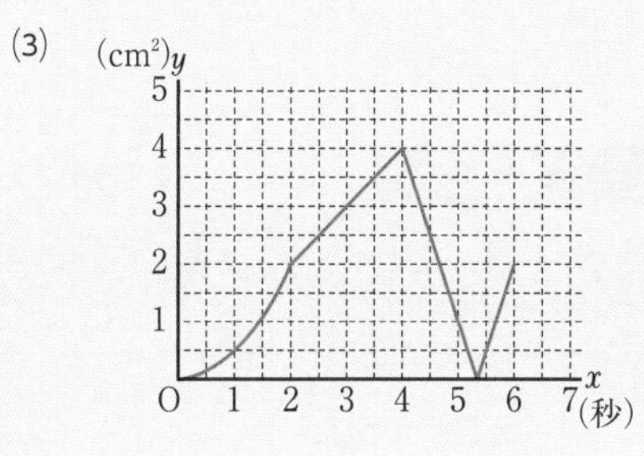

解き方

1 (1) AP＝AQ＝2cm だから，

$\triangle APQ=\frac{1}{2}\times 2\times 2=2(\text{cm}^2)$

(2) ①グラフより，点 Q が M を出発したのが 7 秒後で，B に着いたのが 9 秒後とわかるので，MB 間の 6cm を 2 秒で進んだことになる。よって，速さは，秒速 $6\div 2=3$(cm)

(3) グラフが右の図のようになればよい。このとき，図のように E，F，G とし，G の x 座標を t とすると，直線 EF の式は，E(9，36)，F(7，28) より，

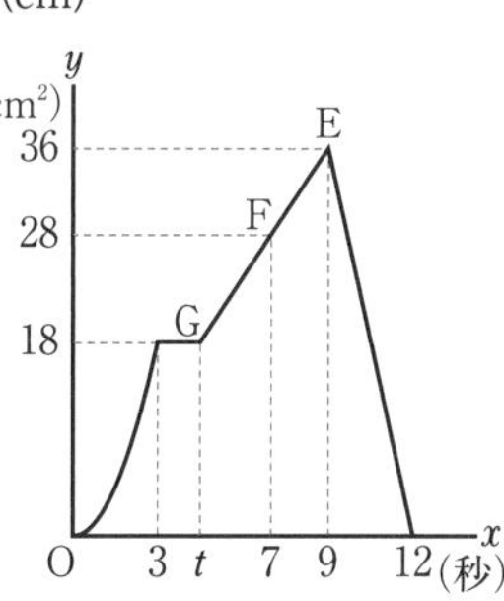

$y=4x$ で，G は直線 EF 上にあって y 座標が 18 だから，$18=4t$ より，$t=\frac{9}{2}$

よって，点 Q が停止する時間は $\frac{9}{2}-3=\frac{3}{2}$ (秒) 間

2 x の変域で分けて，y を x の式で表す。

㋐ $0\leqq x\leqq 2$ のとき，

$y=\frac{1}{2}\times x\times x=\frac{1}{2}x^2$

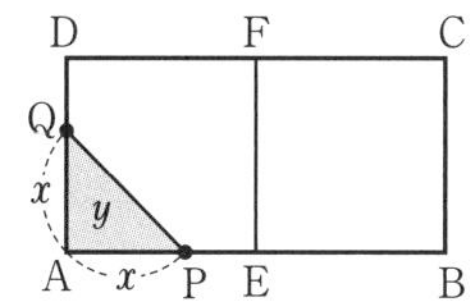

㋑ $2\leqq x\leqq 4$ のとき，

$y=\frac{1}{2}\times x\times 2=x$

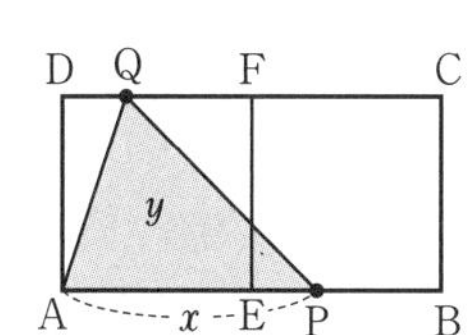

㋒ $4\leqq x\leqq \frac{16}{3}$ のとき，

$y=$ 長方形 ABCD
$-\triangle$ABP
$-$ 台形 AQFD
$-$ 台形 FQPC

$=8-\frac{1}{2}\times 4\times(x-4)-\frac{1}{2}\times(2+x-4)\times 2$

$-\frac{1}{2}\times(x-4+6-x)\times 2$

$=8-2x+8-x+2-2=-3x+16$

㋓ $\frac{16}{3}\leqq x\leqq 6$ のとき，

$y=$ 長方形 ABCD
$-\triangle$AEQ
$-$ 台形 QEBP
$-$ 台形 APCD

$=8-\frac{1}{2}\times 2\times(6-x)-\frac{1}{2}\times(6-x+x-4)\times 2$

$-\frac{1}{2}\times(6-x+2)\times 4$

$=8-6+x-2-16+2x=3x-16$

(1) ㋑より，$x=3$ のとき $y=3$

㋒より，$x=\frac{9}{2}$ のとき $y=-3\times\frac{9}{2}+16=\frac{5}{2}$

(2) ①㋒より，$0=-3x+16$　$x=\frac{16}{3}$

Step B 解答

本冊▶p.70〜p.71

1 (1) **毎秒** $\boldsymbol{\frac{1}{2}}$ **cm**　(2) **3cm**

(3) $\boldsymbol{12\leqq x\leqq 18,\ y=-\frac{3}{4}x+\frac{27}{2}}$

(4) $\boldsymbol{x=2\sqrt{6}}$**，14**

2 ① $\boldsymbol{\frac{10}{3}}$　② $\boldsymbol{\frac{3}{2}x^2}$　③ **5**　④ $\boldsymbol{5x}$　⑤ $\boldsymbol{\frac{15}{2}}$

⑥ $\boldsymbol{-10x+75}$　⑦ **5**　⑧ **25**

3 (1) $\boldsymbol{48\text{cm}^3}$

(2) $\boldsymbol{3\leqq x\leqq 4}$ **においてグラフは直線だから，その式を** $\boldsymbol{y=ax+b}$ **とおくと，(3，108)，(4，144) を通ることから，** $\boldsymbol{108=3a+b}$**，** $\boldsymbol{144=4a+b}$ **が成り立つ。**
これより， $\boldsymbol{a=36}$**，** $\boldsymbol{b=0}$ **と求めることができるから，** $\boldsymbol{y=36x}$

(3) **イ**　(4) $\boldsymbol{\frac{3}{2}}$ **秒後，** $\boldsymbol{\frac{151}{16}}$ **秒後**

解き方

1 (1) グラフより，点 Q が C に到着するのは 6 秒後で，

△APQ の面積が 4.5cm^2 とわかるから，P，Q の速さを毎秒 a cm とすると，

$\frac{1}{2}\times(6a)^2=4.5\quad a=\frac{1}{2}$

(2) $\frac{1}{2}\times6=3$ (cm)

(3) 点Qが辺DA上にあるのは12秒後から18秒後の間で，このとき，

$AQ=\left(9-\frac{1}{2}x\right)$cm,

AP＝3cm だから，

$y=\frac{1}{2}\times3\times\left(9-\frac{1}{2}x\right)$

$=-\frac{3}{4}x+\frac{27}{2}$

A　$9-\frac{1}{2}x$　Q　y　3　P

点Qの進んだ道のりは$\frac{1}{2}x$

(4) $y=3$ となるのは，

△APQ＜△ABC，△APQ＜△ABD だから，

$0\leqq x\leqq6$ のとき，$\frac{1}{8}x^2=3$ より，$x=2\sqrt{6}$

$12\leqq x\leqq18$ のとき，$-\frac{3}{4}x+\frac{27}{2}=3$ より，$x=14$

2 $\frac{10}{3}$ 秒後にQがDに着き，5秒後にPがBに，QがCに同時に着く。P，Qが出会うのは，2つの点があわせて30cm進んだときだから，$30\div(1+3)=\frac{15}{2}$(秒後) である。これをもとに x の変域を考えて，x と y の関係をグラフに表すと，次のようになる。

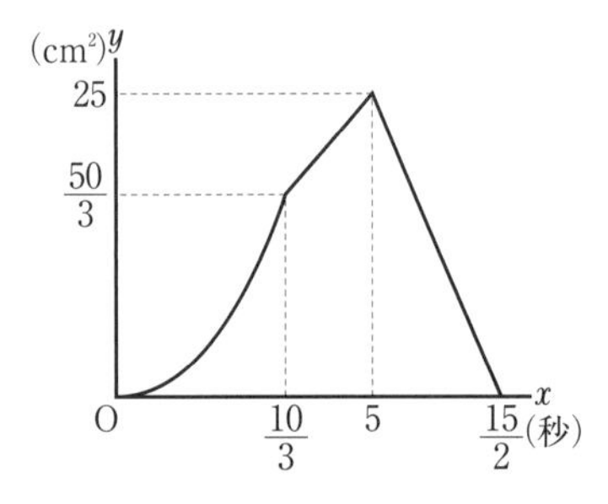

3 (1) $\frac{1}{2}\times6\times4\times12\times\frac{1}{3}=48$ (cm³)

(3) $4\leqq x\leqq7$ のとき，三角錐AEPQは，△AEQを底面と考えると，底面積が $\frac{1}{2}\times12\times8=48$ (cm²) で一定であり，高さも9cmで一定であるから，体積は $\frac{1}{3}\times48\times9=144$ (cm³) で一定である。したがって，グラフは**イ**

(4) $7\leqq x\leqq10$ のとき，y の値は一定の割合で減少し，$x=7$ のとき $y=144$，$x=10$ のとき $y=0$ となるから，x と y の関係は $y=-48x+480$ と表せる。直方体の体積は $8\times9\times12=864$ (cm³) だから，

その $\frac{1}{32}$ は 27 cm³

よって，$y=27$ となるのは，

$0\leqq x\leqq3$ のとき，$y=\frac{1}{2}\times3x\times2x\times12\times\frac{1}{3}$

$=12x^2$ より，$12x^2=27\quad x=\frac{3}{2}$

$7\leqq x\leqq10$ のとき，$-48x+480=27$ より，

$x=\frac{151}{16}$

Step C 解答

本冊▶p.72〜p.73

1 (1) $\frac{1}{2}t$　(2) $\frac{1}{2}t+\frac{1}{2}$　(3) $t=\frac{1+\sqrt{5}}{2}$

2 (1) $y=x+4$　(2) $A(2-t^2,\ 6-t^2)$　(3) $\frac{8}{5}$

3 (1) $a=\frac{1}{4}$，$b=2$　(2) $y=\frac{5}{2}x-4$

(3) 16，$-\frac{64}{5}$

4 (1) B(2，4)，D(2，−2)，$S=27$

(2) $y=5x$　(3) $y=\frac{7}{4}x-1$

解き方

1 (1) $P\left(-1,\ \frac{1}{2}\right)$，$Q\left(t,\ \frac{1}{2}t^2\right)$ だから，直線PQの式を $y=mx+n$ とおくと，

$\frac{1}{2}=-m+n$ ……①，$\frac{1}{2}t^2=mt+n$ ……②

②−①より，$\frac{1}{2}t^2-\frac{1}{2}=mt+m$

$\frac{1}{2}(t+1)(t-1)=m(t+1)$

$t+1\neq0$ より，両辺を $t+1$ でわって，

$m=\frac{1}{2}(t-1)$

①より，$n=\frac{1}{2}+m=\frac{1}{2}+\frac{1}{2}t-\frac{1}{2}=\frac{1}{2}t$

別解　$y=a(p+q)x-apq$ を利用すると，点Sの y 座標は $-apq$ だから，$-\frac{1}{2}\times(-1)\times t=\frac{1}{2}t$

(2) △OPSの面積を t で表すと，$\frac{1}{2}\times\frac{1}{2}t\times1=\frac{1}{4}t$

STの長さを a として，△SQTの面積を a，t で表すと，$\frac{1}{2}\times a\times t=\frac{1}{2}at$

$\frac{1}{4}t=\frac{1}{2}at$ より，$a=\frac{1}{2}$

よって，点Tの y 座標は，$\frac{1}{2}t+\frac{1}{2}$

(3) △ORS＝△OPQのとき，両方から△OSPをひくと，△OPR＝△OQS

点Rのx座標は，直線$y=\dfrac{1}{2}(t-1)x+\dfrac{1}{2}t$において，$y=0$とすると，$x=-\dfrac{t}{t-1}$

よって，$OR=0-\left(-\dfrac{t}{t-1}\right)=\dfrac{t}{t-1}$だから，

$\triangle OPR=\dfrac{1}{2}\times\dfrac{t}{t-1}\times\dfrac{1}{2}=\dfrac{t}{4(t-1)}$

一方，$\triangle OQS=\dfrac{1}{2}\times\dfrac{1}{2}t\times t=\dfrac{1}{4}t^2$

よって，$\dfrac{t}{4(t-1)}=\dfrac{1}{4}t^2$が成り立つから，両辺を$\dfrac{1}{4}t$でわると，$\dfrac{1}{t-1}=t$　$t(t-1)=1$

$t^2-t-1=0$　$t>0$だから，$t=\dfrac{1+\sqrt{5}}{2}$

2 (1) $P(-2,\ 2)$，$Q(4,\ 8)$とわかるので，この2点を通る直線の式を求めればよい。

(2) 点Cのy座標は$\dfrac{1}{2}t^2$で，Bのy座標も$\dfrac{1}{2}t^2$である。Bは直線$\ell\left(y=-\dfrac{1}{2}x+1\right)$上の点だから，$y$座標が$\dfrac{1}{2}t^2$のとき，$\dfrac{1}{2}t^2=-\dfrac{1}{2}x+1$より，$x$座標は$2-t^2$で，Aの$x$座標も$2-t^2$である。また，Aは直線$y=x+4$上の点だから，$x$座標が$2-t^2$のとき，$y$座標は$6-t^2$

よって，$A(2-t^2,\ 6-t^2)$

(3) $AB=6-t^2-\dfrac{1}{2}t^2=6-\dfrac{3}{2}t^2$

$BC=t-(2-t^2)=t^2+t-2$

$AB=BC$となればよいから，

$6-\dfrac{3}{2}t^2=t^2+t-2$　$5t^2+2t-16=0$

$t=\dfrac{-2\pm\sqrt{2^2-4\times5\times(-16)}}{2\times5}=\dfrac{-2\pm\sqrt{324}}{10}$

$=\dfrac{-2\pm18}{10}=\dfrac{8}{5}$，$-2$　$t>0$より，$t=\dfrac{8}{5}$

3 (1) 直線ABの式は，

$y=a\times(-4+2)x-a\times(-4)\times2=-2ax+8a$

と表すことができ，これが$y=-\dfrac{1}{2}x+b$のとき，

$-2a=-\dfrac{1}{2}$，$8a=b$が成り立つ。

これより，$a=\dfrac{1}{4}$，$b=2$

(2) $y=\dfrac{1}{4}\times(2+8)x-\dfrac{1}{4}\times2\times8=\dfrac{5}{2}x-4$

(3) $A(-4,\ 4)$を通り，直線BCと平行な直線の式は$y=\dfrac{5}{2}x+14$であり，次の図のように等間隔の平行線ア，イ，ウをひくと，それらの傾きはすべて$\dfrac{5}{2}$で，切片は$14-(-4)=18$ずつ変化するから，ア，イ，ウの式はそれぞれ，

$y=\dfrac{5}{2}x+32$，$y=\dfrac{5}{2}x-22$，$y=\dfrac{5}{2}x-40$になる。

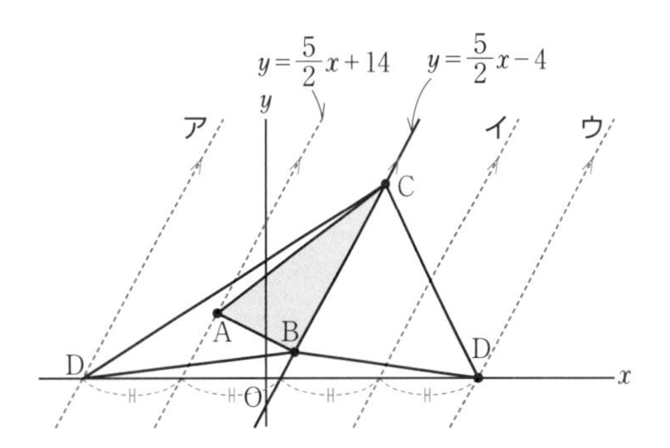

$\triangle DBC=2\triangle ABC$となるのは，Dが直線アまたはウ上にあるときだから，これらの直線とx軸との交点を求めて，$x=16$または$-\dfrac{64}{5}$

4 (1) $A(-1,\ 1)$より，直線ABの式は，$y=x+2$

$x^2=x+2$より，$x^2-x-2=0$　$(x-2)(x+1)=0$

Bのx座標は正だから，$B(2,\ 4)$

$C(-4,\ -8)$より，Dの座標も同様に求めて，

$D(2,\ -2)$

$\triangle ADB$の面積は$\dfrac{1}{2}\times6\times3=9$であり，$AB /\!/ CD$より，$AB:CD=\{2-(-1)\}:\{2-(-4)\}=1:2$

であるから，$\triangle ACD=2\triangle ADB=18$

よって，$S=9+18=27$

(2) ABの中点をMとすると，

$M\left(\dfrac{-1+2}{2},\ \dfrac{1+4}{2}\right)$より$M\left(\dfrac{1}{2},\ \dfrac{5}{2}\right)$

CDの中点をNとすると，

$N\left(\dfrac{-4+2}{2},\ \dfrac{-8+(-2)}{2}\right)$より$N(-1,-5)$

このとき，四角形ACDBは$AB /\!/ CD$の台形だから，MNの中点をPとすると，求める直線ℓは点P$\left(-\dfrac{1}{4},\ -\dfrac{5}{4}\right)$を通る。

直線OPの式を求めて，

$y=5x$

ℓ
B(2,4)
M
A(−1,1)
P
D
(2,−2)
N
C(−4,−8)

ここに注意　台形の上底，下底の中点をそれぞれM，Nとし，MNの中点をPとす

る。台形の上底と下底を横切ってその面積を2等分する直線は点Pを通る。

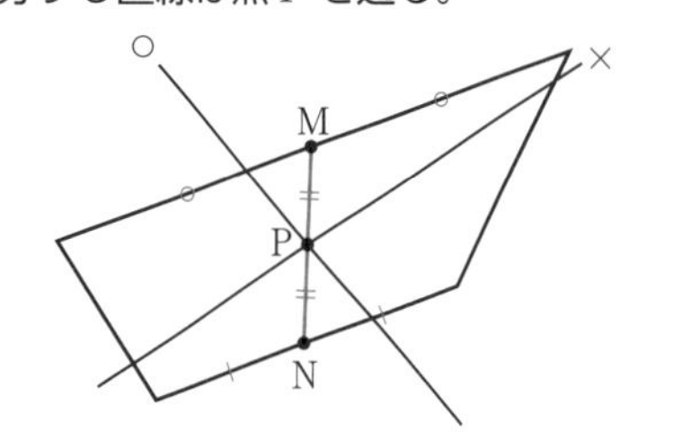

(3) 求める直線 m が辺BDと交わる点をQとすると，$\triangle CDQ=27\div2=\frac{27}{2}$ になればよいから，

$DQ=\frac{27}{2}\times2\div6=\frac{9}{2}$

よって，$Q\left(2,\ \frac{5}{2}\right)$ とわかるから，

2点 $C(-4,\ -8)$，$Q\left(2,\ \frac{5}{2}\right)$ を通る直線の式を求めて，$y=\frac{7}{4}x-1$

B(2,4)　$Q\left(2,\frac{5}{2}\right)$　A(−1,1)　$\frac{9}{2}$　$\frac{27}{2}$　D(2,−2)　C(−4,−8)

第5章　相似な図形

14 相似な三角形

Step A　解答　本冊▶p.74〜p.75

1 (1) △ABCと△DBAにおいて，
仮定より，∠BAC＝∠BDA＝90°……①
共通な角だから，∠ABC＝∠DBA……②
①，②より，2組の角がそれぞれ等しいから，
△ABC∽△DBA

(2) $\frac{48}{5}$ cm

2 (1) △ABCと△ACDにおいて，
共通な角だから，∠BAC＝∠CAD……①
BA：CA＝9：6＝3：2
CA：DA＝6：4＝3：2だから，
BA：CA＝CA：DA……②
①，②より，2組の辺の比とその間の角がそれぞれ等しいから，△ABC∽△ACD

(2) $\frac{15}{2}$ cm

3 (1) △EBFと△FCDにおいて，
仮定より，∠EBF＝∠FCD＝90°……①
∠EFB＝a とおくと，△EBFの内角の和より，∠BEF＝180°－90°－a＝90°－a
また，∠EFD＝∠EAD＝90°だから，
∠CFD＝180°－∠EFD－a＝90°－a
よって，∠BEF＝∠CFD……②
①，②より，2組の角がそれぞれ等しいから，
△EBF∽△FCD

(2) 4cm

4 (1) △ABDと△AEFにおいて，
仮定より，∠ABD＝∠AEF＝60°……①
∠BAD＝∠BAC－∠DAC＝60°－∠DAC
∠EAF＝∠EAD－∠DAC＝60°－∠DAC
であるから，
∠BAD＝∠EAF……②
①，②より，2組の角がそれぞれ等しいから，
△ABD∽△AEF

(2) $\frac{35}{8}$ cm

5 (1) △DBFと△FCEにおいて，
仮定より，∠DBF＝∠FCE＝60°……①
また，∠DFB＝a とおくと，△DBFの内角の和より，∠BDF＝180°－60°－a
＝120°－a　∠DFE＝60°だから，
∠CFE＝180°－∠DFE－∠DFB
＝180°－60°－a＝120°－a
よって，∠BDF＝∠CFE……②
①，②より，2組の角がそれぞれ等しいから，
△DBF∽△FCE

(2) $\frac{21}{2}$ cm

解き方

1 (2) △ABC∽△DBAより，BA：BD＝BC：BA

12：BD＝15：12　15BD＝144　$BD=\frac{48}{5}$(cm)

ここに注意

直角三角形の直角の頂点から斜辺に垂線をひいた図形では，3つの直角三角形はすべて相似である。(上の図で，△ABC∽△DBA∽△DAC)

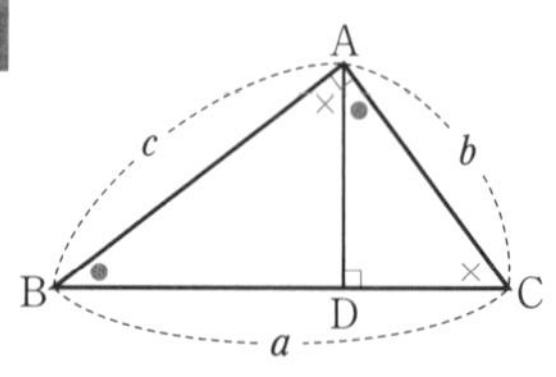

また，$AD=\frac{bc}{a}$，$BD=\frac{c^2}{a}$，$CD=\frac{b^2}{a}$ が成り立つ。

2 (2) AB：AC＝BC：CD より，

9：6＝BC：5　6BC＝45　BC＝$\frac{15}{2}$(cm)

3 (2) △EBF ∽△FCD より，EB：FC＝BF：CD

ここで，BF＝BC－FC＝AD－FC＝15－12＝3(cm) であるから，

EB：12＝3：9　9EB＝36　EB＝4(cm)

4 (2) △ABD ∽△AEF より，AB：AE＝BD：EF

8：7＝5：EF　8EF＝35　EF＝$\frac{35}{8}$(cm)

5 (2) △DBF ∽△FCE より，DB：FC＝BF：CE

8：12＝3：CE　8CE＝36　CE＝$\frac{9}{2}$(cm)

よって，AE＝15－$\frac{9}{2}$＝$\frac{21}{2}$(cm)

Step B　解答

本冊▶p.76～p.77

1 (1) $\sqrt{15}$ cm　(2) $x=\frac{7+2\sqrt{19}}{3}$　(3) $\frac{12}{7}$

2 (1) 108°

(2) △ABC と△AED において，
AB＝AE, BC＝ED, ∠ABC＝∠AED より，
2 組の辺とその間の角がそれぞれ等しいから，△ABC ≡△AED
よって，∠BAC＝∠EAD
＝(180°－108°)÷2＝36° だから，
∠CAD＝108°－36°×2＝36°
このとき，△ACD と△AFE において，
∠CAD＝∠FAE＝36° ……①
また，∠ADC＝(180°－36°)÷2＝72°，
∠AEF＝∠AED－∠DEF＝108°－36°
＝72° だから，∠ADC＝∠AEF＝72° ……②
①，②より，2 組の角がそれぞれ等しいから，
△ACD ∽△AFE

(3) 2　(4) $1+\sqrt{5}$

3 (1) △ABE と△ACF において，
仮定より，∠BAE＝∠CAF ……①，
∠AEB＝∠AFC＝90° ……②
①，②より，2 組の角がそれぞれ等しいから，
△ABE ∽△ACF
よって，AB：AC＝BE：CF ……㋐
次に，△BED と△CFD において，
仮定より，∠BED＝∠CFD＝90° ……③
対頂角は等しいから，
∠BDE＝∠CDF ……④
③，④より，2 組の角がそれぞれ等しいから，
△BED ∽△CFD
よって，BD：CD＝BE：CF ……㋑
㋐，㋑より，BD：CD＝AB：AC

(2) BD＝$\frac{21}{5}$ cm，AF：FD＝5：1

4 (1) $\frac{20}{3}$ cm　(2) $\frac{8}{3}$ cm²

5 (1) 5　(2) $\frac{30}{7}$

解き方

1 (1) △ABC ∽△HAC だから，BC：AC＝AC：HC
5：AC＝AC：3　$AC^2=15$　AC＝$\sqrt{15}$ (cm)

(2) ∠BAC＝∠ADB，∠ABC＝∠DBA より，2 組の角がそれぞれ等しいから，△ABC ∽△DBA
よって，AB：DB＝BC：BA
$(x+3)：(2x-4)=2x：(x+3)$
$(x+3)^2=2x(2x-4)$　$3x^2-14x-9=0$
BC＞DC より，$x>2$ だから，$x=\frac{7+2\sqrt{19}}{3}$

(3) 右の図で，△ADF と△ABC は相似だから，DF＝DB＝x とおくと，
AD：AB＝DF：BC より，
$(4-x)：4=x：3$
$4x=3(4-x)$　$x=\frac{12}{7}$

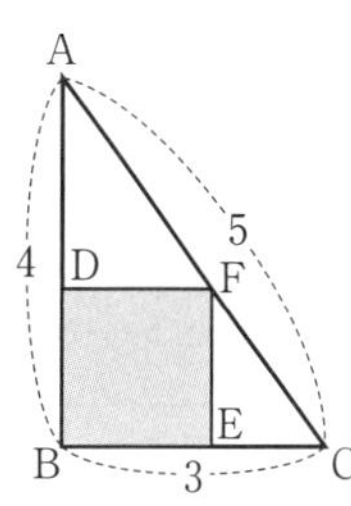

2 (1) 五角形の内角の和は 180°×(5－2)＝540° だから，
1 つの内角は 540°÷5＝108°

(3) △ACD は二等辺三角形で，△AFE は△ACD と相似で二等辺三角形だから，AF＝AE＝2

(4) AD＝x とおくと，FE＝CE－CF＝$x-2$ となることと，△AFE ∽△ACD より，AE：AD＝FE：CD が成り立つことから，
$2：x=(x-2)：2$　$x^2-2x-4=0$
$x>0$ だから，$x=1+\sqrt{5}$

3 (2) BD：CD＝AB：AC＝6：4＝3：2
よって，BD＝BC×$\frac{3}{5}$＝7×$\frac{3}{5}$＝$\frac{21}{5}$(cm)
次に，△ABE ∽△ACF より，AE：AF＝AB：AC＝3：2 だから，AE＝$3a$，AF＝$2a$ とおくと，
FE＝$3a-2a=a$
さらに，△BED ∽△CFD より，ED：FD＝BE：CF＝3：2 だから，FD＝FE×$\frac{2}{5}$＝$\frac{2}{5}a$ となるので，AF：FD＝$2a$：$\frac{2}{5}a$＝5：1

4 (1) AG＝BG，BE＝2EC より，GB＝6cm，BE＝8cm，CE＝4cm で，QE＝QD だから，QE＝$x$cm とすると，QC＝$(12-x)$cm

右の図で，色のついた3つの直角三角形はすべて相似だから，△GBE と△ECQ に着目すると，

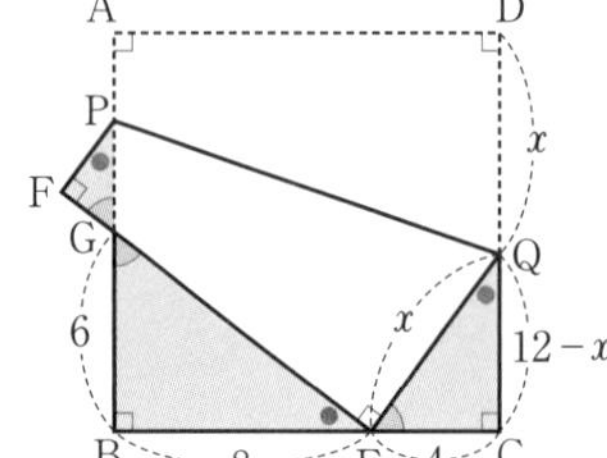

GB：EC＝BE：CQ より，6：4＝8：$(12-x)$

$6(12-x)=4\times 8$　$x=\dfrac{20}{3}$

(2) EG：QE＝GB：EC より，EG：$\dfrac{20}{3}$＝6：4＝3：2

2EG＝20　EG＝10(cm)

EF＝DA＝12cm だから，GF＝12－10＝2(cm)

ここで，△GBE と△GFP に着目すると，

GB：GF＝BE：FP　6：2＝8：FP

6FP＝16　FP＝$\dfrac{8}{3}$(cm)

△PFG の面積は，$\dfrac{1}{2}\times 2\times\dfrac{8}{3}=\dfrac{8}{3}$(cm^2)

ここに注意　正方形(長方形，正三角形)の折り返しの問題では，相似になっている三角形に着目する。

5 (1) ∠BAC＝∠BCD＝a，∠BDC＝∠BEC＝b とおくと，△ADC において，∠ACD＝∠CDB－∠CAD＝$b-a$ となり，これより，∠BCE＝$a+(b-a)$＝b とわかる。よって，△BCE は BC＝BE の二等辺三角形だから，BE＝BC＝5

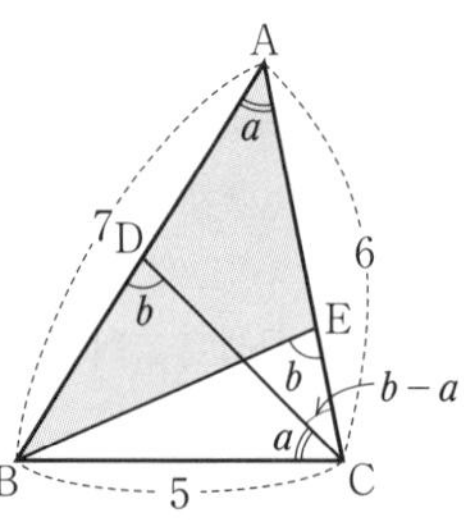

(2) △ABE∽△ACD より，AB：AC＝BE：CD

7：6＝5：CD　7CD＝30　CD＝$\dfrac{30}{7}$

15 平行線と線分の比

Step A 解答　本冊▶p.78〜p.79

1 (1) $x=8$，$y=\dfrac{50}{3}$　(2) $x=\dfrac{27}{2}$，$y=15$

2 (1) 3：5　(2) $\dfrac{45}{8}$ cm

3 $\dfrac{15}{2}$ cm

4 8cm

5 (1) AE＝6cm，BC＝$\dfrac{35}{3}$ cm　(2) 32cm^2

6 (1) BD＝$\dfrac{20}{3}$，CD＝$\dfrac{16}{3}$　(2) 3：2

解き方

1 (1) 12：x＝AD：DB＝3：2 より，$3x=24$　$x=8$

10：y＝AD：AB＝3：5 より，$3y=50$　$y=\dfrac{50}{3}$

(2) 9：x＝DE：BC＝2：3 より，$2x=27$　$x=\dfrac{27}{2}$

10：y＝DE：BC＝2：3 より，$2y=30$　$y=15$

2 (1) AB∥CD だから，

BE：CE＝AB：CD＝9：15＝3：5

(2) CD∥EF だから，

EF：CD＝BE：BC＝3：(3+5)＝3：8

よって，EF：15＝3：8 より，EF＝$\dfrac{45}{8}$(cm)

3 △ABF において，AD：DB＝AE：EF＝1：1 だから，DE∥BF となり，DE：BF＝1：2

これより，DE＝$\dfrac{1}{2}$BF＝5(cm)

また，△CDE において，DE∥GF で，CF：FE＝1：1 だから，GF：DE＝1：2

これより，GF＝$\dfrac{1}{2}$DE＝$\dfrac{5}{2}$(cm)

よって，BG＝BF－GF＝$10-\dfrac{5}{2}=\dfrac{15}{2}$(cm)

4 AD∥BC より，

AO：CO＝DO：BO＝AD：BC＝1：2

△ABC において，PO∥BC だから，

PO：BC＝AO：AC＝1：(1+2)＝1：3

これより，PO＝$\dfrac{1}{3}$BC＝4(cm)

同様に，△DBC において，OQ＝4cm

よって，PQ＝PO＋OQ＝4＋4＝8(cm)

5 (1) DE∥BC より，AE：EC＝AD：DB＝3：2

EC＝4cm だから，AE＝$\dfrac{3}{2}$EC＝6(cm)

また，DE：BC＝3：(3+2)＝3：5

DE＝7cm だから，BC＝$\dfrac{5}{3}$DE＝$\dfrac{35}{3}$(cm)

(2) △ABC∽△ADE で，相似比は，AB:AD＝5:3 だから，面積の比は，$5^2:3^2=25:9$

△ABC の面積が 50cm^2 だから，△ADE の面積は，$50\times\dfrac{9}{25}=18$(cm^2)

よって，四角形 BCED の面積は，
$50-18=32(\text{cm}^2)$

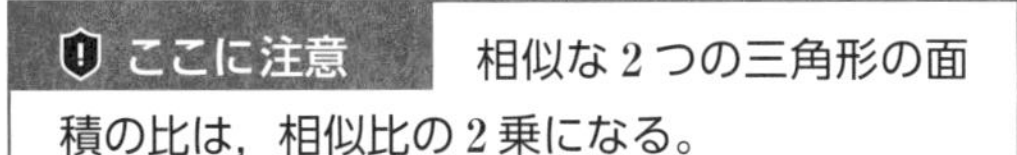

相似な 2 つの三角形の面積の比は，相似比の 2 乗になる。

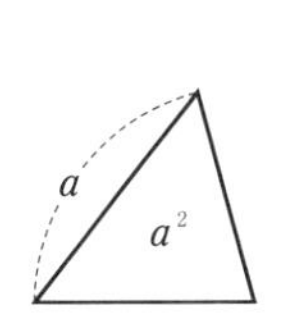

∽
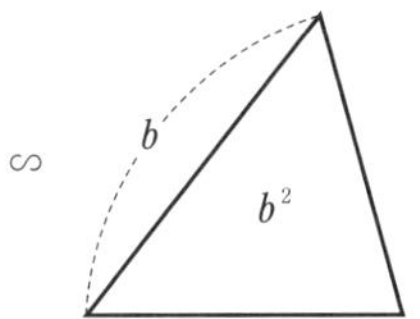

（相似比が $a:b$ なら，面積比は $a^2:b^2$）

6 (1) AD は∠BAC の二等分線だから，
BD：CD＝AB：AC＝10：8＝5：4
よって，$BD=BC\times\frac{5}{5+4}=12\times\frac{5}{9}=\frac{20}{3}$
$CD=12-\frac{20}{3}=\frac{16}{3}$
(2) △BAD において，BI は∠ABD の二等分線だから，$AI:ID=AB:BD=10:\frac{20}{3}=3:2$

Step B 解答

本冊▶p.80〜p.81

1 (1) $x=\frac{21}{5}$　(2) $x=\frac{21}{4}$　(3) $x=\frac{13}{2}$

2 (1) 5：8　(2) 2：1　(3) 7：5

3 (1) △ABE と△CBD において，
仮定より，∠ABE＝∠CBD ……①
また，AD＝AE より，∠AED＝∠ADE
であるから，∠AEB＝180°－∠AED
＝180°－∠ADE＝∠CDB ……②
①，②より，2 組の角がそれぞれ等しいから，
△ABE ∽ △CBD
(2) $\frac{8}{5}$ cm

4 (1) 16　(2) 4：3　(3) 9：7

解き方

1 (1) 右の図のように，A と F を結び，直線 m との交点を G とする。
△ACF において，
AB：BC＝3：2 だから，
BG：CF＝3：(3＋2)
＝3：5
CF＝5 より，BG＝3

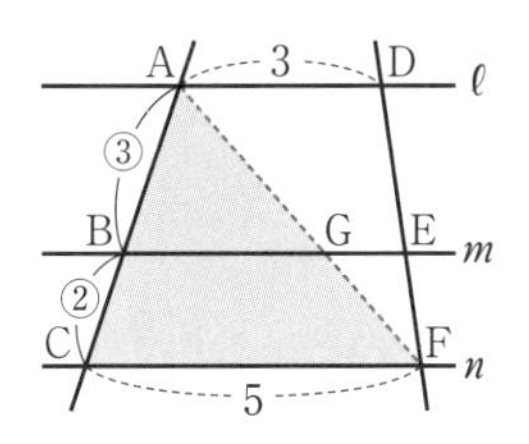

同様に，△FAD において，GE：AD＝2：(2＋3)
＝2：5 だから，$GE=3\times\frac{2}{5}=\frac{6}{5}$
よって，$x=3+\frac{6}{5}=\frac{21}{5}$

別解 A を通って DF と平行な直線をひき，直線 m，n との交点を G，H とすると，
GE＝HF＝3 だから，
CH＝5－3＝2

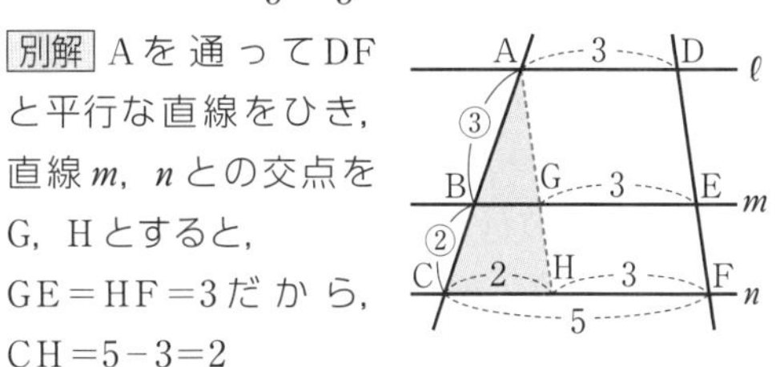

$BG=\frac{3}{5}CH=\frac{3}{5}\times2=\frac{6}{5}$　$x=\frac{6}{5}+3=\frac{21}{5}$

(2) △ABE において，BE∥DF より，
AD：DB＝AF：FE＝4：3
また，DE∥BC より，△ADE ∽ △ABC となるから，AE：EC＝AD：DB＝4：3
よって，7：x＝4：3 より，$x=\frac{21}{4}$

(3) 右の図のように，点 E，F をとると，
△ABC において，
PF：BC＝AP：AB＝3：4 であるから，
$PF=12\times\frac{3}{4}=9$

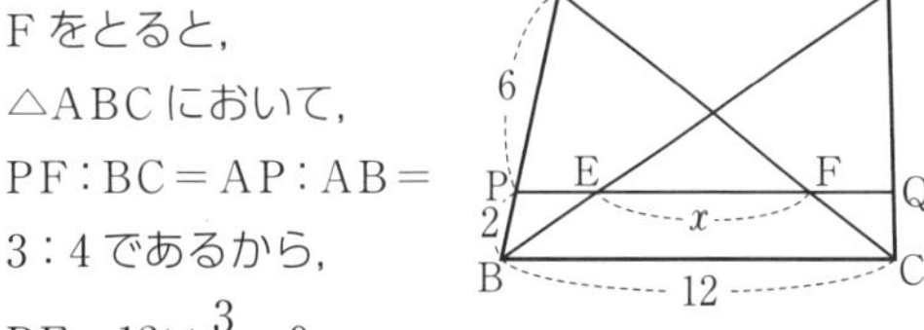

△BDA において，PE：AD＝BP：BA＝1：4
であるから，$PE=10\times\frac{1}{4}=\frac{5}{2}$
よって，$EF(=x)=9-\frac{5}{2}=\frac{13}{2}$

2 (1) △ABE において，DF∥AE だから，
DF：AE＝BD：BA＝5：(5＋3)＝5：8
(2) BE：EC＝4：3 だから，BE＝$4a$，EC＝$3a$ とおくと，BF：FE＝BD：DA＝5：3 より，
$FE=BE\times\frac{3}{5+3}=4a\times\frac{3}{8}=\frac{3}{2}a$
よって，△CDF において，PE∥DF だから，
$CP:PD=CE:EF=3a:\frac{3}{2}a=2:1$
(3) DF＝k とおくと，
△ABE において，
DF：AE＝5：8 だから，
$AE=\frac{8}{5}k$
△DFC において，
DF：PE＝CD：CP
＝3：2 だから，$PE=\frac{2}{3}k$

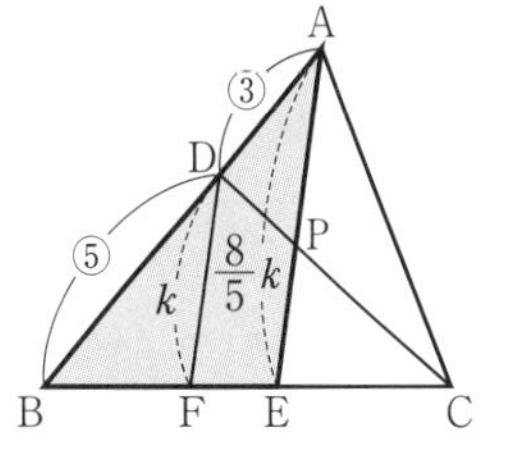

よって，$AP=\frac{8}{5}k-\frac{2}{3}k=\frac{14}{15}k$ だから，

$AP:PE=\frac{14}{15}k:\frac{2}{3}k=7:5$

3 (2) △ABE∽△CBD より，
BE：BD＝BA：BC＝8：10＝4：5
これと AF∥DG から，
BF：FG＝BE：ED＝4：1
また，BD は∠ABC の二等分線だから，
AD：CD＝AB：BC＝4：5
これと AF∥DG から，
FG：GC＝AD：CD＝4：5
そこで，$FG=4a$，$GC=5a$ とおくと，$BF=4FG=16a$ だから，$BC=16a+4a+5a=25a$
BC＝10cm より，$25a=10$　$a=\frac{2}{5}$
よって，$FG=4a=\frac{8}{5}$(cm)

4 (1) EF∥BC より，錯角が等しいので，
∠DBC＝∠EDB
また，仮定より∠DBC＝∠EBD であるから，
∠EBD＝∠EDB
よって，EB＝ED
同様に，FC＝FD がいえるので，
△AEF の周の長さは，AE＋AF＋EF
＝AE＋AF＋(ED＋FD)＝AE＋AF＋EB＋FC＝(AE＋EB)＋(AF＋FC)
＝AB＋AC＝9+7＝16

(2) △AEF と△ABC は相似な三角形で，△ABC の周の長さは 9+12+7＝28 だから，相似比は，16：28＝4：7
よって，AE：AB＝4：7 より，AE：EB＝4：3

(3) $ED=EB=\frac{3}{7}AB$，$FD=FC=\frac{3}{7}AC$ だから，

$ED:FD=\frac{3}{7}AB:\frac{3}{7}AC$
＝AB：AC＝9：7

16 相似の利用

Step A　解答　本冊▶p.82〜p.83

1 (1) $\frac{11}{2}$cm　(2) 140°
2 (1) 4：1　(2) 3：2　(3) 1：10
3 (1) $24\pi cm^3$　(2) $456\pi cm^3$
4 (1) 3：5　(2) 2：3
5 (1) 1：2　(2) 1：9　(3) 3

解き方

1 (1) 中点連結定理より，$MP=\frac{1}{2}AB=\frac{5}{2}$(cm)，

$PN=\frac{1}{2}DC=3$(cm) だから，$\frac{5}{2}+3=\frac{11}{2}$(cm)

(2) 中点連結定理より，MP∥AB，PN∥DC だから，
∠MPD＝∠ABD＝20°，
∠DPN＝180°－∠PDC＝120° となるので，
∠MPN＝∠MPD＋∠DPN＝20°＋120°＝140°

2 (1) E を通って AD と平行な直線をひき，BC との交点を G とする。E は AC の中点だから，
CG＝GD
BD：DC＝2：1 より，

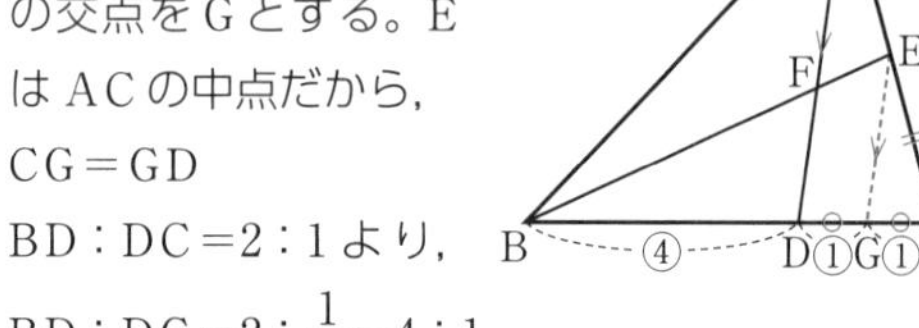

BD：DG＝2：$\frac{1}{2}$＝4：1
△BGE において，FD∥EG だから，
BF：FE＝BD：DG＝4：1

(2) FD：EG＝4：5，EG：AD＝1：2＝5：10 より，
FD：AD＝4：10＝2：5
よって，AF：FD＝(5－2)：2＝3：2

(3) △AFE の面積を S とすると，BF：FE＝4：1 より，△ABE＝$5S$
さらに，AE：AC＝1：2 より，
△ABC＝$5S\times2=10S$ となる。
よって，△AFE：△ABC＝$S:10S=1:10$

3 もとの円錐を P，P からいちばん下の立体を除いた円錐を Q，いちばん上の円錐を R とすると，P，Q，R は相似で相似比は，3：2：1
よって，P，Q，R の体積比は，$3^3:2^3:1^3=27:8:1$

(1) いちばん上の立体の体積を V とすると，
$168\pi:V=(8-1):1=7:1$
$V=168\pi\times\frac{1}{7}=24\pi$ (cm³)

(2) いちばん下の立体の体積を V' とすると，(1) より，
$V':24\pi=(27-8):1=19:1$
よって，$V'=24\pi\times19=456\pi$ (cm³)

4 (1) AP：PC＝AQ：BC
＝3：5

(2) RD：DC＝RQ：QB
＝DQ：QA＝2：3

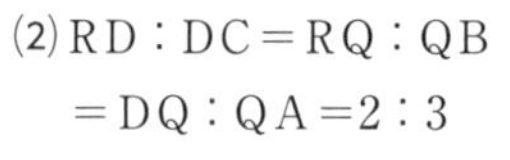

5 (1) AM：MB＝1：1，
CN：ND＝1：3
だから，$AB=CD=4a$ とおくと，
$AP:PC=AM:CD=2a:4a=1:2$

(2) MQ：QD＝AM：DN＝$2a$：$3a$＝2：3

Pは線分MDを1：2に，Qは線分MDを2：3に分けていることがわかるので，線分MDの長さを⑮と考えると，下の図のようになり，

PQ：QD＝1：9とわかる。

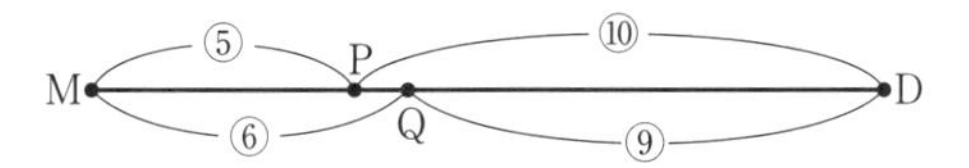

(3) △APQの面積をSとすると，PQ：MD＝1：15だから，△AMD＝$15S$

AB＝2AMより，△ABD＝$15S\times2=30S$

よって，平行四辺形ABCDの面積は$60S$となり，これが180のとき，$60S=180$　$S=3$

Step B　解答

本冊▶p.84～p.85

1 (1) ひし形　(2) 長方形　(3) 正方形

2 (1) 3：4　(2) 7：2

3 (1) 2：3　(2) 40cm^2　(3) 4：3

4 (1) 1：5　(2) $\frac{19}{120}$倍

5 (1) 4　(2) 5：2　(3) 7

6 (1) $\frac{3}{8}S$　(2) 4：1　(3) 3：28

解き方

1 △ABCで，中点連結定理より，

PQ//AC，PQ＝$\frac{1}{2}$AC ……①

△ADCで，中点連結定理より，

SR//AC，SR＝$\frac{1}{2}$AC ……②

①，②より，PQ//SR，PQ＝SR＝$\frac{1}{2}$ACとなり，四角形PQRSは，1組の対辺が平行で，その長さが等しいから平行四辺形である。

同様に，PS//QR，PS＝QR＝$\frac{1}{2}$BDである。

(1) AC＝BDのときはPQ＝SR＝PS＝QRとなるので，四角形PQRSはひし形になる。

(2) AC⊥BDのときはPS⊥SRとなるので，四角形PQRSは長方形になる。

(3) AC＝BDかつAC⊥BDのときは，ひし形であり長方形であるから，四角形PQRSは正方形になる。

ここに注意　四角形の4つの辺の中点を結んでできる四角形は平行四辺形である。

2 (1) DからBEと平行な直線をひき，ACとの交点をGとする。

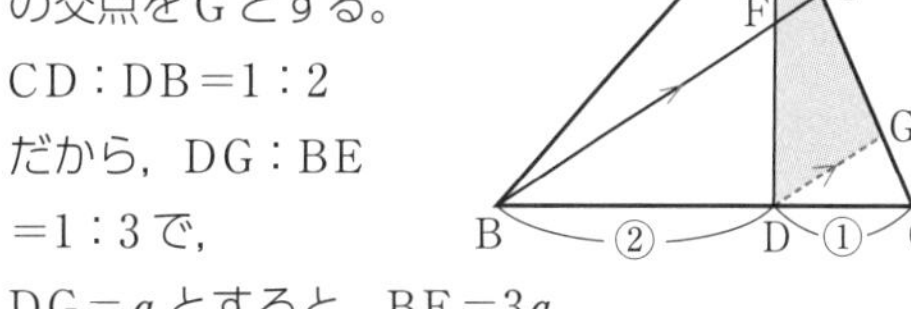

CD：DB＝1：2

だから，DG：BE＝1：3で，

DG＝aとすると，BE＝$3a$

ここで，BF：FE＝6：1より，

FE＝$3a\times\frac{1}{6+1}=\frac{3}{7}a$

よって，FE：DG＝$\frac{3}{7}a$：a＝3：7だから，

AF：FD＝3：(7－3)＝3：4

(2) △AFEの面積をSとすると，BF：FE＝6：1だから，△ABF＝$6S$

AF：FD＝3：4だから，△FBD＝$8S$となり，

△ABD＝$6S+8S=14S$となる。

さらに，BD：DC＝2：1より，

△ABC＝$21S$

よって，△ABC：四角形CEFD

＝$21S$：$(21S-S-6S-8S)$＝21：6＝7：2

別解　FCを結ぶ。

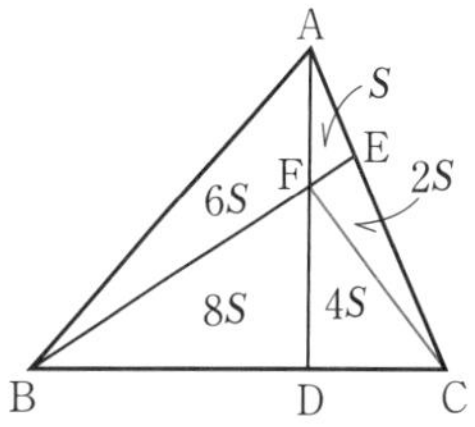

△AFEの面積をSとすると，BF：FE＝6：1だから，

△ABF＝$6S$

△ABF：△ACF＝BD：CD＝2：1だから，

△ACF＝$3S$

AF：FD＝3：4だから，△FBD＝$8S$，

△FCD＝$4S$となり，各三角形の面積は上の図のようになる。

よって，△ABC：四角形CEFD＝$21S$：$6S$

＝7：2

ここに注意

右の図で，

△ABP：△ACP

＝*a*：*b*

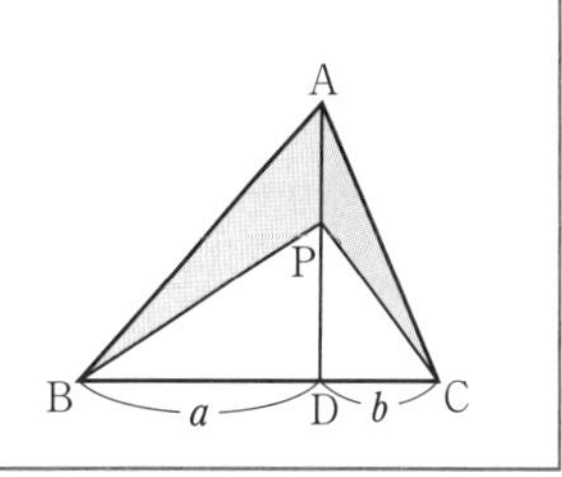

3 (1) AM：BM＝△PAM：△PBM＝16：24

＝2：3

(2) △APB：△APC＝BN：CN＝1：1だから，

△APC＝△APB＝16＋24＝40(cm^2)

(3) AM：MB＝2：3だから，△APC：△BPC＝2：3

よって，$\triangle BPC=40\times\frac{3}{2}=60$ (cm²)

さらに，BN＝CNだから，$\triangle PNC=60\times\frac{1}{2}=30$ (cm²)

これより，AP：PN＝△APC：△PNC＝40：30＝4：3

4 ANの延長とDCの延長との交点をQ，DMの延長とCBの延長との交点をRとすると，各線分の長さの比は下の図のようになる。

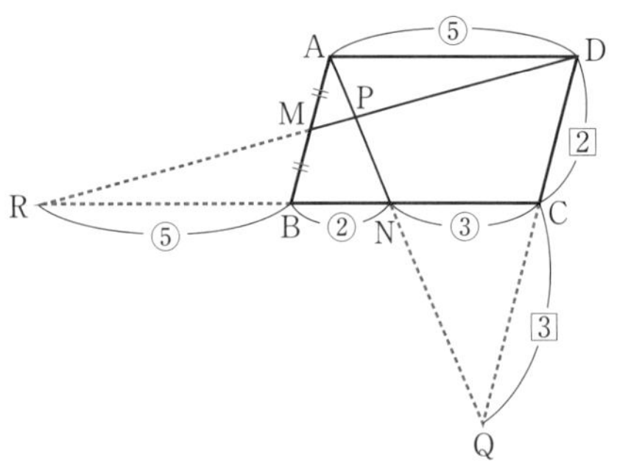

(1) MP：PD＝AM：QD＝1：5

(2) ▱ABCDの面積をSとすると，

BN：NC＝2：3だから，$\triangle ABN=\frac{2}{5}\triangle ABC=\frac{2}{5}\times\frac{1}{2}S=\frac{1}{5}S$

AM：MB＝1：1，AP：PN＝AD：NR＝5：7 だから，$\triangle AMP=\frac{5}{12}\triangle AMN$

$=\frac{5}{12}\times\frac{1}{2}\triangle ABN=\frac{5}{24}\times\frac{1}{5}S$

$=\frac{1}{24}S$

四角形BNPM＝△ABN－△AMP＝$\frac{1}{5}S-\frac{1}{24}S$

$=\frac{19}{120}S$

よって，四角形BNPMの面積は▱ABCDの面積の $\frac{19}{120}$ 倍

5 (1) 平行線の錯角が等しいことから，右の図のように△ABE，△CDFは二等辺三角形とわかり，BE＝CF＝7となる。

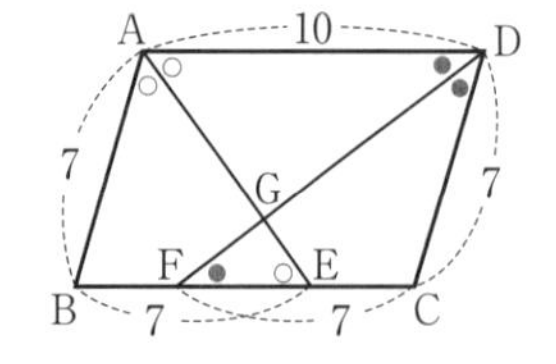

よって，EF＝7＋7－10＝4

(2) AG：GE＝AD：EF＝10：4＝5：2

(3) △CGE＝2で，FE：EC＝4：3だから，

$\triangle GFC=2\times\frac{7}{3}=\frac{14}{3}$

FG：GD＝2：5だから，$\triangle DFC=\triangle GFC\times\frac{7}{2}$

$=\frac{14}{3}\times\frac{7}{2}=\frac{49}{3}$

BF：FC＝3：7だから，$\triangle ABF=\triangle DFC\times\frac{3}{7}$

$=\frac{49}{3}\times\frac{3}{7}=7$

> **ここに注意**　角の二等分線と平行線の組み合わせで，二等辺三角形が現れることが多い。

6 (1) $\triangle ACD=\frac{1}{2}S$で，AG：GC＝AD：FC＝3：1

だから，$\triangle AGD=\triangle ACD\times\frac{3}{4}=\frac{3}{8}S$

(2) AFの延長とDCの延長との交点をP，DEの延長とCBの延長との交点をQとすると，各線分の長さの比は下の図のようになる。

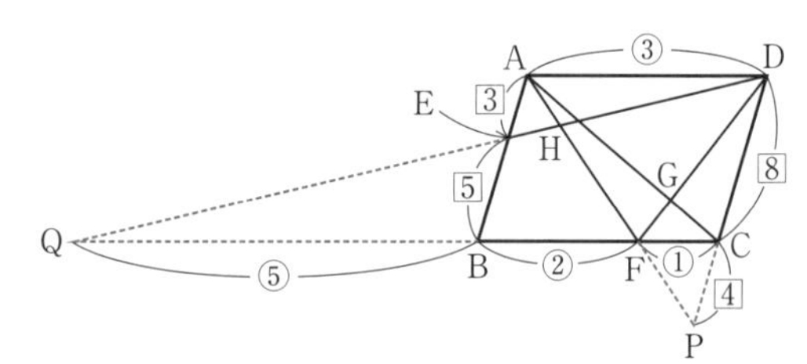

DH：HE＝DP：AE＝12：3＝4：1

(3) HF：HA＝QF：DA＝7：3だから，

△HAE：△HDF＝(HA×HE)：(HF×HD)

＝(3×1)：(7×4)＝3：28

> **ここに注意**　等しい角をもつ2つの三角形の面積比

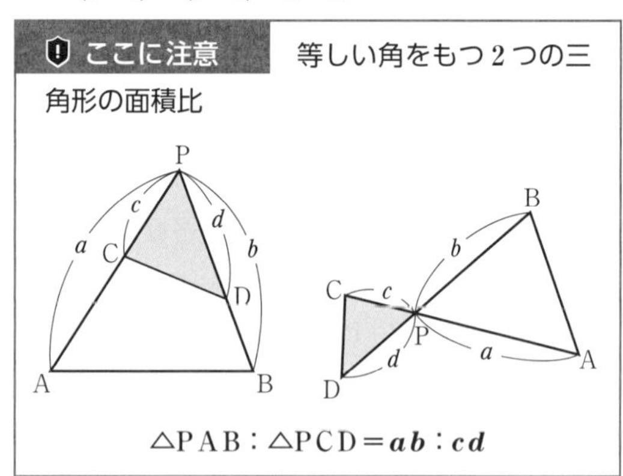

$\triangle PAB:\triangle PCD=ab:cd$

Step C 解答

本冊▶p.86～p.87

1 (1) 1：15　(2) $\frac{25}{6}$ cm　(3) $x=\frac{abc}{ab+c^2}$

2 (1) $\frac{7}{2}$　(2) $x=3,\ y=4$

3 $\frac{9}{4}$

4 (1) $\dfrac{1}{7}$ 倍　(2) $\dfrac{2}{63}$ 倍

5 (1) $\dfrac{18}{7}$　(2) $4\sqrt{2}$ cm

解き方

1 (1) BP の延長と CD の延長との交点を S，AQ の延長と BC の延長との交点を T とすると，各線分の長さの比は次の図のようになる。

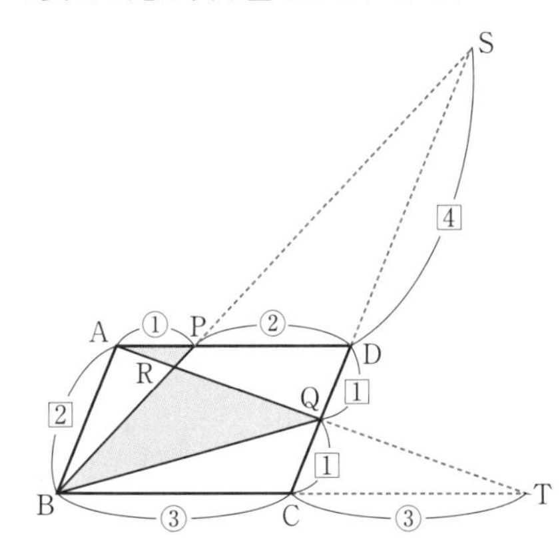

AR：RQ＝AB：QS＝2：5

PR：RB＝AP：BT＝1：6 であるから，

△ARP：△RBQ＝(RA×RP)：(RB×RQ)

＝(2×1)：(6×5)＝2：30＝1：15

(2) 等しい角に同じ印をつけると右の図のようになる。

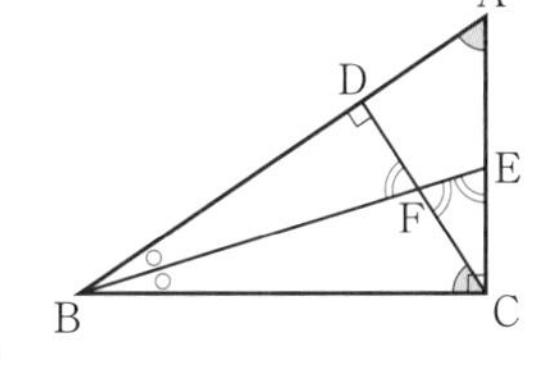

△ABE ∽△CBF

だから，

BE：BF＝AE：CF

AE＝6cm，CF＝CE＝5cm だから，

BE：BF＝6：5 ……①

また，△BEC ∽△BFD だから，

BE：BF＝EC：FD ……②

①，②より，EC:FD＝6:5 で，EC＝5cm だから，

5：FD＝6：5　6FD＝25　FD＝$\dfrac{25}{6}$(cm)

(3) △RBQ，△SRC はどちらも△ABC と相似であるから，その 3 辺の長さの比は $a:b:c$ であることを利用すると，

QR：RB＝$b:c$ より，RB＝$\dfrac{cx}{b}$

SR：RC＝$c:a$ より，RC＝$\dfrac{ax}{c}$

RB＋RC＝BC より，$\dfrac{cx}{b}+\dfrac{ax}{c}=a$

両辺に bc をかけて，$c^2x+abx=abc$

$(c^2+ab)x=abc$　$x=\dfrac{abc}{ab+c^2}$

2 (1) △ABC と△AED において，∠A は共通であり，AB：AE＝AC：AD＝2：1 であるから，2 組の辺の比とその間の角がそれぞれ等しいので，この 2 つの三角形は相似である。

よって，BC：ED＝2：1であるから，BC＝7より，

DE＝$\dfrac{7}{2}$

(2) △ABC ∽△AED より，∠ACB＝∠ADE

対頂角が等しいから∠ADE＝∠FDB

よって，∠ACB＝∠FDB となり，これと∠F が共通であることから，△FDB ∽△FCE

対応する辺の比をとって，

FD：FC＝DB：CE より，$y:(x+7)=2:5$

$2x+14=5y$ ……①

FB：FE＝DB：CE より，$x:\left(y+\dfrac{7}{2}\right)=2:5$

$2y+7=5x$ ……②

①，②より，$x=3$，$y=4$

3 右の図のように，

CF＝x とする。

△AFC と△DFE は相似であり，相似比は，

AC：DE＝6：2＝3：1

よって，CF：EF＝3：1

であるから，

EF＝$\dfrac{1}{3}x$

DF＝BC－BD－CF＝6－2－x＝4－x だから，

AF＝3DF＝3(4－x)

AF＋EF＝AE＝AB より，$3(4-x)+\dfrac{1}{3}x=6$

これを解いて，$x=\dfrac{9}{4}$

4 (1) 底面の長方形 ABCD を取り出して考える。

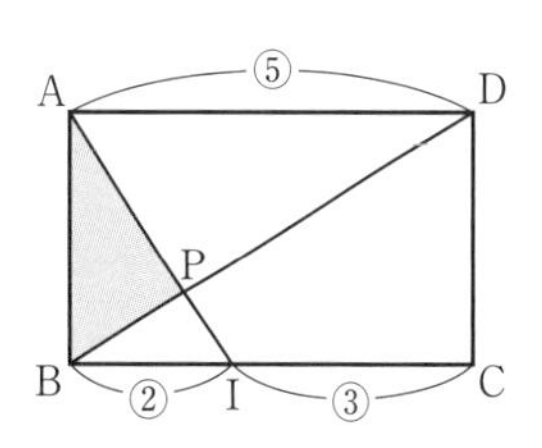

△ABI の面積は長方形 ABCD の $\dfrac{1}{2}\times\dfrac{2}{5}$

＝$\dfrac{1}{5}$ で，AP：PI＝

AD：BI＝5：2だから，△ABP の面積は長方形 ABCD の $\dfrac{1}{5}\times\dfrac{5}{7}=\dfrac{1}{7}$ (倍)

(2) 長方形 EFCD を取り出して考える。

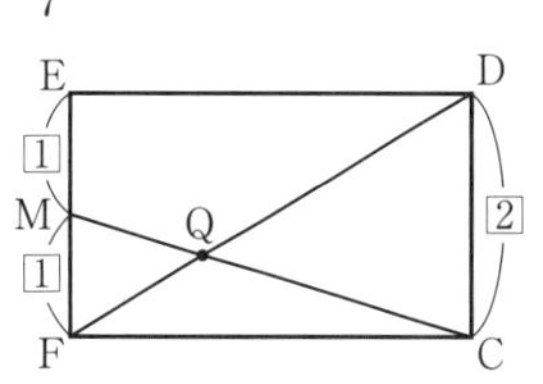

CQ：QM＝CD：MF

＝2：1 だから，

底面 ABCD から

点Qまでの高さは，Mまでの高さ，つまり直方体の高さの $\frac{2}{3}$ である。

底面積は長方形ABCDの $\frac{1}{7}$ であるから，

三角錐Q－ABPの体積は直方体の

$\frac{1}{7}\times\frac{2}{3}\times\frac{1}{3}=\frac{2}{63}$(倍)

5 (1) 右の図のように，AB，ACをとなりあう辺とする平行四辺形ABFCをつくり，AD，AEを延長させて，BF，FCとの交点をそれぞれP，Qとする。

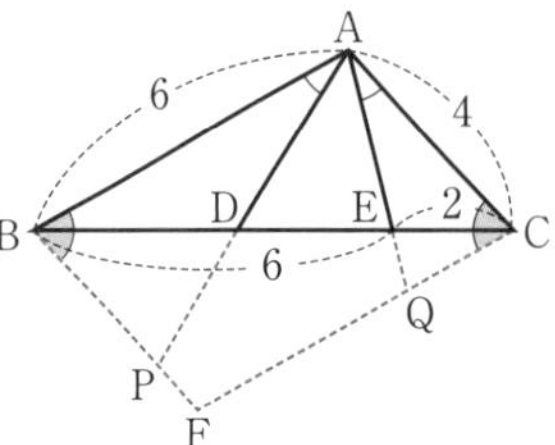

AB：CQ＝BE：CE＝6：2＝3：1より，CQ＝2

△ABP∽△ACQで，AB：AC＝6：4＝3：2より，BP＝3

よって，△BPD∽△CADより，BD：CD＝BP：CA＝3：4だから，BD＝$8\times\frac{3}{7}=\frac{24}{7}$

これより，DE＝$6-\frac{24}{7}=\frac{18}{7}$

(2) 三角形の内角の3本の二等分線は1点で交わるから，CIは∠BCAの二等分線である。

△ADI≡△AEIより，∠ADI＝∠AEIだから，

∠BDI＝∠IEC ……①

∠BAI＝∠CAI＝a，∠ABI＝∠CBI＝bとおくと，∠DIB＝180°－($a+b+90°$)＝90°－$a-b$

∠ECI＝$\frac{1}{2}$∠ACB＝$\frac{1}{2}\times(180°-2a-2b)$

＝90°－$a-b$より，∠DIB＝∠ECI ……②

①，②より，△DBI∽△EICだから，

DB：EI＝DI：EC

EI＝DI＝$x$cmとおくと，8：x＝x：1　$x^2=8$

$x-2\sqrt{2}$

よって，DE＝$2x=4\sqrt{2}$ (cm)

第6章　三平方の定理

17 三平方の定理

Step A　解答

本冊▶p.88〜p.89

1 (1) $x=12\sqrt{13}$　(2) $x=\sqrt{31}$　(3) $x=2\sqrt{6}$

2 (1) $x=3\sqrt{2}$，$y=\frac{3\sqrt{6}}{2}$

(2) $x=3\sqrt{6}$，$y=3+3\sqrt{3}$

(3) $x=12$，$y=6\sqrt{3}-6$

3 (1) $x=2\sqrt{19}$　(2) $x=4\sqrt{3}-4$

4 24cm

5 (1) AB＝5cm，BC＝10cm，CA＝$5\sqrt{5}$ cm

(2) $AB^2+BC^2=5^2+10^2=125$，

$CA^2=(5\sqrt{5})^2=125$ より，

$AB^2+BC^2=CA^2$ が成り立つから，△ABCは直角三角形といえる。

6 $\frac{\sqrt{6}+\sqrt{2}}{2}$ cm

7 6

解き方

1 (1) $x^2=24^2+36^2=2^2\times12^2+3^2\times12^2=12^2\times(2^2+3^2)$

$=12^2\times13$ より，$x=12\sqrt{13}$

(2) $y^2=4^2-1^2=16-1=15$

$x^2=y^2+4^2=15+16=31$

よって，$x=\sqrt{31}$

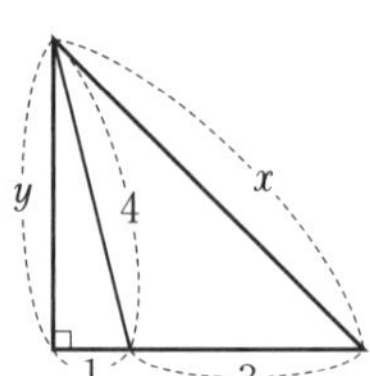

(3) $y^2=3^2+4^2=25$

$x^2=y^2-1^2=25-1$

$=24$

よって，$x=2\sqrt{6}$

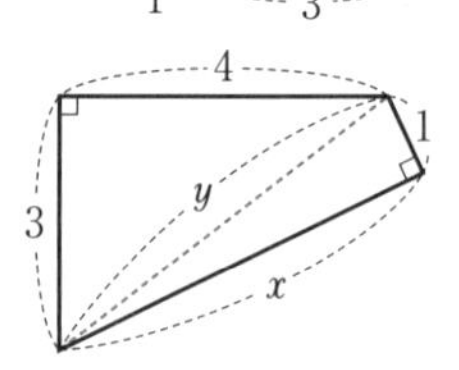

2 (1) AB：BC＝1：$\sqrt{2}$ より，$x=6\div\sqrt{2}=3\sqrt{2}$

AC＝$3\sqrt{2}$ で，AC：AD＝2：$\sqrt{3}$ より，

$y=3\sqrt{2}\times\frac{\sqrt{3}}{2}=\frac{3\sqrt{6}}{2}$

(2) AからBCに垂線AHをひくと，

AH：AC＝$\sqrt{3}$：2より，AH＝$6\times\frac{\sqrt{3}}{2}=3\sqrt{3}$

AH：AB＝1：$\sqrt{2}$ より，$x=3\sqrt{3}\times\sqrt{2}=3\sqrt{6}$

CH＝6÷2＝3だから，y＝CH＋BH＝$3+3\sqrt{3}$

(3) AC＝CD＝6で，AB：AC＝2：1だから，

$x=6\times2=12$

また，BC＝$6\times\sqrt{3}=6\sqrt{3}$ より，y＝BC－CD

$=6\sqrt{3}-6$

3 (1) 右の図のように，120°の外側に1つの角が60°の直角三角形をつくると，

$x=\sqrt{7^2+(3\sqrt{3})^2}$

$=\sqrt{76}=2\sqrt{19}$

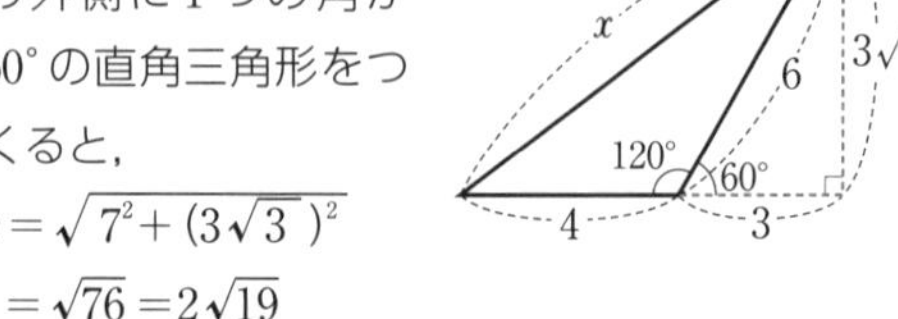

(2) 右の図のように，2つの直角三角形に分けると，

$\frac{1}{2}x+\frac{\sqrt{3}}{2}x=4$ が成り立つ。

これより，$(\sqrt{3}+1)x=8$

$x=\frac{8}{\sqrt{3}+1}$

$=\frac{8(\sqrt{3}-1)}{(\sqrt{3}+1)(\sqrt{3}-1)}=4(\sqrt{3}-1)=4\sqrt{3}-4$

4 BC$=x$cm とすると，AB$=(x+1)$cm，CA$=(x-17)$cm となるので，ABが最も長い辺(斜辺)である。よって，三平方の定理より，

$x^2+(x-17)^2=(x+1)^2$ が成り立つ。

展開して整理すると，$x^2-36x+288=0$

$(x-12)(x-24)=0$　$x=12,\ 24$

$x>17$ より，$x=24$(cm)

5 図に表すと，下のようになる。

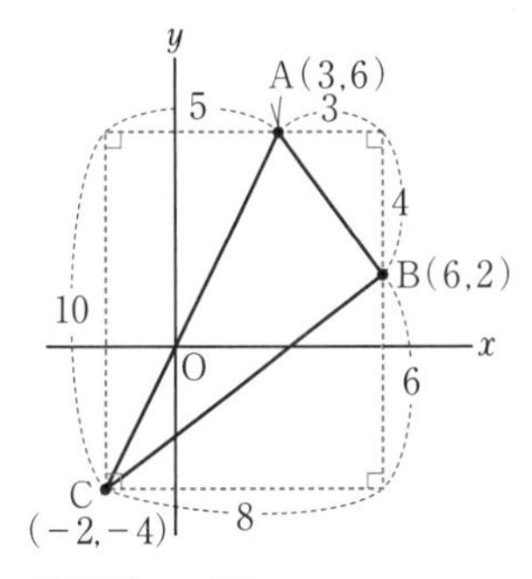

(1) AB$=\sqrt{3^2+4^2}=\sqrt{25}=5$(cm)

BC$=\sqrt{8^2+6^2}=\sqrt{100}=10$(cm)

CA$=\sqrt{5^2+10^2}=\sqrt{125}=5\sqrt{5}$ (cm)

6 右の図のように，対角線ACをひくと，その長さが$(\sqrt{3}+1)$cm とわかるので，正方形ABCDの1辺の長さは，$(\sqrt{3}+1)\div\sqrt{2}$

$=\frac{\sqrt{3}+1}{\sqrt{2}}=\frac{\sqrt{6}+\sqrt{2}}{2}$(cm)

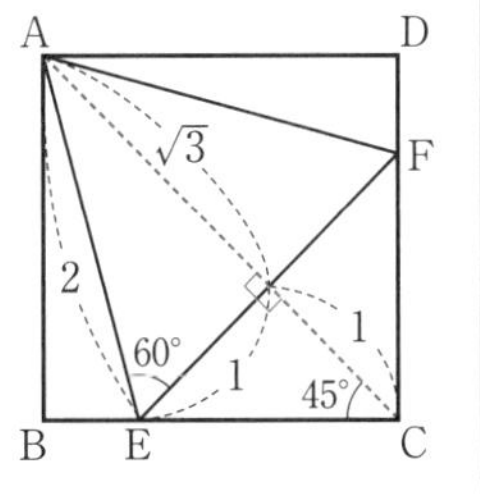

7 ADは∠BACの二等分線だから，

AB：AC＝BD：CD＝5：3である。

ここで，AB$=5a$，AC$=3a$ とおくと，直角三角形ABCにおいて，三平方の定理より，

$(3a)^2+8^2=(5a)^2$　$16a^2=64$　$a^2=4$　$a=2$

よって，AC$=3a=3\times2=6$

Step B 解答

本冊▶p.90〜p.91

1 (1) 8cm　(2) $\frac{56}{5}$ cm　(3) $6\sqrt{2}$ cm

2 (1) 8　(2) $\frac{8\sqrt{6}}{3}$　(3) $\frac{32\sqrt{2}}{3}$

3 $2\sqrt{3}$

4 $3\sqrt{73}$

5 (1) 15　(2) $\frac{15}{4}$　(3) $\frac{17\sqrt{17}}{4}$

6 $\sqrt{2}$

7 $(\sqrt{3}+\sqrt{2})$cm

8 (1) 120°　(2) $\frac{6\sqrt{19}}{5}$

解き方

1 (1) AD$=\sqrt{\mathrm{AB}^2-\mathrm{BD}^2}=\sqrt{10^2-6^2}=\sqrt{64}=8$(cm)

(2) △ABD∽△CBEより，AB：CB＝AD：CE

10：14＝8：CE　10CE＝112　CE$=\frac{56}{5}$(cm)

(3) △CBE∽△CFDと(2)より，△ABD∽△CFD

よって，AD：CD＝BD：FD

8：8＝6：FD　FD＝6(cm)

BD＝FDより，BF$=\sqrt{2}$ BD$=6\sqrt{2}$ (cm)

> **ここに注意**　直角三角形では，三平方の定理だけでなく，相似にも着目すること。(2つの直角三角形があるときは，相似な三角形ができやすい。)

2 (1) DからBCに垂線をひき，BCとの交点をHとすると，DB＝DCより，Hは辺BCの中点である。また，四角形ABHDは長方形になるので，BH＝AD＝4より，BC＝2BH＝8

(2) DC＝DB$=\sqrt{4^2+(4\sqrt{2})^2}=4\sqrt{3}$

△DBCの面積は，$8\times4\sqrt{2}\times\frac{1}{2}=16\sqrt{2}$ だから，

DC×BE$\times\frac{1}{2}=16\sqrt{2}$ より，

BE$=16\sqrt{2}\times2\div4\sqrt{3}=\frac{8\sqrt{6}}{3}$

(3) EからBCに垂線をひき，BCとの交点をIとすると，△EBI∽△CBEより，EB：CB＝BI：BE　$\frac{8\sqrt{6}}{3}$：8＝BI：$\frac{8\sqrt{6}}{3}$

8BI$=\frac{128}{3}$　BI$=\frac{16}{3}$

よって，△ABE$=4\sqrt{2}\times\frac{16}{3}\times\frac{1}{2}=\frac{32\sqrt{2}}{3}$

3 次のページの図のように，Eを通って辺AB，ADと平行な直線をひくと，

$a^2+c^2=6^2$……①，

$a^2+d^2=7^2$……②，

$b^2+d^2=5^2$……③

が成り立つ。

①＋③－②より，

$b^2+c^2=36+25-49=12$

よって，

$DE=\sqrt{b^2+c^2}=2\sqrt{3}$

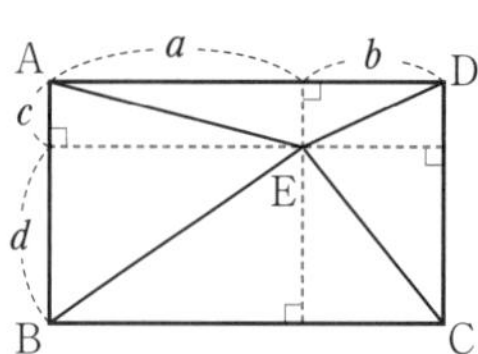

ここに注意

△ABC において，辺 BC の中点を D とすると，$AB^2+AC^2=2(AD^2+BD^2)$ が成り立つ。これを中線定理という。

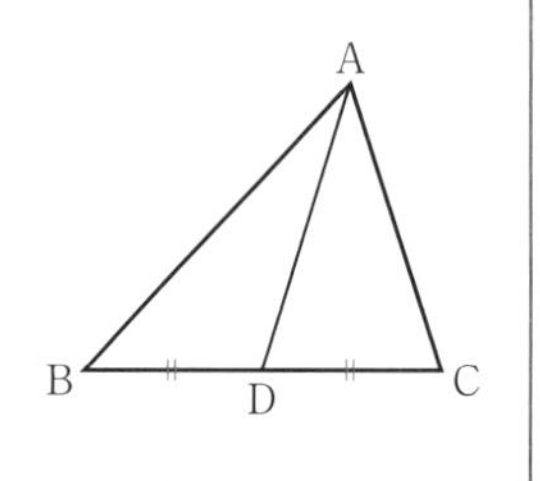

別解 中線定理を使う。

AC と BD の交点を O とすると，O は AC，BD の中点だから，

$EA^2+EC^2=2(EO^2+AO^2)$

$EB^2+ED^2=2(EO^2+BO^2)$

$AO^2=BO^2$ より，$EA^2+EC^2=EB^2+ED^2$

よって，$6^2+5^2=7^2+ED^2$ より，$ED=2\sqrt{3}$

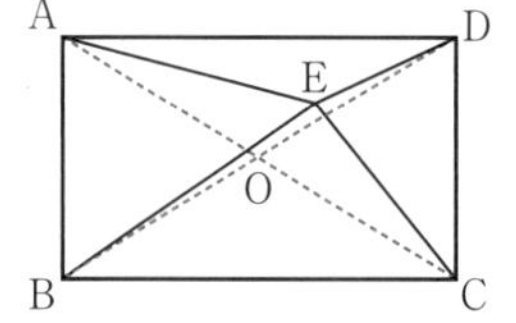

4 右の図のように点 E をとると，

△BCD ∽△ABD ∽△AEB

となることを利用する。

BC：AB＝CD：BD より，

12：AB＝16：20＝4：5

4AB＝60　AB＝15

次に，BC：AE＝BD：AB より，12：AE＝20：15＝4：3

4AE＝36　AE＝9

BC：AE＝CD：EB より，12：9＝16：EB

12EB＝144　EB＝12

よって，△AEC で，三平方の定理より，

$AC=\sqrt{9^2+24^2}=\sqrt{3^2\times(3^2+8^2)}=3\sqrt{73}$

5 (1) DF＝DA＝17 だから，$CF=\sqrt{DF^2-DC^2}$

$=\sqrt{17^2-8^2}=\sqrt{225}=15$

(2) BE＝x とすると，EF＝EA＝$8-x$ であるから，

△EBF で，$BE^2+BF^2=EF^2$ より，

$x^2+2^2=(8-x)^2$　$x^2+4=x^2-16x+64$

$16x=60$　$x=\dfrac{15}{4}$

別解 △DFC ∽△FEB より，CF：BE＝DC：FB

15：BE＝8：2＝4：1　4BE＝15　BE＝$\dfrac{15}{4}$

(3) (2) より，$EF=8-x=8-\dfrac{15}{4}=\dfrac{17}{4}$ だから，

$DE=\sqrt{DF^2+EF^2}=\sqrt{17^2+\left(\dfrac{17}{4}\right)^2}$

$=\sqrt{17^2\times\left(1+\dfrac{1}{16}\right)}=\dfrac{17\sqrt{17}}{4}$

6 右の図のように，点 B から AC に垂線 BD をひく。

∠ABD＝60° より，$BD=\dfrac{\sqrt{3}+1}{2}$，

$AD=\dfrac{\sqrt{3}}{2}(\sqrt{3}+1)=\dfrac{3+\sqrt{3}}{2}$

よって，$CD=\sqrt{3}+1-\dfrac{3+\sqrt{3}}{2}$

$=\dfrac{\sqrt{3}-1}{2}$

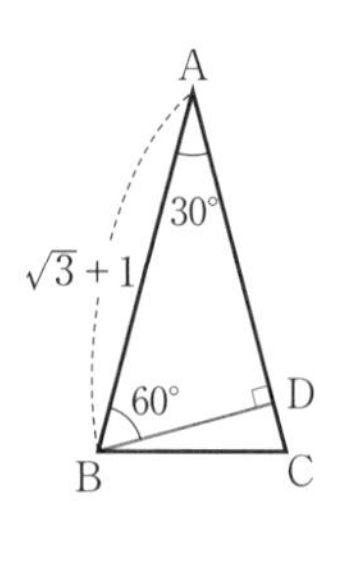

直角三角形 BCD において，三平方の定理より，

$BC^2=BD^2+CD^2=\left(\dfrac{\sqrt{3}+1}{2}\right)^2+\left(\dfrac{\sqrt{3}-1}{2}\right)^2$

$=\dfrac{4+2\sqrt{3}+4-2\sqrt{3}}{4}=2$

よって，$BC=\sqrt{2}$

7 M は BC の中点だから，CM＝1 cm，

$AM=\sqrt{2^2-1^2}=\sqrt{3}$ (cm)

CN＝AM＝$\sqrt{3}$ cm だから，

直角三角形 CMN において，

$MN=\sqrt{(\sqrt{3})^2-1^2}=\sqrt{2}$ (cm)

よって，$AN=AM+MN=\sqrt{3}+\sqrt{2}$ (cm)

8 (1) 右の図のように，B を通って OP と平行な直線が，AO の延長と交わる点を C とする。

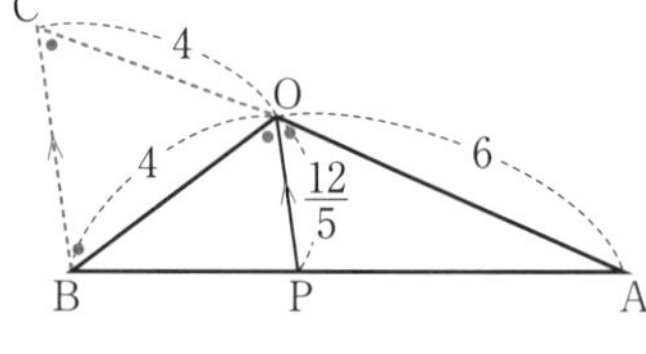

平行線の同位角，錯角は等しいから，∠OCB＝∠AOP，∠OBC＝∠BOP となり，仮定より，∠AOP＝∠BOP であるから，∠OCB＝∠OBC

よって，OC＝OB＝4 である。

また，OP：CB＝AO：AC＝6：10＝3：5 より，

$CB=OP\times\dfrac{5}{3}=\dfrac{12}{5}\times\dfrac{5}{3}=4$

よって，△OCB は正三角形になることがわかるから，∠BOC＝60°

したがって，∠AOB＝180°－60°＝120°

(2) P から OA に垂線 PH をひくと，∠POH＝60° であるから，OH：OP：PH＝1：2：$\sqrt{3}$

これより，$OH=\dfrac{6}{5}$，$PH=\dfrac{6\sqrt{3}}{5}$

よって，△HPA で，三平方の定理より，

$$AP=\sqrt{\left(\frac{6\sqrt{3}}{5}\right)^2+\left(6-\frac{6}{5}\right)^2}=\sqrt{\frac{684}{25}}=\frac{6\sqrt{19}}{5}$$

ここに注意

角の二等分線の長さは下のような式で求められる。

$\angle BAD=\angle CAD$

であれば，

$\boldsymbol{x^2=ab-cd}$

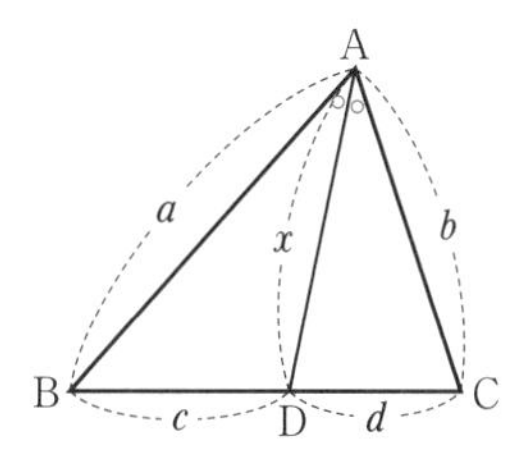

別解　BP：AP＝OB：OA＝4：6＝2：3 であるから，BP＝$2a$，AP＝$3a$ とおくと，

$4\times6-2a\times3a=\left(\frac{12}{5}\right)^2$ より，$6a^2=\frac{456}{25}$

$a^2=\frac{76}{25}$　$a=\frac{2\sqrt{19}}{5}$

よって，AP＝$3a=\frac{6\sqrt{19}}{5}$ と求めることができる。

18 三平方の定理と平面図形

Step A　解答　本冊▶p.92〜p.93

1 (1) $8\sqrt{2}\ \mathrm{cm}^2$　(2) $16\sqrt{3}\ \mathrm{cm}^2$　(3) $10\sqrt{3}\ \mathrm{cm}^2$
(4) $80\mathrm{cm}^2$　(5) $(21+3\sqrt{3})\ \mathrm{cm}^2$

2 (1) $6\sqrt{3}$　(2) $8+8\sqrt{2}$

3 (1) $13^2-x^2=15^2-(14-x)^2$　(2) $84\mathrm{cm}^2$

4 (1) $8\sqrt{3}\ \mathrm{cm}$　(2) $4\sqrt{21}\ \mathrm{cm}$

5 (1) $4\sqrt{3}\ \mathrm{cm}$　(2) $\left(16\sqrt{3}-\frac{22}{3}\pi\right)\mathrm{cm}^2$

解き方

1 (1) A から BC に垂線 AH をひくと，BH＝2cm，
AH＝$\sqrt{6^2-2^2}=4\sqrt{2}$ (cm) となるので，面積は，
$4\times4\sqrt{2}\times\frac{1}{2}=8\sqrt{2}$ (cm²)

(2) A から BC に垂線 AH をひくと，BH＝4cm，
AH＝$\sqrt{8^2-4^2}=4\sqrt{3}$ (cm) となるので，面積は，
$8\times4\sqrt{3}\times\frac{1}{2}=16\sqrt{3}$ (cm²)

別解　正三角形の面積はよく出てくるので，公式として覚えておくほうがよい。
1 辺が a の正三角形の面積は $\frac{\sqrt{3}}{4}a^2$ で求めることができるので，$\frac{\sqrt{3}}{4}\times8^2=16\sqrt{3}$ (cm²)

(3) B から AC に垂線 BH をひくと，∠BAH＝60° だから，BH：BA＝$\sqrt{3}$：2
よって，BH＝$\frac{5\sqrt{3}}{2}$ (cm) とわかるから，面積は，
$8\times\frac{5\sqrt{3}}{2}\times\frac{1}{2}=10\sqrt{3}$ (cm²)

(4) D から BC に垂線 DH をひくと，
CH＝13−7＝6 (cm)，DH＝$\sqrt{10^2-6^2}=8$ (cm)
よって，面積は，$(7+13)\times8\times\frac{1}{2}=80$ (cm²)

(5) A，D から BC に垂線 AE，DF をひくと，
△ABE で，AB：AE：BE＝$\sqrt{2}$：1：1 だから，
AE＝BE＝$6\div\sqrt{2}=3\sqrt{2}$ (cm) (＝DF)
△DCF で DF：FC＝$\sqrt{3}$：1 だから，
FC＝$3\sqrt{2}\div\sqrt{3}=\sqrt{6}$ (cm)
よって，面積は，
$(2\sqrt{2}+3\sqrt{2}+2\sqrt{2}+\sqrt{6})\times3\sqrt{2}\times\frac{1}{2}$
$=21+3\sqrt{3}$ (cm²)

2 (1) 1 辺が 2 の正三角形 6 個に分けることができるので，$\left(\frac{\sqrt{3}}{4}\times2^2\right)\times6=6\sqrt{3}$

(2) 右の図のように，1 辺が $2+2\sqrt{2}$ の正方形から，直角をはさむ辺の長さが $\sqrt{2}$ の直角二等辺三角形を 4 個ひけば求められるので，$(2+2\sqrt{2})^2-\left(\sqrt{2}\times\sqrt{2}\times\frac{1}{2}\right)\times4$
$=8+8\sqrt{2}$

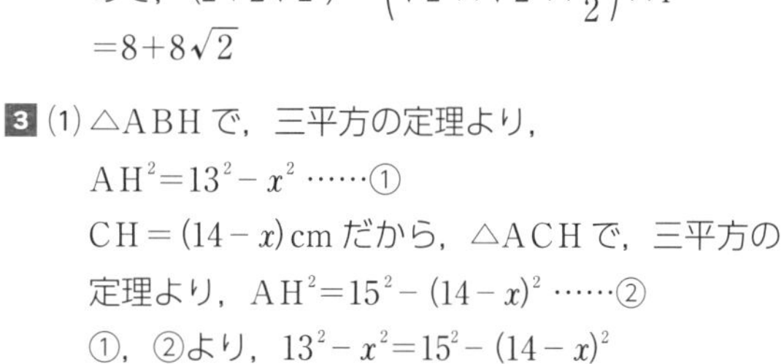

3 (1) △ABH で，三平方の定理より，
$AH^2=13^2-x^2$ ……①
CH＝$(14-x)$ cm だから，△ACH で，三平方の定理より，$AH^2=15^2-(14-x)^2$ ……②
①，②より，$13^2-x^2=15^2-(14-x)^2$

(2) (1) の方程式を解くと，$x=5$
よって，AH＝$\sqrt{13^2-5^2}=\sqrt{144}=12$ (cm) となるので，面積は，$14\times12\times\frac{1}{2}=84$ (cm²)

4 (1) 円の中心から弦にひいた垂線は弦の中点を通るから，H は弦 AB の中点である。三平方の定理より，AH＝$\sqrt{8^2-4^2}=4\sqrt{3}$ (cm) だから，
AB＝2AH＝$8\sqrt{3}$ (cm)

(2) 円にひいた接線は，接点と中心を結ぶ半径と垂直だから，∠PTO＝90°
よって，PT＝$\sqrt{20^2-8^2}$
$=\sqrt{4^2\times(5^2-2^2)}=4\sqrt{21}$ (cm)

5 (1) 右の図のように，線分OA上にPQ⊥OAとなる点Qをとると，OA⊥ℓ，PB⊥ℓだから，四角形AQPBは長方形になり，

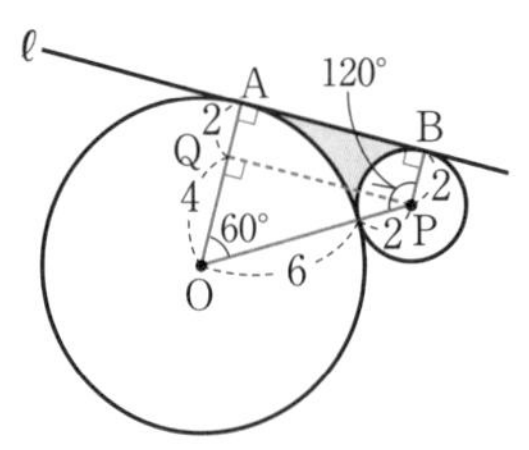

OQ＝OA－AQ＝6－2＝4(cm)

また，OP＝6+2＝8(cm) だから，△OPQで，三平方の定理より，PQ＝$\sqrt{8^2-4^2}=4\sqrt{3}$ (cm)

AB＝PQだから，AB＝$4\sqrt{3}$ cm

(2) 直角三角形OPQにおいて，OQ＝4cm，OP＝8cmだから，OQ：OP＝1：2

よって，∠POQ＝60°で，OA∥PBだから，∠OPB＝120°

求める部分の面積は，台形AOPBの面積から2つのおうぎ形の面積をひいたものだから，

$(6+2)\times4\sqrt{3}\times\frac{1}{2}-6^2\pi\times\frac{1}{6}-2^2\pi\times\frac{1}{3}$

$=16\sqrt{3}-\frac{22}{3}\pi$ (cm²)

Step B 解答

本冊▶p.94～p.95

1 $\frac{45\sqrt{7}}{4}$ cm²

2 (1) $(\sqrt{6}+\sqrt{2})$cm　(2) 4cm²

3 (1) $4\sqrt{2}$　(2) $\frac{9}{4}$　(3) $4-\sqrt{2}\,a$　(4) $a=\frac{9\sqrt{2}}{10}$

4 $\frac{7}{4}$

5 (1) $\sqrt{7}$　(2) $\frac{\sqrt{21}}{3}$

6 $\left(\frac{9\sqrt{3}}{2}-2\pi\right)$cm²

7 $\left(2+2\sqrt{2}+2\sqrt{3}+\frac{2}{3}\pi\right)$cm²

解き方

1

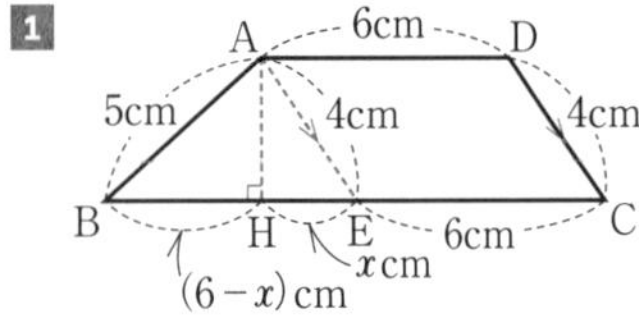

上の図で，$AH^2=4^2-x^2=5^2-(6-x)^2$ より，

$16-x^2=25-36+12x-x^2$　$12x=27$　$x=\frac{9}{4}$

$AH=\sqrt{4^2-\left(\frac{9}{4}\right)^2}=\sqrt{\frac{175}{16}}=\frac{5\sqrt{7}}{4}$ (cm)

よって，台形ABCDの面積は，

$(6+12)\times\frac{5\sqrt{7}}{4}\times\frac{1}{2}=\frac{45\sqrt{7}}{4}$ (cm²)

2 (1) PからOAに垂線PHをひくと，

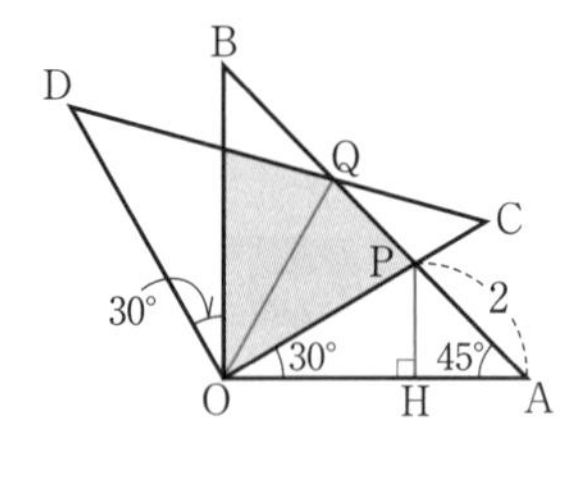

$AH=\frac{PA}{\sqrt{2}}=\frac{2}{\sqrt{2}}$

$=\sqrt{2}$ (cm) ＝ PH

$OH=\sqrt{3}$ PH ＝ $\sqrt{6}$ (cm)

よって，OA ＝ OH ＋ AH ＝ $\sqrt{6}+\sqrt{2}$ (cm)

(2) ABとCDの交点をQとすると，

∠COQ ＝ ∠BOQ ＝ 30°，

OQ ＝ OP ＝ 2PH ＝ $2\sqrt{2}$ (cm)

よって，求める面積は，2△OPQ

$=2\times\frac{1}{2}\times$ OQ × PH ＝ $2\sqrt{2}\times\sqrt{2}=4$ (cm²)

3 (1) BC＝$\sqrt{(2\sqrt{6})^2-4^2}=2\sqrt{2}$ だから，△ABCの面積は，$2\sqrt{2}\times4\times\frac{1}{2}=4\sqrt{2}$

(2) DM＝DA＝xとすると，DB＝$4-x$と表すことができるので，△DBMで，三平方の定理より，

$(4-x)^2+(\sqrt{2})^2=x^2$　$16-8x+x^2+2=x^2$

$8x=18$　$x=\frac{9}{4}$

(3) △AHE∽△ABCだから，AH：AB＝HE：BC

AH：4＝a：$2\sqrt{2}$　AH＝$\sqrt{2}\,a$

BH＝4－AH＝$4-\sqrt{2}\,a$

(4) △ADEの面積は，AD×HE×$\frac{1}{2}=\frac{9a}{8}$

△DMEの面積は，△ADEと同じで $\frac{9a}{8}$

△DBMの面積は，$\sqrt{2}\times\frac{7}{4}\times\frac{1}{2}=\frac{7\sqrt{2}}{8}$

△EMCの面積は，MC×BH×$\frac{1}{2}$

$=\frac{\sqrt{2}(4-\sqrt{2}\,a)}{2}$

と表すことができ，これらの面積の和は△ABCの面積と等しいから，

$\frac{9a}{8}+\frac{9a}{8}+\frac{7\sqrt{2}}{8}+\frac{\sqrt{2}(4-\sqrt{2}\,a)}{2}=4\sqrt{2}$

が成り立つ。両辺を8倍して，

$9a+9a+7\sqrt{2}+16\sqrt{2}-8a=32\sqrt{2}$

$10a=9\sqrt{2}$　$a=\frac{9\sqrt{2}}{10}$

4 BE＝xとすると，EC＝$8-x$

ここで，AD∥ECより，∠ECA＝∠DAC

∠ECA＝∠EACだから，△EACは二等辺三角形である。

よって，EA＝EC＝$8-x$

△ABEで，三平方の定理より，

$x^2+6^2=(8-x)^2\quad 16x=28\quad x=\frac{7}{4}$

5 (1) 直角三角形BCDで，∠BCD＝60°だから，

CD：BC：BD＝1：2：$\sqrt{3}$

BC＝2だから，CD＝1，BD＝$\sqrt{3}$

△ABDで，三平方の定理より，

$AB=\sqrt{BD^2+AD^2}=\sqrt{(\sqrt{3})^2+2^2}=\sqrt{7}$

(2) AC×BD＝AB×CE（＝2△ABC）より，

$3\times\sqrt{3}=\sqrt{7}\times CE\quad CE=\frac{3\sqrt{21}}{7}$

また，△CPD∽△CAEであるから，

CP：CA＝CD：CE

$CP:3=1:\frac{3\sqrt{21}}{7}$

$CP=3\div\frac{3\sqrt{21}}{7}=\frac{7}{\sqrt{21}}=\frac{\sqrt{21}}{3}$

6 右の図において，

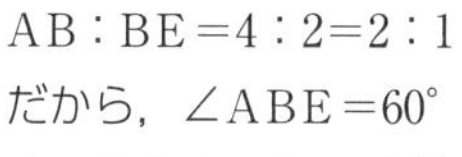

AB：BE＝4：2＝2：1

だから，∠ABE＝60°

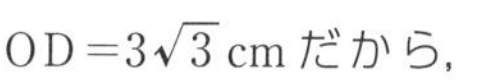

よって，BD＝3cmより，

OD＝$3\sqrt{3}$cmだから，

色のついた部分の面積は，

$3\times3\sqrt{3}\times\frac{1}{2}-1^2\pi\times\frac{1}{2}-3^2\pi\times\frac{1}{6}$

$=\frac{9\sqrt{3}}{2}-2\pi\ (cm^2)$

7 右の図のように，おうぎ形，正三角形，直角二等辺三角形，二等辺三角形に分けて計算する。

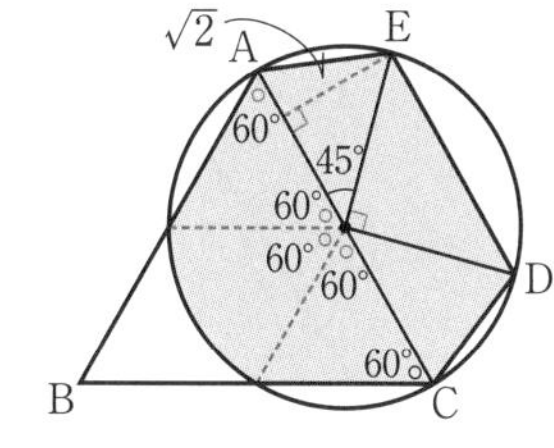

$2^2\pi\times\frac{1}{6}+\left(\frac{\sqrt{3}}{4}\times2^2\right)$

$\times2+\left(2\times\sqrt{2}\times\frac{1}{2}\right)\times2+2\times2\times\frac{1}{2}$

$=\frac{2}{3}\pi+2\sqrt{3}+2\sqrt{2}+2\ (cm^2)$

19 三平方の定理と空間図形

Step A 解答 本冊▶p.96〜p.97

1 (1) $2\sqrt{29}$ cm (2) $2\sqrt{41}$ cm

2 (1) PQ＝$2\sqrt{2}$ cm，CP＝6cm (2) $2\sqrt{17}$ cm² (3) $\frac{12\sqrt{17}}{17}$ cm

3 (1) $(64+64\sqrt{3})$ cm² (2) $\frac{256\sqrt{2}}{3}$ cm³

4 (1) 体積…$\frac{\sqrt{15}}{3}\pi$cm³，表面積…5πcm² (2) 5cm

5 (1) $3\sqrt{2}$ cm (2) $9\sqrt{2}$ cm² (3) $18\sqrt{2}$ cm³

解き方

1 (1) $AG=\sqrt{AE^2+EF^2+FG^2}=\sqrt{4^2+6^2+8^2}$

$=2\sqrt{29}$ (cm)

(2) AP＋PGの長さが最短になるのは，右の展開図において，A，P，Gが一直線上に並ぶときである。

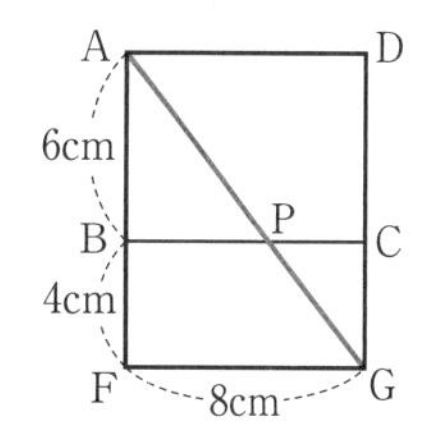

このとき，

$AG=\sqrt{10^2+8^2}$

$=2\sqrt{41}$ (cm)

2 (1) PQ＝$\sqrt{2}$EP＝$2\sqrt{2}$ (cm)

$CP=\sqrt{GP^2+GC^2}=\sqrt{PF^2+FG^2+GC^2}$

$=\sqrt{2^2+4^2+4^2}=\sqrt{36}=6$ (cm)

(2) △CPQは右の図のような二等辺三角形になり，高さはCMとなる。

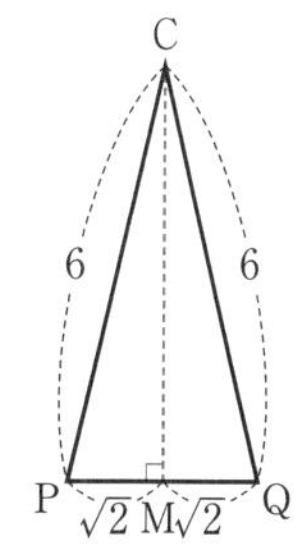

$CM=\sqrt{6^2-(\sqrt{2})^2}$

$=\sqrt{34}$ (cm)であるから，

面積は，

$2\sqrt{2}\times\sqrt{34}\times\frac{1}{2}=2\sqrt{17}$ (cm²)

(3) 4点G，C，P，Qを頂点とする四面体を考える。

この四面体の体積は，

△GPQを底面と考えると，高さはGC（＝4cm）であるから，体積は，（△GPQの面積）×4×$\frac{1}{3}$で表される。

$\triangle GPQ=4\times4-4\times2\times\frac{1}{2}\times2-2\times2\times\frac{1}{2}$

＝6（cm²）より，体積は，$6\times4\times\frac{1}{3}=8$ (cm³)

一方，Gから△CPQに下ろした垂線の長さを$h$cmとすると，この四面体の体積は，

（△CPQの面積）×$h\times\frac{1}{3}=2\sqrt{17}\times h\times\frac{1}{3}$

$=\frac{2\sqrt{17}}{3}h$ (cm³)と表すことができる。

よって，$\frac{2\sqrt{17}}{3}h=8$より，

$h=8\div\frac{2\sqrt{17}}{3}=\frac{12}{\sqrt{17}}=\frac{12\sqrt{17}}{17}$ (cm)

ここに注意 空間図形で点Pから面ABCにひいた垂線の長さhは，(四面体P－ABCの体積)×3÷(△ABCの面積)で求めることができる。

3 (1) 底面は1辺が8cmの正方形，側面は1辺が8cmの正三角形4つ分だから，表面積は，

$8^2+\left(\dfrac{\sqrt{3}}{4}\times8^2\right)\times4=64+64\sqrt{3}$ (cm²)

(2) 直角三角形VHCにおいて，VC＝8cm，CHは正方形ABCDの対角線ACの長さの$\dfrac{1}{2}$だから，

$8\sqrt{2}\times\dfrac{1}{2}=4\sqrt{2}$ (cm)

よって，$\mathrm{VH}=\sqrt{8^2-(4\sqrt{2})^2}=4\sqrt{2}$ (cm)

だから，体積は，$8^2\times4\sqrt{2}\times\dfrac{1}{3}=\dfrac{256\sqrt{2}}{3}$ (cm³)

4 (1) $\mathrm{AO}=\sqrt{4^2-1^2}=\sqrt{15}$ (cm)だから，体積は，

$1^2\pi\times\sqrt{15}\times\dfrac{1}{3}=\dfrac{\sqrt{15}}{3}\pi$ (cm³)

また，展開図をかくと，底面の円の半径は1cm，側面を展開したおうぎ形の半径は4cmだから，

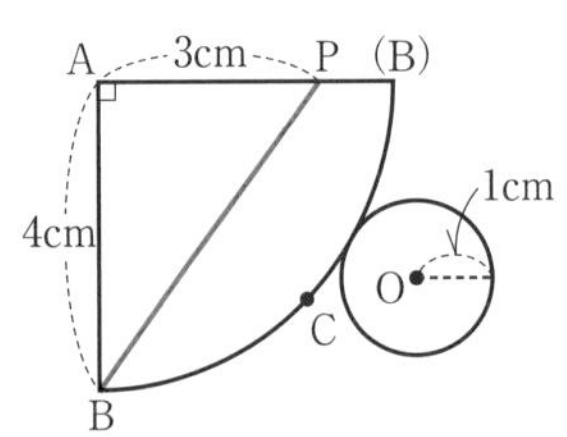

おうぎ形の中心角は$360^\circ\times\dfrac{1}{4}=90^\circ$になる。

よって，表面積は，$\pi+4^2\pi\times\dfrac{1}{4}=5\pi$ (cm²)

(2) 求める最短経路は，上の図のように，展開図においてBとPを結んだ線分の長さであるから，

$\mathrm{BP}=\sqrt{3^2+4^2}=5$ (cm)

5 (1) 二等辺三角形QBCにおいて，

$\mathrm{CQ}=\mathrm{BQ}=6\times\dfrac{\sqrt{3}}{2}$

$=3\sqrt{3}$ (cm)だから，

$\mathrm{PQ}=\sqrt{(3\sqrt{3})^2-3^2}$

$=3\sqrt{2}$ (cm)

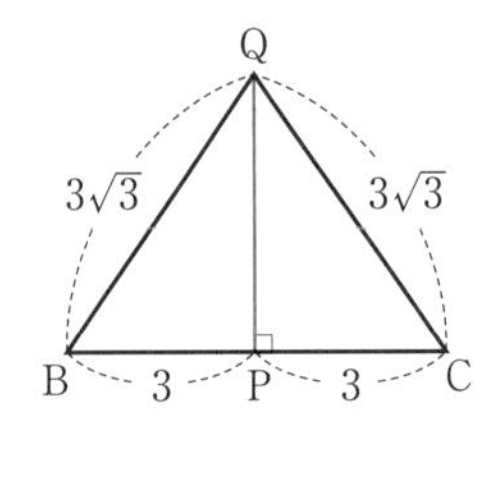

(2) PA＝PDで，QはADの中点だから，PQ⊥AD

よって，$\triangle\mathrm{APD}=6\times3\sqrt{2}\times\dfrac{1}{2}=9\sqrt{2}$ (cm²)

(3) 正四面体を2つの合同な三角錐B－APDとC－APDに分ける。BC⊥AP，BC⊥DPだから，BCは△APDと垂直になるので，三角錐B－APDの体積は，(△APDの面積)×BP×$\dfrac{1}{3}$で求めることができる。

よって，正四面体ABCDの体積は，

$\left(9\sqrt{2}\times3\times\dfrac{1}{3}\right)\times2=18\sqrt{2}$ (cm³)

ここに注意 正四面体の1辺の長さをaとして，同様な計算で体積を求めると$\dfrac{\sqrt{2}}{12}a^3$となる。

Step B 解答

本冊▶p.98～p.99

1 (1) 1cm (2) $10\sqrt{29}$ cm (3) $16\sqrt{5}$ cm³

2 (1) 3 (2) $\dfrac{4}{3}$

3 (1) $\sqrt{3}$ (2) $\sqrt{7}$ (3) $\dfrac{5\sqrt{3}}{4}$ (4) $\dfrac{2\sqrt{6}}{5}$

4 (1) $\dfrac{32\sqrt{2}}{3}$ cm³ (2) $3\sqrt{2}$ cm² (3) $\dfrac{5\sqrt{2}}{3}$ cm³

解き方

1 (1) この三角錐は，△MCNを底面とすると，高さは3cmになるから，体積は，

$\dfrac{3}{2}\times\dfrac{3}{2}\times\dfrac{1}{2}\times3\times\dfrac{1}{3}=\dfrac{9}{8}$ (cm³)

これを，△AMNを底面としたときの高さを$h$cmとすると，(△AMNの面積)×$h\times\dfrac{1}{3}=\dfrac{9}{8}$

$\triangle\mathrm{AMN}=3\times3-3\times\dfrac{3}{2}\times\dfrac{1}{2}\times2-\dfrac{3}{2}\times\dfrac{3}{2}\times\dfrac{1}{2}$

$=\dfrac{27}{8}$ (cm²)より，$h=\dfrac{9}{8}\div\dfrac{1}{3}\div\dfrac{27}{8}=1$

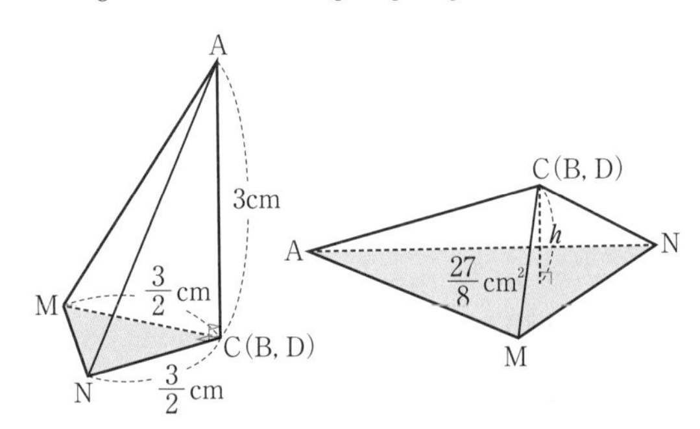

(2) AP＝GQ＝$x$cmとおくと，四角形DPFQはひし形だから，PD²＝PF²

よって，

AP²＋AD²

＝PE²＋EF²が成り立つから，

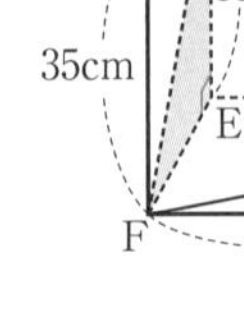

$x^2+40^2=(35-x)^2+30^2$ $x=7.5$

前ページの図で，AC∥PR となるように点 R をとると，CG ⊥ AC より CG ⊥ PR となり，

$QR=35-7.5\times2=20$ (cm)

$PR=AC=\sqrt{40^2+30^2}=50$ (cm) だから，

△PQR で，$PQ=\sqrt{50^2+20^2}=\sqrt{10^2\times(5^2+2^2)}$
$=10\sqrt{29}$ (cm)

(3) 表面積のうち，底面積が $4\times4=16$ (cm²) だから，側面 1 つ分の面積は，

$(72-16)\div4=14$ (cm²)

AB の中点を M，CD の中点を N とすると，

$PM=PN=14\times2\div4=7$ (cm)

P から底面 ABCD に下ろした垂線を PH とすると，H は MN の中点と一致する。

よって，$PH=\sqrt{7^2-2^2}=3\sqrt{5}$ (cm) だから，

正四角錐の体積は，$4\times4\times3\sqrt{5}\times\dfrac{1}{3}=16\sqrt{5}$ (cm³)

2 (1) $AF=\sqrt{2^2+2^2}=2\sqrt{2}$

$FM=\sqrt{2^2+1^2}=\sqrt{5}$

$AM=\sqrt{(2\sqrt{2})^2+1^2}=3$

より，△AFM は右の図のような三角形であることがわかる。F から AM に垂線 FH をひき，MH＝x とおくと，

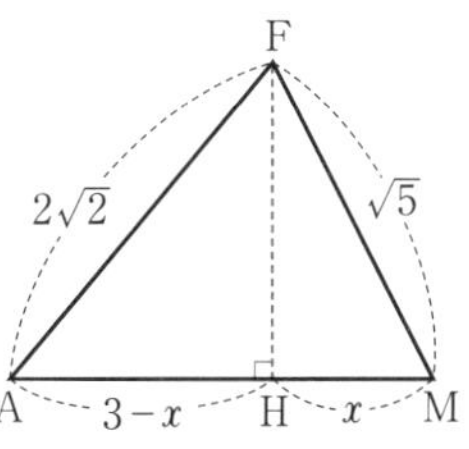

$AH=3-x$，

$FH^2=(\sqrt{5})^2-x^2=(2\sqrt{2})^2-(3-x)^2$ より，

$5-x^2=8-9+6x-x^2$　$6=6x$　$x=1$

$FH=\sqrt{(\sqrt{5})^2-1^2}=\sqrt{4}=2$ とわかるので，

△AFM の面積は，$3\times2\times\dfrac{1}{2}=3$

(2) B，A，M，F を頂点とする四面体を考える。

△BFM を底面と考えると，高さは 2 (＝AB) となるので，体積は，$2\times2\times\dfrac{1}{2}\times2\times\dfrac{1}{3}=\dfrac{4}{3}$

△AFM を底面としたときの高さを h とすると，

$3\times h\times\dfrac{1}{3}=\dfrac{4}{3}$ より，$h=\dfrac{4}{3}$

3 (1) E から CD に平行な直線をひき，AD との交点を G とすると，△AEG は 1 辺の長さが 2 の正三角形になる。

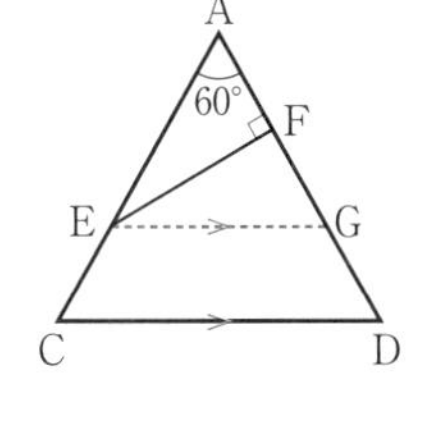

AF＝1 より，F は AG の中点になり，∠AFE＝90°

よって，$EF=\sqrt{3}AF=\sqrt{3}$

別解　2 辺の長さが a，b で，その間の角が 60° である三角形はよく問題に現れるので，次のことがらを覚えておくとよい。

> **ここに注意**
>
> 右の図で，
>
> $x=\sqrt{a^2+b^2-ab}$
>
> $S=\dfrac{\sqrt{3}}{4}ab$
>
> 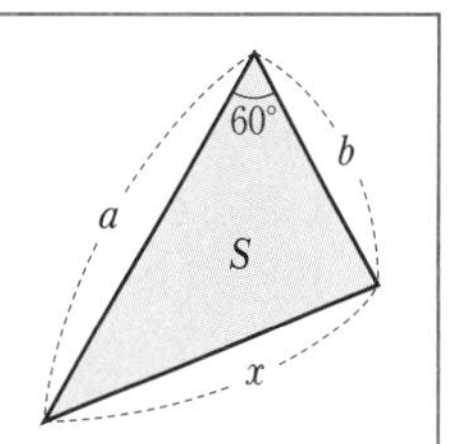
>

これを用いると，$EF=\sqrt{2^2+1^2-2\times1}=\sqrt{3}$

(2) $BE=\sqrt{2^2+3^2-2\times3}=\sqrt{7}$

(3) $BF=\sqrt{1^2+3^2-1\times3}=\sqrt{7}$

だから，△BEF は右の図のようになり，

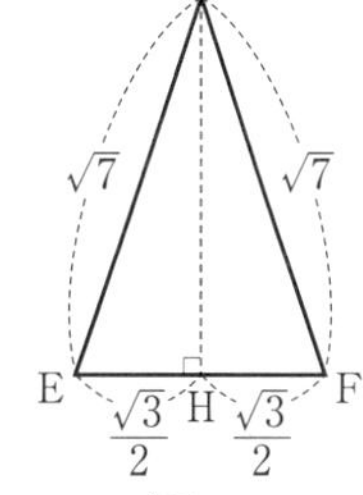

$BH=\sqrt{(\sqrt{7})^2-\left(\dfrac{\sqrt{3}}{2}\right)^2}$

$=\sqrt{\dfrac{25}{4}}=\dfrac{5}{2}$

よって，面積は，$\sqrt{3}\times\dfrac{5}{2}\times\dfrac{1}{2}=\dfrac{5\sqrt{3}}{4}$

(4) 三角錐 A－BEF の体積は，

(正四面体 A－BCD の体積)$\times\dfrac{AE}{AC}\times\dfrac{AF}{AD}$

$=\dfrac{\sqrt{2}}{12}\times3^3\times\dfrac{2}{3}\times\dfrac{1}{3}=\dfrac{\sqrt{2}}{2}$

よって，求める垂線の長さを h とすると，

$\dfrac{5\sqrt{3}}{4}\times h\times\dfrac{1}{3}=\dfrac{\sqrt{2}}{2}$　$h=\dfrac{2\sqrt{6}}{5}$

> **ここに注意**
>
> 右の図で，三角錐 O－PQR の体積は，三角錐 O－ABC の体積の
>
> 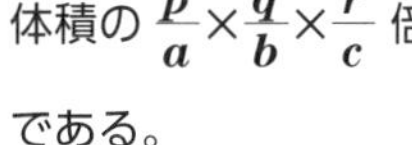
>
> $\dfrac{p}{a}\times\dfrac{q}{b}\times\dfrac{r}{c}$ 倍である。
>
> 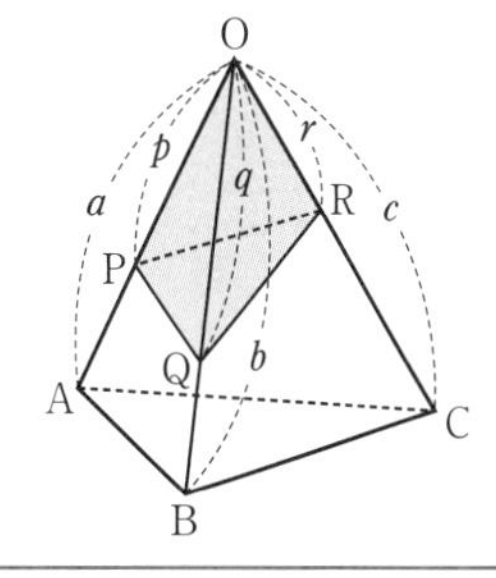
>

4 (1) 右の図より，

$OH=\sqrt{4^2-(2\sqrt{2})^2}$
$=2\sqrt{2}$ (cm) だから，

体積は，

$4^2\times2\sqrt{2}\times\dfrac{1}{3}$
$=\dfrac{32\sqrt{2}}{3}$ (cm³)

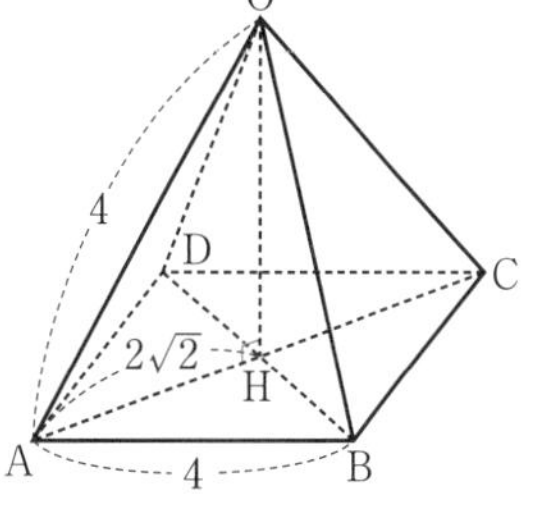

(2) △QSR は正方形 ABCD に垂直になり，

OQ：QC＝1：3より，底面からQまでの高さは，

$OH\times\frac{3}{4}=2\sqrt{2}\times\frac{3}{4}=\frac{3\sqrt{2}}{2}$(cm)

よって，△QRSの面積は，

$4\times\frac{3\sqrt{2}}{2}\times\frac{1}{2}=3\sqrt{2}$ (cm²)

(3) 右の図のようにT，Uをとると，

PQ＝TR＝US＝1cm，

AT＝RB＝DU＝SC＝$\frac{3}{2}$cmであるから，

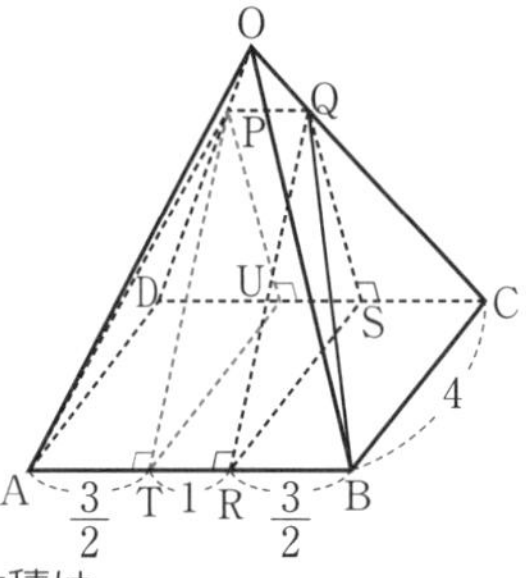

立体PQ－ABCDの体積は，

三角錐P－ATUD＋三角錐Q－RBCS＋三角柱PTU－QRS

$=\left(\frac{3}{2}\times4\times\frac{3\sqrt{2}}{2}\times\frac{1}{3}\right)\times2+3\sqrt{2}\times1=9\sqrt{2}$ (cm³)

よって，四角錐O－ABQPの体積は，

$\frac{32\sqrt{2}}{3}-9\sqrt{2}=\frac{5\sqrt{2}}{3}$(cm³)

Step C 解答

本冊▶p.100〜p.101

1 (1) 7：9　(2) $\frac{975}{56}$ cm　(3) $\frac{7\sqrt{3}}{2}$ cm²

2 (1) 39cm²　(2) $\frac{432}{13}$ cm²

3 (1) 36cm²　(2) $\frac{32}{5}$ cm²　(3) $\frac{128\sqrt{2}}{45}$ cm³

4 (1) $a=\frac{\sqrt{3}}{3}$　(2) Q$(4\sqrt{3},\ 6)$　(3) 1：2：4　(4) $24\sqrt{3}$

解き方

1 (1) △ABP∽△CBDであるから，∠APB＝∠CDB

また，∠APB＝∠CPDであるから，△CDPは，CD＝CPの二等辺三角形になり，CP＝1cm

さらに，AP：AB＝CD：CB＝1：$2\sqrt{2}$ であるから，AP＝$x$cmとすると，AB＝$2\sqrt{2}\,x$cm

よって，△ABCで，三平方の定理より，

$(2\sqrt{2}\,x)^2+(x+1)^2=(2\sqrt{2})^2$

$8x^2+x^2+2x+1=8$　$9x^2+2x-7=0$

$x=\frac{-2\pm\sqrt{2^2-4\times9\times(-7)}}{2\times9}=\frac{-2\pm\sqrt{256}}{18}$

$=\frac{-2\pm16}{18}=-1,\ \frac{7}{9}$

$x>0$だから，$x=\frac{7}{9}$

これより，AP：PC＝$\frac{7}{9}$：1＝7：9

(2) 直角三角形ABCは，AC：AB＝39：65＝3：5であるから，AC：BC：AB＝3：4：5

直角三角形ABDは，AB：BD＝65：25＝13：5であるから，BD：AD：AB＝5：12：13

ここで，△EBF∽△ABCより，

EF：FB＝AC：CB＝3：4

△EAF∽△BADより，

EF：AF＝BD：AD＝5：12

よって，EF＝$x$cmとおくと，

FB＝$\frac{4}{3}x$cm，AF＝$\frac{12}{5}x$cmとなる。

FB＋AF＝ABより，$\frac{4}{3}x+\frac{12}{5}x=65$

これを解いて，$x=\frac{975}{56}$

(3) 切り口は右の図のようになり，これは，1辺が$3\sqrt{2}$cmの正三角形から，1辺が$\sqrt{2}$cmの正三角形を2つ切り取ったものである。

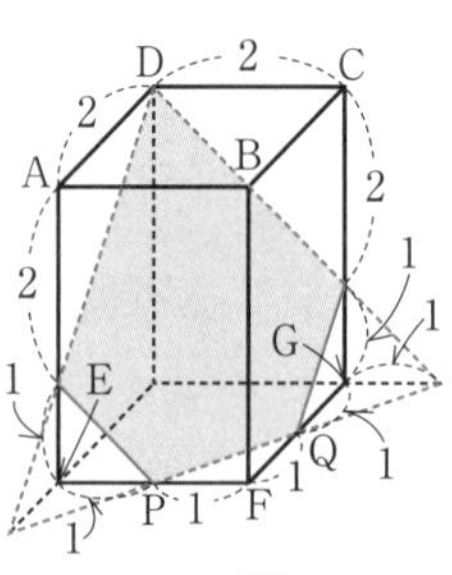

よって，面積は，

$\frac{\sqrt{3}}{4}\times(3\sqrt{2})^2-\frac{\sqrt{3}}{4}\times(\sqrt{2})^2\times2=\frac{7\sqrt{3}}{2}$(cm²)

2 (1) $AB=\sqrt{(9+4)^2-(9-4)^2}=12$(cm)だから，台形$AO_1O_2B$の面積は，$(9+4)\times12\times\frac{1}{2}=78$(cm²)

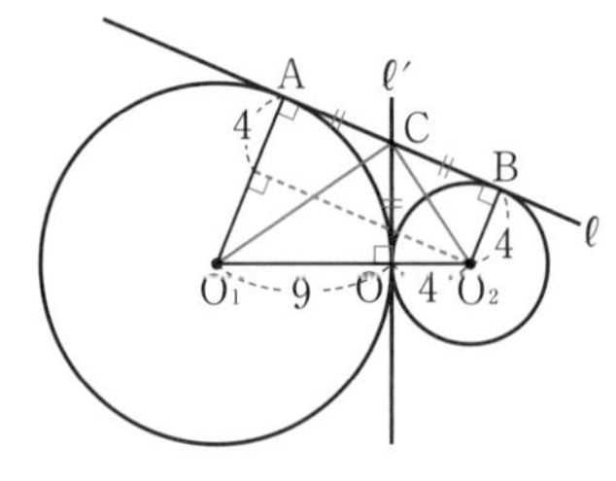

CA＝CO，CO＝CBだから，$\triangle CO_1O_2$の面積は台形AO_1O_2Bの面積の半分であることがわかるので，78÷2＝39(cm²)

(2) さらに，$\angle O_1CO_2=90°$となることから，次のページの図のように，△OABは$\triangle CO_1O_2$と相似であることがわかる。

相似な三角形の面積の比は，相似比の2乗に等しいから，

$\triangle OAB:\triangle CO_1O_2=AB^2:O_1O_2^2=12^2:13^2$

$=144：169$

よって，$\triangle OAB=39\times\dfrac{144}{169}=\dfrac{432}{13}$ (cm²)

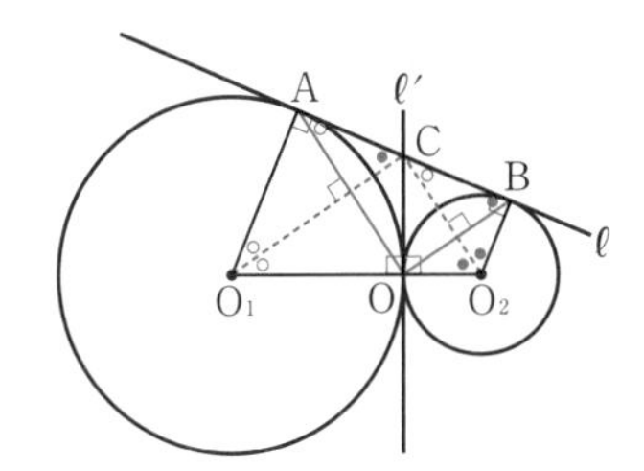

3 (1) 切り口の図形は，下の図のような等脚台形KAFLである。

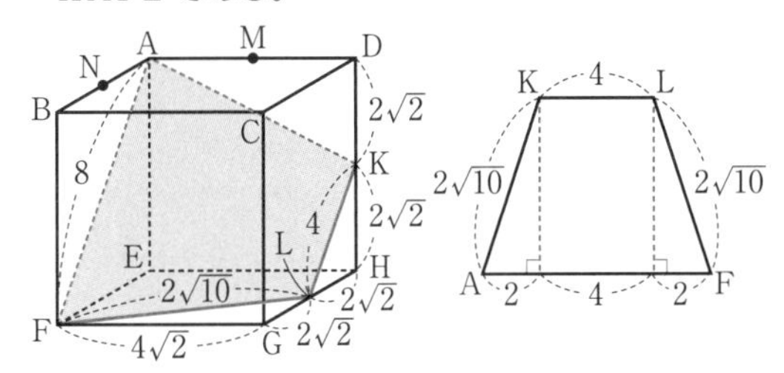

この台形の高さは，$\sqrt{(2\sqrt{10})^2-2^2}=6$ (cm) になるので，面積は，$(4+8)\times6\times\dfrac{1}{2}=36$ (cm²)

(2) 下の図より，AQ：QF＝1：2，AP：PK＝2：3

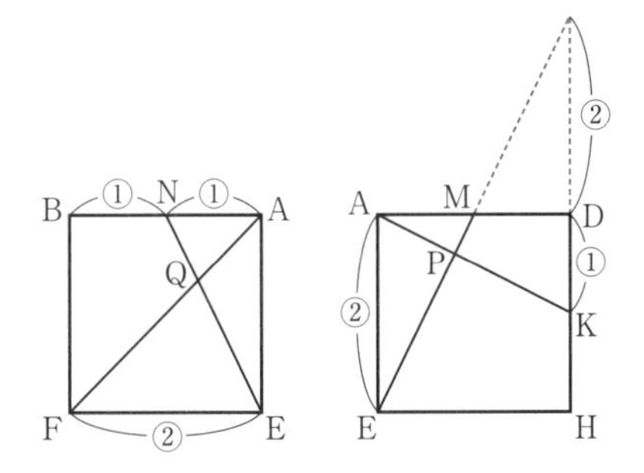

これより，$FQ=\dfrac{2}{3}AF=\dfrac{2}{3}\times8=\dfrac{16}{3}$ (cm)

FQからPまでの高さは，台形AFLKの高さの$\dfrac{2}{5}$になるので，$6\times\dfrac{2}{5}=\dfrac{12}{5}$ (cm)

よって，△FQPの面積は，

$\dfrac{16}{3}\times\dfrac{12}{5}\times\dfrac{1}{2}=\dfrac{32}{5}$ (cm²)

(3) EN：EQ＝3：2，EM：EP＝5：4であるから，4点A，P，Q，Eを頂点とする三角錐の体積は，三角錐E－AMNの体積の $\dfrac{2}{3}\times\dfrac{4}{5}=\dfrac{8}{15}$ (倍) である。三角錐E－AMNの体積は，

$2\sqrt{2}\times2\sqrt{2}\times\dfrac{1}{2}\times4\sqrt{2}\times\dfrac{1}{3}=\dfrac{16\sqrt{2}}{3}$ (cm³)

であるから，求める立体の体積は，

$\dfrac{16\sqrt{2}}{3}\times\dfrac{8}{15}=\dfrac{128\sqrt{2}}{45}$ (cm³)

4 (1) 点Pからx軸に垂線をひき，x軸との交点をHとすると，∠POH＝60°より，

OH：PH＝1：$\sqrt{3}$　PH＝3より，

$OH=\dfrac{1}{\sqrt{3}}PH=\dfrac{3}{\sqrt{3}}=\sqrt{3}$

よって，P($\sqrt{3}$，3)で，直線ℓ上にあるから，

$3=\sqrt{3}a+2$　$a=\dfrac{\sqrt{3}}{3}$

(2) 直線ℓとx軸との交点をDとすると，Dのx座標は $0=\dfrac{\sqrt{3}}{3}x+2$　$x=-2\sqrt{3}$

よって，D($-2\sqrt{3}$，0)

ここで，OA＝OP＝2OH＝$2\sqrt{3}$より，

OD＝OA＝OP

PO∥QAより，DP：DQ＝DO：DA＝1：2

よって，点Qのy座標は点Pのy座標の2倍となり，3×2＝6

点Qのx座標は，$6=\dfrac{\sqrt{3}}{3}x+2$　$x=4\sqrt{3}$

よって，Q($4\sqrt{3}$，6)

(3) AP∥BQより，AP：BQ＝DP：DQ＝1：2

また，BQ∥CRより，BQ：CR＝DQ：DR＝DA：DB＝DP：DQ＝1：2

よって，AP：BQ：CR＝1：2：4

(4) DA：DB＝1：2より，DA＝AB＝AQ

△DAQは二等辺三角形で，

∠DQA＝∠QAB÷2＝60°÷2＝30°だから，

∠DQB＝30°＋60°＝90°

また，DQ＝QRより，△BRQ≡△BDQ

BD＝2AD＝2×$4\sqrt{3}$＝$8\sqrt{3}$

Qのy座標は(2)より6だから，求める面積は，

$8\sqrt{3}\times6\times\dfrac{1}{2}=24\sqrt{3}$

第7章　円

20 円周角の定理

Step A　解答　本冊▶p.102～p.103

1 (1) 49°　(2) 28°　(3) 106°　(4) 75°
(5) 56°　(6) 25°

2 80°

3 50°

4 (1) 38°　(2) 40°

5 (1) 76°　(2) 50°

解き方

1 (1) $\angle y=41°$ だから,

$\angle x=180°-(90°+41°)$

$=49°$

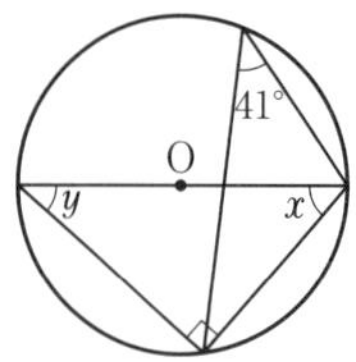

(2) $\angle y=32°$ だから,

$\angle x=60°-32°=28°$

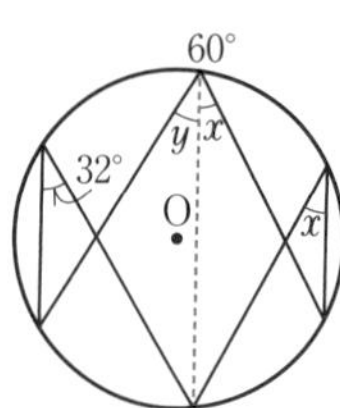

(3) $\angle y=90°-55°=35°$

だから,

$\angle x=35°+71°=106°$

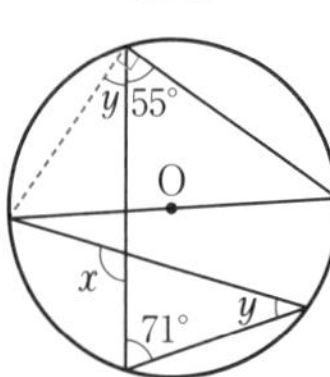

(4) $\angle y=70°$, $\angle z=35°$

だから,

$\angle x=180°-(70°+35°)=75°$

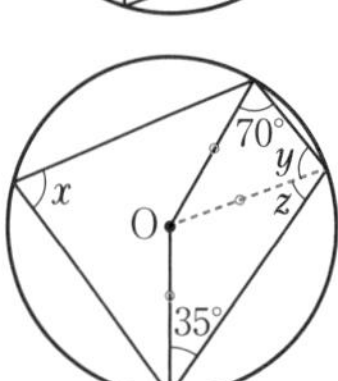

(5) $\angle y=180°-108°-38°$

$=34°$ だから,

$\angle z=180°-34°\times2=112°$

よって, $\angle x=112°\div2=56°$

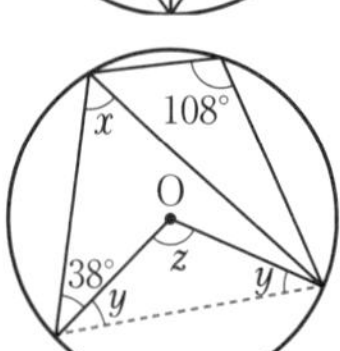

(6) $\angle y=\angle x$,

$\angle z=\angle x+37°$,

$\angle y+\angle z+93°$

$=180°$ より,

$\angle x+(\angle x+37°)$

$+93°=180°$ $\angle x=25°$

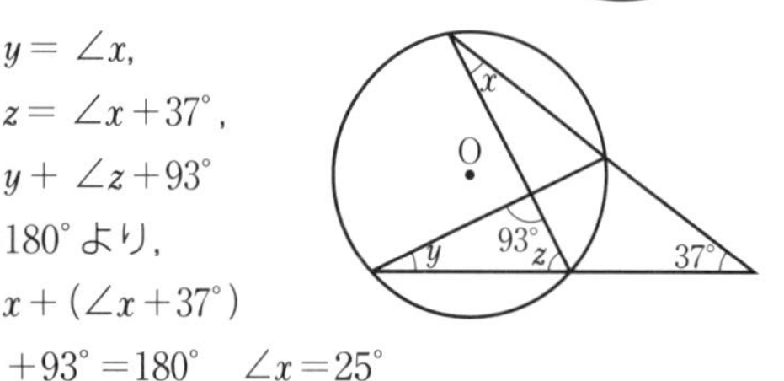

2 円周角の大きさは弧の長さに比例し, 円周全体で, 円周角の和は 180° になる。円周を 9 等分しているので, 1 つ分の弧に対する円周角は $180°\div9=20°$ である。

よって,

$\angle IJH=\angle BHE+\angle IEH=60°+20°=80°$

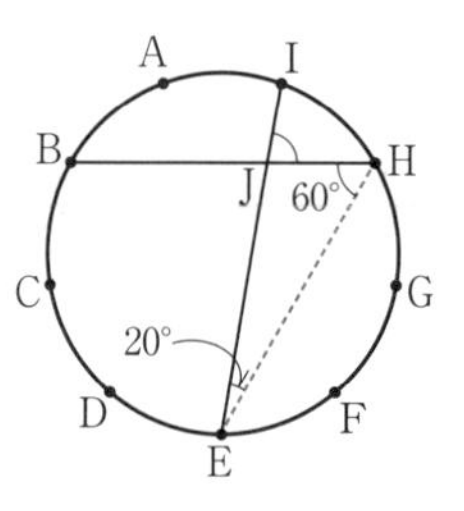

3 弧 BC の長さは半円の $\dfrac{5}{9}$ だから, 円周の $\dfrac{5}{18}$ にあたる。よって, $\angle BDC=180°\times\dfrac{5}{18}=50°$

4 (1) $\angle y=100°-35°=65°$

だから, $\angle BAC=\angle BDC$

よって, 四角形 ABCD は円に内接するので,

$\angle x=\angle DBC$

$=180°-(100°+42°)=38°$

(2) 右の図のように, 四角形 ADFE, DBCE はそれぞれ円に内接するから,

$\angle x=\angle y=90°-50°$

$=40°$

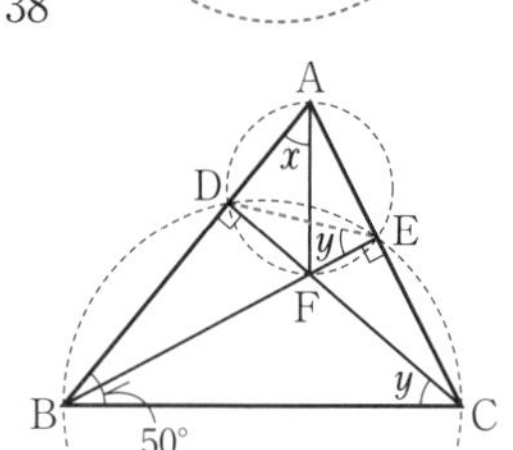

5 (1) A と B を結ぶ。PA＝PB より,

$\angle PBA=(180°-28°)\div2=76°$

接弦定理より, $\angle x=\angle PBA=76°$

(2) A と C を結ぶ。$\angle BAC=90°$ より, $\triangle ABC$ において, $\angle ACB=180°-(90°+20°)=70°$

接弦定理より, $\angle PAC=20°$

よって, $\triangle ACP$ において, $\angle x=70°-20°=50°$

Step B 解答

本冊▶p.104〜p.105

1 (1) **54°** (2) **81°** (3) **108°** (4) **17°** (5) **77°**

2 $\angle x=28°$, $\angle y=42°$

3 (1) **60°** (2) **24°**

4 **95°**

5 **120°**

解き方

1 (1) 円 O の円周の長さは 5πcm だから, $\overset{\frown}{CD}$ の長さは円周の $\dfrac{1}{5}$ にあたり, その円周角 CAD の大きさは $180°\times\dfrac{1}{5}=36°$

よって, $\triangle CAE$ において, $\angle CAE=36°$, $\angle ACE=90°$ だから,

$\angle AEC=180°-(36°+90°)=54°$

(2) $\overset{\frown}{AB}$ と $\overset{\frown}{AD}$ の長さの比が 4：3 で, $\overset{\frown}{AB}$ に対する円周角 ACB の大きさが 36° だから, $\overset{\frown}{AD}$ に対する円周角 ACD の大きさは

$36°\times\dfrac{3}{4}=27°$ とわかる。

よって, $\angle BCD=27°+36°=63°$ だから,

$\angle BAD=180°-63°=117°$

また, AD∥BC より錯角は等しいので,

$\angle CAD=\angle ACB=36°$

よって, $\angle BAC=117°-36°=81°$

(3) 10等分された1つ分の弧に対する円周角の大きさは，$180° \times \frac{1}{10} = 18°$ であるから，

$\angle x = \angle BDH + \angle DBF = 18° \times 4 + 18° \times 2 = 108°$

(4) EとBを結ぶと，$\angle AEB = 90°$ で，$\angle EAB = 39°$ だから，$\angle EBA = 180° - (90° + 39°) = 51°$

C，Dは $\widehat{AE}$ を3等分しているので，$\angle CBA = \angle EBA \times \frac{1}{3} = 51° \times \frac{1}{3} = 17°$

$OB = OC$ だから，$\angle BCO = \angle CBO = 17°$

(5) 点Oは円の中心であるから，$OA = OE = OD$

よって，$\angle OEA = \angle OAE = 22°$，

$\angle OED = \angle ODE = 55°$ より，

$\angle AED = 22° + 55° = 77°$

2 $\widehat{BF} : \widehat{BD} = 6 : 7$ だから，$\angle FCB = 6a$，$\angle BCD = 7a$ とおくと，$\angle FDB = 6a$

$\angle CDB = 90°$ より，$\angle CDF = 90° - 6a$ となるので，

$\triangle CDE$ で，$7a + (90° - 6a) = 94°$ より，$a = 4°$

よって，$\angle x = 7a = 28°$

また，接弦定理より，$\angle AFD = \angle FCD = 13a$ だから，$13a + \angle y = 94°$ より，$\angle y = 94° - 13 \times 4° = 42°$

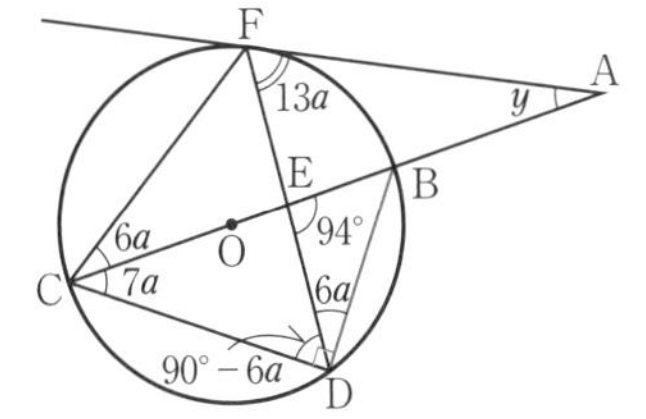

3 (1) $\widehat{AB} : \widehat{BC} : \widehat{CD} = 3 : 10 : 8$ より，

$\angle ADB = 3a$，

$\angle BDC = 10a$，

$\angle CBD = 8a$

とおくと，

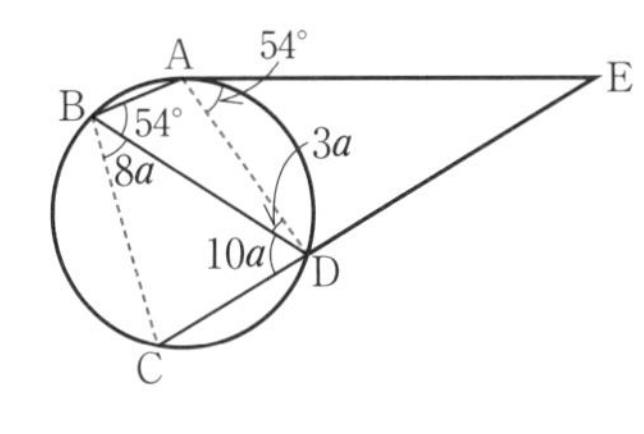

$\angle ABC$ と $\angle ADC$ の和が $180°$ であることから，

$54° + 8a + 3a + 10a = 180°$　$a = 6°$

よって，$\angle BDC = 10a = 60°$

(2) 接弦定理より，$\angle DAE = \angle ABD = 54°$，

$\angle ADE = 180° - \angle ADC = 180° - 78° = 102°$

だから，$\angle AED = 180° - (54° + 102°) = 24°$

4 $\triangle OCD$ が正三角形になるので，$\angle DOC = 60°$ より，

$\angle DBC = 60° \div 2 = 30°$

また，$\angle AED + \angle ABD = 180°$ だから，

$\angle ABD = 180° - 115° = 65°$

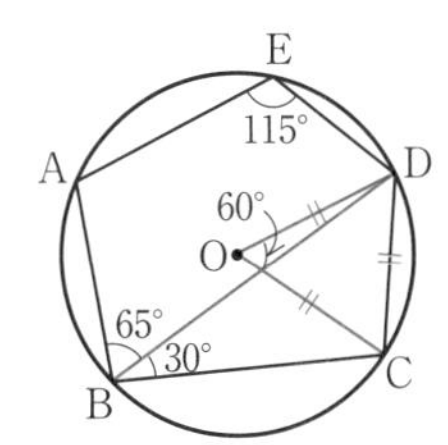

よって，$\angle x = 30° + 65° = 95°$

5 $\widehat{AB} : \widehat{BC} = 3 : 2$ で，$\angle ACB = 72°$ だから，

$\angle BAC = 72° \times \frac{2}{3} = 48°$

よって，$\angle ABC = 180° - (72° + 48°) = 60°$

ここで，CとFを結ぶと，四角形ABCFは円に内接しているから，$\angle CFE = 60°$

四角形CDEFも円に内接しているから，

$\angle x = 180° - 60° = 120°$

21 円周角の定理の利用

Step A 解答　本冊▶p.106〜p.107

1 (1) $\triangle PAB$ と $\triangle PCD$ において，

対頂角は等しいから，

$\angle APB = \angle CPD$ ……①

$\widehat{BD}$ に対する円周角だから，

$\angle PAB = \angle PCD$ ……②

①，②より，2組の角がそれぞれ等しいから，

$\triangle PAB \backsim \triangle PCD$

(2) $\frac{21}{2}$ cm

2 (1) $\triangle ACD$ と $\triangle BCE$ において，

$\widehat{CD}$ に対する円周角だから，

$\angle CAD = \angle CBE$ ……①

$AD = AB$ だから，$\widehat{AD} = \widehat{AB}$ より，円周角が等しいから，$\angle ACD = \angle BCE$ ……②

①，②より，2組の角がそれぞれ等しいから，

$\triangle ACD \backsim \triangle BCE$

(2) $AC = 9$，$BE = \sqrt{7}$

3 (1) $\triangle ABE$ と $\triangle BDE$ において，

共通な角だから，$\angle BEA = \angle DEB$ ……①

仮定より，$\angle BAE = \angle EAC$

$\widehat{EC}$ に対する円周角だから，

$\angle DBE = \angle EAC$

よって，$\angle BAE = \angle DBE$ ……②

①，②より，2組の角がそれぞれ等しいから，

$\triangle ABE \backsim \triangle BDE$

(2) 5cm

4 (1) $\triangle PAB$ と $\triangle PCD$ において，

共通な角だから，$\angle APB = \angle CPD$ ……①

四角形ABCDは円に内接しているから，

$\angle PAB = \angle PCD$ ……②

①，②より，2組の角がそれぞれ等しいから，

$\triangle PAB \backsim \triangle PCD$

(2) 1cm　(3) 5cm

5 (1) AとE，EとCを結ぶ。

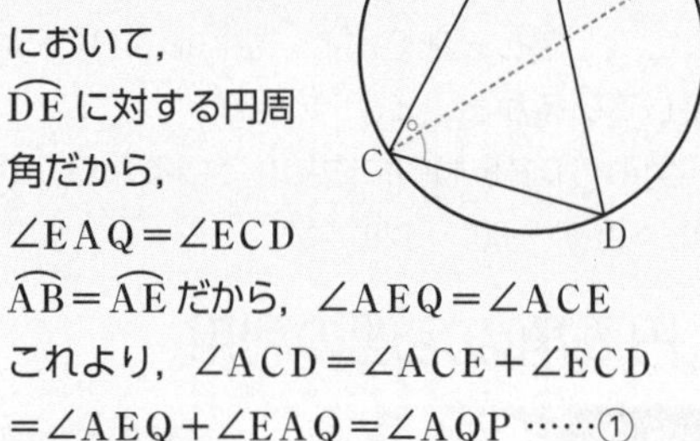

△ACDと△AQPにおいて，

$\overset{\frown}{DE}$に対する円周角だから，

∠EAQ＝∠ECD

$\overset{\frown}{AB}=\overset{\frown}{AE}$だから，∠AEQ＝∠ACE

これより，∠ACD＝∠ACE＋∠ECD

＝∠AEQ＋∠EAQ＝∠AQP ……①

また，共通な角だから，

∠CAD＝∠QAP ……②

①，②より，2組の角がそれぞれ等しいから，

△ACD∽△AQP

(2) ∠PCD＝∠AQPだから，四角形PCDQは円に内接する。よって，$\overset{\frown}{PC}$に対する円周角は等しいから，∠PDC＝∠PQC

解き方

1 (2) △PAB∽△PCDより，PA：PC＝PB：PD

4：6＝7：PD　4PD＝42　PD$=\frac{21}{2}$(cm)

2 (2) △ACD∽△BCEより，AC：BC＝CD：CE

AC：3＝6：2＝3：1　AC＝9

次に，CEは∠BCDの二等分線になっているので，BE：DE＝CB：CD＝3：6＝1：2であるから，BE＝x，DE＝$2x$とおくと，

△BEC∽△AEDより，BE：AE＝EC：ED

x：(9－2)＝2：$2x$＝1：x　$x^2=7$

よって，BE＝$x=\sqrt{7}$

> **ここに注意**　円の中に二等辺三角形があれば相似な三角形がいくつもできる。2組以上の相似比をうまく使っていこう。

3 (2) △ABE∽△BDEより，AB：BD＝BE：DE

12：8＝6：DE　12DE＝48　DE＝4(cm)

また，AB：BD＝AE：BEより，

12：8＝AE：6　8AE＝72　AE＝9(cm)

よって，AD＝AE－DE＝9－4＝5(cm)

4 (2) △PAB∽△PCDより，PA：PC＝PB：PD

PA：6＝(6＋6)：8＝3：2　2PA＝18

PA＝9(cm)

よって，AD＝PA－PD＝9－8＝1(cm)

(3) △AED∽△BECより，AE：BE＝ED：EC

AE＝$x$cm，CE＝$(11-x)$cmとおくと，

x：10＝3：$(11-x)$　$x(11-x)=30$

$x^2-11x+30=0$　$(x-5)(x-6)=0$

AE＜CEより，$x<5.5$だから，$x=5$

Step B　解答

本冊▶p.108～p.109

1 (1) △ABEと△ADBにおいて，

共通な角だから，∠BAE＝∠DAB ……①

AB＝ACだから，$\overset{\frown}{AB}=\overset{\frown}{AC}$より，

∠ACB＝∠ABD

$\overset{\frown}{AB}$に対する円周角だから，

∠ACB＝∠AEB

よって，∠AEB＝∠ABD ……②

①，②より，2組の角がそれぞれ等しいから，

△ABE∽△ADB

(2) 6　(3) 4

2 (1) 3　(2) 12　(3) 2

3 (1) △ABCと△ACFにおいて，

共通な角だから，∠CAB＝∠FAC ……①

$\overset{\frown}{AB}=\overset{\frown}{AE}$より，∠ACB＝∠ABE

BE∥FDより，∠ABE＝∠AFC

よって，∠ACB＝∠AFC ……②

①，②より，2組の角がそれぞれ等しいから，

△ABC∽△ACF

(2) ① $\frac{9}{2}$cm　② $S:T=36:49$

4 (1) △ABFと△ADBにおいて，

共通な角だから，∠BAF＝∠DAB ……①

AB＝ACだから，∠ABF＝∠ACB

$\overset{\frown}{AB}$に対する円周角だから，

∠ACB＝∠ADB

よって，∠ABF＝∠ADB ……②

①，②より，2組の角がそれぞれ等しいから，

△ABF∽△ADB

対応する辺の比をとって，

AB：AD＝AF：AB

これより，$AB^2=AD\times AF$

(2) (1)と同様にして，$AC^2=AE\times AG$

ここで，AB＝ACだから，$AB^2=AC^2$

よって，AD×AF＝AE×AG

このことから，AD：AE＝AG：AF ……③

△ADGと△AEFにおいて，

共通な角だから，∠DAG＝∠EAF ……④
③，④より，2組の辺の比とその間の角がそれぞれ等しいことがいえるから，
△ADG∽△AEF

解き方

1 (2) △ABE∽△ADBより，AB：AD＝AE：AB
$AB:6\sqrt{2}=3\sqrt{2}:AB$　$AB^2=36$　AB＝6

(3) △DAB∽△DCEであるから，
DA：DC＝DB：DE
DC＝xとおくと，$6\sqrt{2}:x=(x+5):3\sqrt{2}$
$x(x+5)=36$　$x^2+5x-36=0$　$(x+9)(x-4)=0$
よって，DC＝x＝4

2 (1) ADは∠BACの二等分線だから，
BD：CD＝AB：AC＝6：8＝3：4
BC＝7だから，$BD=7\times\frac{3}{7}=3$

(2) △ABD∽△CEDより，DB：DE＝AD：CD
3：DE＝AD：4　AD×DE＝3×4＝12

(3) AD＝x，DE＝yとおく。
△ABD∽△AECより，
AB：AE＝AD：AC
$6:(x+y)=x:8$
$x^2+xy=48$
ここで(2)より，
AD×DE＝xy＝12であるから，これを代入すると，
$x^2+12=48$　$x^2=36$　$x=6$
このとき，DE＝y＝12÷x＝2

3 (2) ①(1)より，AB：AC＝AC：AF
AB:6＝6:8＝3:4　4AB＝18　$AB=\frac{9}{2}$(cm)

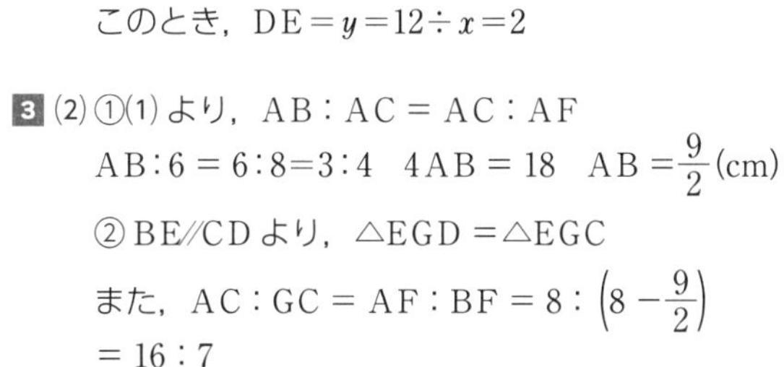

② BE∥CDより，△EGD＝△EGC
また，$AC:GC=AF:BF=8:\left(8-\frac{9}{2}\right)$
＝16：7
(1)より，BC：CF＝AC：AF＝6：8 ……㋐
ここで，△AGB∽△EGC，
△AGB∽△ACFより，
△EGC∽△ACFだから，
$GC:CF=\left(6\times\frac{7}{16}\right):3=7:8$ ……㋑
㋐，㋑よりBC：GC＝6：7
△ABC∽△EGCで相似比はBC：GC＝6：7
だから，面積比は$6^2:7^2=36:49$

22 円と三平方の定理

Step A 解答　本冊▶p.110〜p.111

1 (1) $\sqrt{21}$　(2) $r=\sqrt{7}$　(3) $\frac{\sqrt{3}}{2}$　(4) $\frac{\sqrt{7}}{3}$

2 (1) 12　(2) $\frac{65}{4}$　(3) 4

3 (1) 12　(2) $5\sqrt{2}$

4 (1) $2\sqrt{2}$ cm　(2) $\frac{3\sqrt{2}}{4}$ cm　(3) $\frac{7\sqrt{2}}{8}$ cm²

5 $12\sqrt{3}$

解き方

1 (1) AからBCにひいた垂線をADとすると，
$CD:CA:AD=1:2:\sqrt{3}$で，AC＝4より，
CD＝2，$AD=2\sqrt{3}$
また，BD＝5−2＝3
よって，$AB=\sqrt{3^2+(2\sqrt{3})^2}=\sqrt{21}$

(2) △OABはOA＝OBの二等辺三角形であり，
∠AOB＝∠ACB×2＝120°だから，
$OA:AB=1:\sqrt{3}$である。$AB=\sqrt{21}$より，
$r=OA=\sqrt{21}\div\sqrt{3}=\sqrt{7}$

ここに注意　頂角が120°である二等辺三角形の辺の比は下の図のようになる。

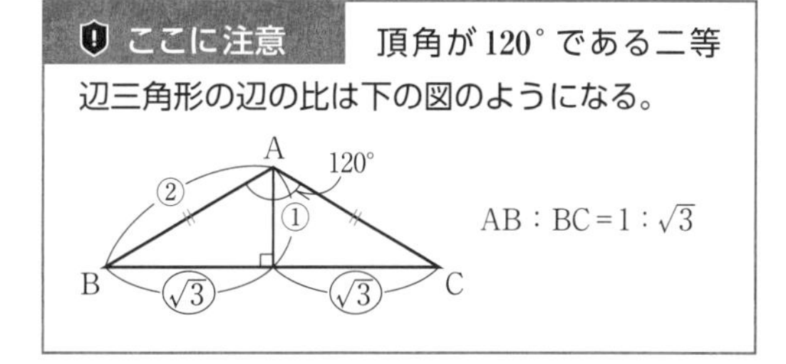

(3) Hは辺BCの中点になるから，$BH=\frac{5}{2}$
$OB=\sqrt{7}$だから，$OH=\sqrt{(\sqrt{7})^2-\left(\frac{5}{2}\right)^2}=\frac{\sqrt{3}}{2}$

(4) AD∥OHで，AD：OH
$=2\sqrt{3}:\frac{\sqrt{3}}{2}=4:1$
だから，
AO：OE＝3：1
$AO=\sqrt{7}$より，
$OE=\frac{\sqrt{7}}{3}$

2 (1) BD＝x，CD＝14−xとおくと，
$AB^2-BD^2=AC^2-CD^2(=AD^2)$より，
$13^2-x^2=15^2-(14-x)^2$
$169-x^2=225-196+28x-x^2$　$140=28x$　$x=5$
よって，$AD=\sqrt{13^2-5^2}=12$

(2) △ABD と△APC において，
$\overset{\frown}{AC}$ に対する円周角だから，
∠ABD＝∠APC ……①
仮定より，∠ADB＝90°
また，AP は円の直径だから，∠ACP＝90°
よって，∠ADB＝∠ACP ……②
①，②より，2 組の角がそれぞれ等しいから，
△ABD ∽△APC
よって，AB：AP＝AD：AC　13：AP＝12：15
＝4：5 より，$AP=\frac{65}{4}$

(3) △ABD ∽△CQD より，BD：QD＝AD：CD
5：QD＝12：9＝4：3　$QD=\frac{15}{4}$
よって，$AQ=12+\frac{15}{4}=\frac{63}{4}$
∠AQP＝90° だから，△AQP で，三平方の定理より，
$PQ=\sqrt{\left(\frac{65}{4}\right)^2-\left(\frac{63}{4}\right)^2}$
$=\frac{\sqrt{(65+63)\times(65-63)}}{4}=\frac{\sqrt{256}}{4}=\frac{16}{4}=4$

3 (1) △APB ∽△DPC より，AP：DP＝PB：PC
2：4＝6：PC　PC＝12

ここに注意
右の図で，
AP×BP＝CP×DP
これを方べきの定理という。
(1) に用いると，
2×PC＝6×4　PC＝12

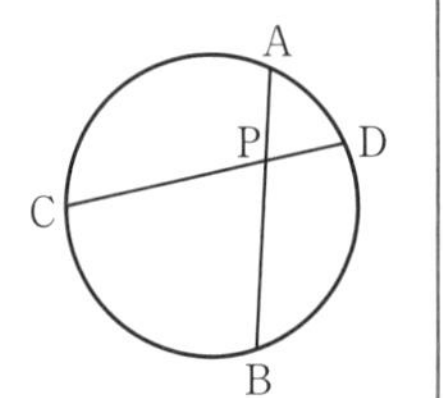

(2) O から弦 AC，BD にそれぞれ垂線 OH，OK をひくと，H，K はそれぞれ AC，BD の中点であるから，
CH＝(2＋12)÷2＝7，
BK＝(6＋4)÷2＝5
これより，OH＝KP＝6－5＝1
△OCH で，三平方の定理より，
$OC=\sqrt{7^2+1^2}=5\sqrt{2}$

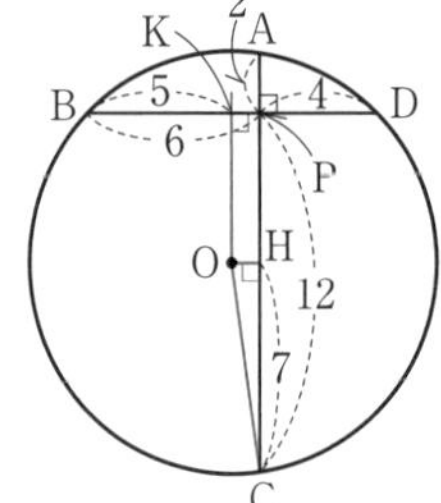

4 (1) ∠ADB＝90° より，△ADB で，三平方の定理より，$AD=\sqrt{3^2-1^2}=2\sqrt{2}$ (cm)

(2) △ADB と△BDE において，
共通な角だから，∠ADB＝∠BDE ……①
仮定より，∠DAB＝∠CAD
$\overset{\frown}{CD}$ に対する円周角だから，∠CAD＝∠DBE
よって，∠DAB＝∠DBE ……②
①，②より，2 組の角がそれぞれ等しいから，
△ADB ∽△BDE
よって，AD：BD＝AB：BE　$2\sqrt{2}$：1＝3：BE
$BE=\frac{3\sqrt{2}}{4}$ (cm)

(3) $\triangle ADB=1\times2\sqrt{2}\times\frac{1}{2}=\sqrt{2}$ (cm^2) で，△ADB と△BDE の相似比は AD：BD＝$2\sqrt{2}$：1 であるから，面積比は $(2\sqrt{2})^2:1^2=8:1$
よって，$\triangle BDE=\triangle ADB\times\frac{1}{8}=\frac{\sqrt{2}}{8}$ (cm^2) だから，△ABE＝△ADB－△BDE
$=\sqrt{2}-\frac{\sqrt{2}}{8}=\frac{7\sqrt{2}}{8}$ (cm^2)

5 ∠HCB ＝ 180° －(90° ＋ 60°) ＝ 30° だから，
∠DOB ＝ 2∠HCB ＝ 60°
$\overset{\frown}{AB}=\overset{\frown}{BD}$ より，∠BCA ＝∠DCB ＝ 30° だから，
∠BOA ＝ 2∠BCA ＝ 60°
∠COD ＝ 180° －60° × 2 ＝ 60°

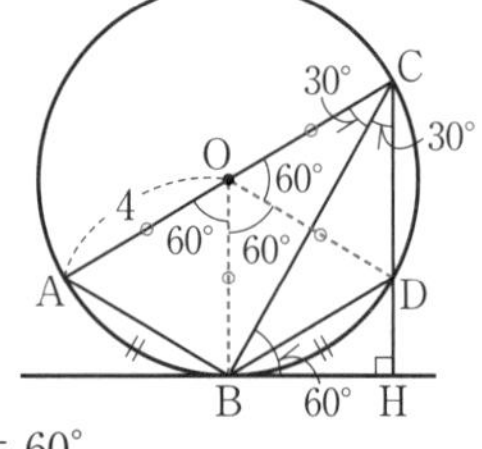

よって，四角形 ABDC は正三角形 3 つ分だから，
求める面積は，円 O の半径 OA ＝8÷2＝4 より，
$\frac{\sqrt{3}}{4}\times4^2\times3=12\sqrt{3}$

Step B　解答
本冊▶p.112～p.113

1 **(1) △AEC と△FBC において，**
$\overset{\frown}{AC}$ に対する円周角だから，
∠AEC＝∠FBC ……①
$\overset{\frown}{EC}$ に対する円周角だから，
∠CAE＝∠CDE
AB∥DE より，同位角が等しいから，
∠CDE＝∠CFB
よって，∠CAE＝∠CFB ……②
①，②より，2 組の角がそれぞれ等しいから，
△AEC ∽△FBC

(2) $\frac{72}{13}$ cm

2 **(1) △BCD と△AFC において，**
$\overset{\frown}{CD}$ に対する円周角だから，
∠CBD＝∠FAC ……①
BD は円の直径だから，∠BCD＝90°

仮定より，$\angle AFC=90°$

よって，$\angle BCD=\angle AFC$ ……②

①, ②より, 2 組の角がそれぞれ等しいから,

$\triangle BCD \backsim \triangle AFC$

(2) ① $2\sqrt{7}$ cm　② $\dfrac{\sqrt{3}}{6}$ cm^2

3 (1) 3　(2) 8　(3) $\dfrac{7\sqrt{15}}{4}$

4 (1) $\dfrac{10}{3}$　(2) $2\sqrt{13}$　(3) $\dfrac{20}{3}$

5 $\sqrt{2}+\sqrt{6}$

解き方

1 (2) 右の図のように，C から AB に垂線 CH をひく。

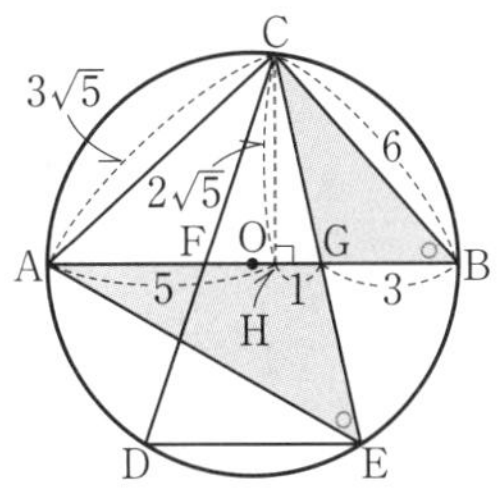

$AC=\sqrt{9^2-6^2}$

$=3\sqrt{5}$ (cm)

$\triangle CAH \backsim \triangle BCH$

だから，

$AH:BH=\triangle CAH:\triangle BCH=CA^2:CB^2$

$=45:36=5:4$ より，$AH=5$cm，$BH=4$cm

よって，$HG=1$cm，$CH=\sqrt{6^2-4^2}=2\sqrt{5}$ (cm)

となり，$CG=\sqrt{(2\sqrt{5})^2+1^2}=\sqrt{21}$ (cm)

ここで，$\triangle CGB \backsim \triangle AGE$ だから，

$CG:AG=CB:AE=GB:GE$,

$\sqrt{21}:6=6:AE$,　$\sqrt{21}:6=3:GE$

よって，$AE=\dfrac{36}{\sqrt{21}}$ (cm)，$GE=\dfrac{18}{\sqrt{21}}$ (cm)

さらに，$\triangle AEC \backsim \triangle FBC$ より，

$AE:FB=EC:BC$

$EC=CG+GE=\sqrt{21}+\dfrac{18}{\sqrt{21}}=\dfrac{39}{\sqrt{21}}$ (cm) より，

$\dfrac{36}{\sqrt{21}}:FB=\dfrac{39}{\sqrt{21}}:6$

したがって，$FB=6\times\dfrac{36}{\sqrt{21}}\div\dfrac{39}{\sqrt{21}}=\dfrac{72}{13}$ (cm)

別解 右の図のように，四角形 AHBC が長方形になるように点 H をとり，P，Q を定める。$AG:BG=6:3=2:1$ だから，

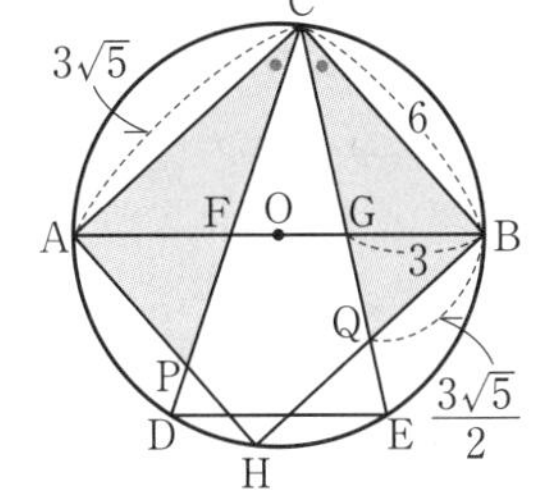

$AC:BQ=2:1$ となり，$BQ=\dfrac{3\sqrt{5}}{2}$ (cm)

$AB /\!/ DE$ より，$\overset{\frown}{AD}=\overset{\frown}{BE}$ となり，

$\angle ACD=\angle BCE$

よって，$\triangle CAP \backsim \triangle CBQ$ だから，

$CA:CB=AP:BQ$

$3\sqrt{5}:6=AP:\dfrac{3\sqrt{5}}{2}$　$AP=\dfrac{15}{4}$ (cm)

よって，$AF:BF=AP:BC=\dfrac{15}{4}:6=5:8$

したがって，$BF=9\times\dfrac{8}{13}=\dfrac{72}{13}$ (cm)

2 (2) ① $EF=\sqrt{(\sqrt{7})^2-(\sqrt{3})^2}=2$

$AF\times DF=CF\times EF$ より，

$2\sqrt{3}\times\sqrt{3}=CF\times 2$　$CF=3$ (cm)

O から AD，CE にそれぞれ垂線 OH，OK をひくと，H，K は AD，CE の中点だから，

$DH=\dfrac{3\sqrt{3}}{2}$ cm，$OH=KF=\dfrac{1}{2}$ cm となるので，

$OD=\sqrt{\left(\dfrac{3\sqrt{3}}{2}\right)^2+\left(\dfrac{1}{2}\right)^2}=\sqrt{7}$ (cm)

よって，$BD=2OD=2\sqrt{7}$ (cm)

② $\triangle DFG \backsim \triangle DHO$ で，相似比は，$DF:DH$

$=\sqrt{3}:\dfrac{3\sqrt{3}}{2}=2:3$ だから，面積比は $4:9$

$\triangle DHO$ の面積は，$\dfrac{3\sqrt{3}}{2}\times\dfrac{1}{2}\times\dfrac{1}{2}=\dfrac{3\sqrt{3}}{8}$ (cm^2)

だから，$\triangle DFG$ の面積は，

$\dfrac{3\sqrt{3}}{8}\times\dfrac{4}{9}=\dfrac{\sqrt{3}}{6}$ (cm^2)

3 (1) AD は $\angle BAC$ の二等分線だから，

$BD:CD=AB:AC=6:8=3:4$

$BC=7$ だから，$BD=7\times\dfrac{3}{7}=3$

(2) $AD=x$，$DE=y$ とおくと，

$AD\times DE=BD\times CD$ より，$xy=3\times4=12$ ……①

また，$\triangle ABD \backsim \triangle AEC$ より，

$AB:AE=AD:AC$

$6:(x+y)=x:8$　$x^2+xy=48$ ……②

①を②に代入すると，$x^2+12=48$　$x^2=36$

よって，$x=6$，$y=12\div6=2$ であるから，

$AE=x+y=6+2=8$

(3) $\triangle ABD$ において，A から BD に垂線 AH をひくと，

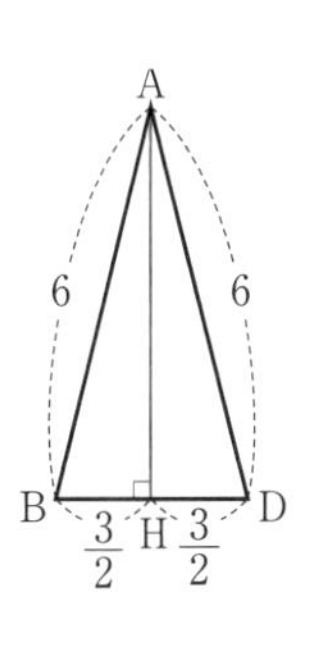

$AB=AD=6$ より，H は BD の中点になるから，$BH=\dfrac{3}{2}$

よって，

$AH=\sqrt{6^2-\left(\dfrac{3}{2}\right)^2}=\dfrac{3\sqrt{15}}{2}$

だから，

$\triangle$ABC の面積は，$7\times\dfrac{3\sqrt{15}}{2}\times\dfrac{1}{2}=\dfrac{21\sqrt{15}}{4}$

AD：DE＝3：1 より，$\triangle$BEC の面積は

$\triangle$ABC の面積の $\dfrac{1}{3}$ だから，$\dfrac{21\sqrt{15}}{4}\times\dfrac{1}{3}$

$=\dfrac{7\sqrt{15}}{4}$

4 (1) $\triangle$EAD で三平方の定理より，

$AE=\sqrt{(2\sqrt{13})^2+(3\sqrt{13})^2}=13$

CE＝8 だから，AC＝13－8＝5

$\triangle ADE \backsim \triangle ACF$ より，AD：AC＝DE：CF

$3\sqrt{13}:5=2\sqrt{13}:CF$　$CF=\dfrac{10}{3}$

(2) $AF=\sqrt{5^2+\left(\dfrac{10}{3}\right)^2}=\dfrac{5\sqrt{13}}{3}$ だから，

$DF=3\sqrt{13}-\dfrac{5\sqrt{13}}{3}=\dfrac{4\sqrt{13}}{3}$

CF×BF＝AF×DF より，

$\dfrac{10}{3}\times BF=\dfrac{5\sqrt{13}}{3}\times\dfrac{4\sqrt{13}}{3}$　$BF=\dfrac{26}{3}$

よって，$BC=\dfrac{10}{3}+\dfrac{26}{3}=12$ となり，AC＝5 だから，$AB=\sqrt{5^2+12^2}=13$

ここで，$\triangle EAB \backsim \triangle EDC$ であるから，

EA：ED＝AB：DC　$13:2\sqrt{13}=13:DC$

$DC=2\sqrt{13}$

(3) $\triangle$CAF の面積は $\dfrac{10}{3}\times5\times\dfrac{1}{2}=\dfrac{25}{3}$

$AF:FD=\dfrac{5\sqrt{13}}{3}:\dfrac{4\sqrt{13}}{3}=5:4$ だから，

$\triangle$CFD の面積は，$\dfrac{25}{3}\times\dfrac{4}{5}=\dfrac{20}{3}$

5 O と A，O と B を結び，OA と BC の交点を F とすると，AB＝AC より，F は BC の中点で，OA と BC は垂直になる。

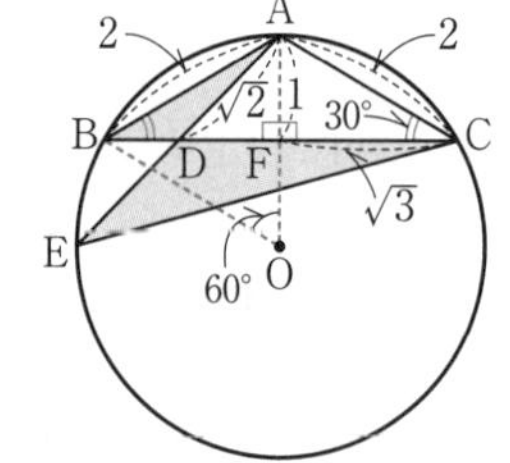

また，OA＝OB＝AB＝2 だから，$\triangle$OAB は正三角形で，∠AOB＝60° だから，∠ACB＝30°

よって，AC＝2 より，AF＝1，$CF=\sqrt{3}$ とわかる。

さらに，直角三角形 ADF において，三平方の定理より，$DF=\sqrt{(\sqrt{2})^2-1^2}=1$

$\triangle ABD \backsim \triangle CED$ より，AB：CE＝AD：CD が成り立つので，$2:CE=\sqrt{2}:(1+\sqrt{3})$

$CE=\dfrac{2(1+\sqrt{3})}{\sqrt{2}}=\sqrt{2}+\sqrt{6}$

Step C 解答

本冊▶p.114～p.115

1 (1) 64°　(2) 97°　(3) 49°

2 (1) $8\sqrt{2}$　(2) $\sqrt{2}$　(3) $\dfrac{28}{3}$　(4) $\dfrac{16\sqrt{2}}{3}$

3 (1) $\triangle$DAC と $\triangle$BCF において，

$\overset{\frown}{AC}$ に対する円周角だから，

∠ADC＝∠CBF ……①

$\overset{\frown}{AD}$ に対する円周角だから，

∠DCA＝∠DBA ……②

また，仮定より CH ⊥ AD であり，AB は円の直径だから BD ⊥ AD より，CH∥BD

よって，平行線の錯角は等しいから，

∠BFC＝∠DBA ……③

②，③より，∠DCA＝∠BFC ……④

①，④より，2 組の角がそれぞれ等しいから，

$\triangle DAC \backsim \triangle BCF$

(2) ① $2\sqrt{7}$　② 4　③ $\dfrac{48\sqrt{3}}{11}$

4 (1) 12　(2) $4+4\sqrt{10}$　(3) $\dfrac{18\sqrt{10}}{5}$　(4) $\dfrac{20\sqrt{10}-36}{13}$

5 (1) $\dfrac{5}{2}$　(2) $\dfrac{13}{4}$　(3) $\dfrac{81}{4}\pi\text{cm}^2$

解き方

1 (1) 右の図で，∠y＝52°÷2＝26°

よって，

∠x＝180°－(90°＋26°)

＝64°

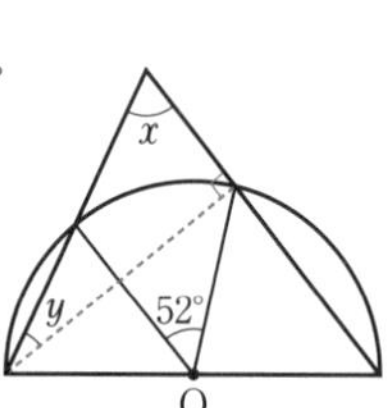

(2) 右の図で，

∠y＝180°－130°＝50°

∠z＝180°－133°＝47°

∠x＝50°＋47°＝97°

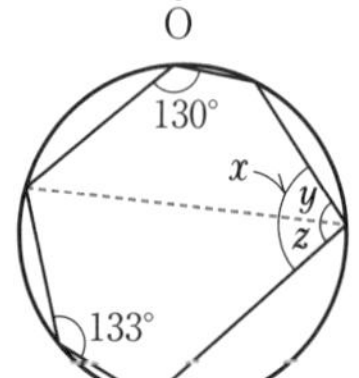

(3) 右の図で，∠y＝∠x，

∠z＝∠x＋30°

よって，

∠x＋(∠x＋30°)＋52°＝180°

これより，∠x＝49°

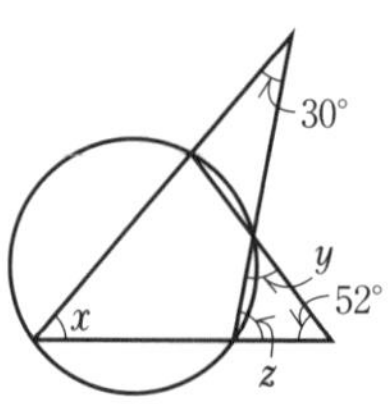

2 (1) $\sqrt{12^2-4^2}=8\sqrt{2}$

(2) $\triangle ADB \backsim \triangle EDA$ より，DA：DE＝DB：DA

$4:DE=8\sqrt{2}:4=2\sqrt{2}:1$　$DE=\sqrt{2}$

(3) $BD=8\sqrt{2}$，$DE=\sqrt{2}$ より，$EB=7\sqrt{2}$

$\triangle ADB \backsim \triangle ECB$ だから，AB：EB＝BD：BC

$12:7\sqrt{2}=8\sqrt{2}:BC$　$12BC=112$　$BC=\dfrac{28}{3}$

(4) $\sqrt{12^2-\left(\dfrac{28}{3}\right)^2}=\dfrac{16\sqrt{2}}{3}$

3 (2) ① HF∥DB で，AH：HD＝1：2 だから，

AF：FB＝1：2

よって，$FB=AB\times\dfrac{2}{3}=3\sqrt{7}\times\dfrac{2}{3}=2\sqrt{7}$

② AH＝a とおくと，

HD＝$2a$

また，∠DAC＝60°より，AC＝$2a$，

HC＝$\sqrt{3}a$ となる。

△CHD で，三平方の定理より，CD＝$\sqrt{7}a$

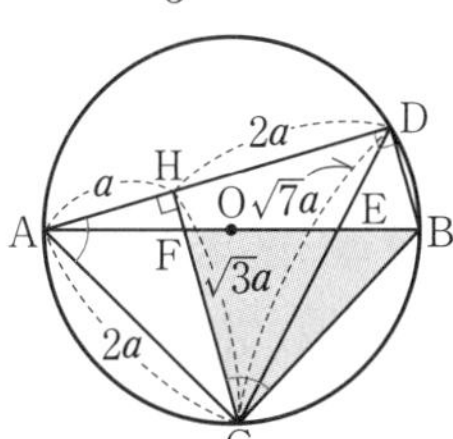

よって，△DAC において，DA：AC：CD＝$3a:2a:\sqrt{7}a=3:2:\sqrt{7}$ であることがわかり，△DAC∽△BCF であるから，△BCF においても BC：CF：FB＝$3:2:\sqrt{7}$

FB＝$2\sqrt{7}$ だから，$CF=2\sqrt{7}\times\dfrac{2}{\sqrt{7}}=4$

③ $BC=FB\times\dfrac{3}{\sqrt{7}}=2\sqrt{7}\times\dfrac{3}{\sqrt{7}}=6$ だから，

△ABC で，三平方の定理より，

$AC=\sqrt{(3\sqrt{7})^2-6^2}=3\sqrt{3}$

よって，$CH=AC\times\dfrac{\sqrt{3}}{2}=3\sqrt{3}\times\dfrac{\sqrt{3}}{2}=\dfrac{9}{2}$，

$HF=\dfrac{9}{2}-4=\dfrac{1}{2}$，$DB=3HF=\dfrac{3}{2}$ とわかる。

また，FC∥BD より，

$FE:EB=FC:DB=4:\dfrac{3}{2}=8:3$

ここで，△BCF の面積は，右の図より，

$6\times2\sqrt{3}\times\dfrac{1}{2}=6\sqrt{3}$

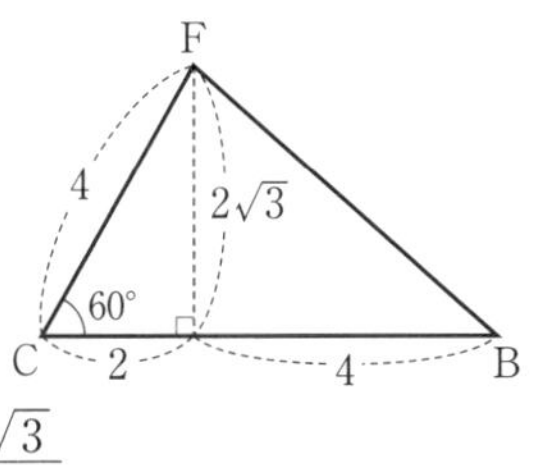

FE：EB＝8：3 より，

△CEF＝△BCF

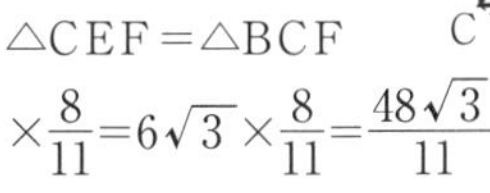

$\times\dfrac{8}{11}=6\sqrt{3}\times\dfrac{8}{11}=\dfrac{48\sqrt{3}}{11}$

4 (1) O と B を結ぶと OB⊥AB だから，三平方の定理より，$AB=\sqrt{13^2-5^2}=12$

(2) M は弦 PQ の中点だから，OM⊥AM

よって，△OAM で三平方の定理より，

$AM=\sqrt{13^2-3^2}=4\sqrt{10}$

また，△OQM で三平方の定理より，

$QM=\sqrt{5^2-3^2}=4$

$AQ=AM+QM=4\sqrt{10}+4$

(3) AO と BC の交点を H とすると，∠AHB＝90° だから，△AHB∽△ABO より，

AH：AB＝AB：AO

AH：12＝12：13　$AH=\dfrac{144}{13}$

また，△AHR∽△AMO より，

AH：AM＝AR：AO

$\dfrac{144}{13}:4\sqrt{10}=AR:13$　$AR=\dfrac{18\sqrt{10}}{5}$

(4) ∠ABO＝∠AMO＝∠ACO＝90° より，

5 点 A，B，M，O，C は AO を直径とする同じ円周上にある。

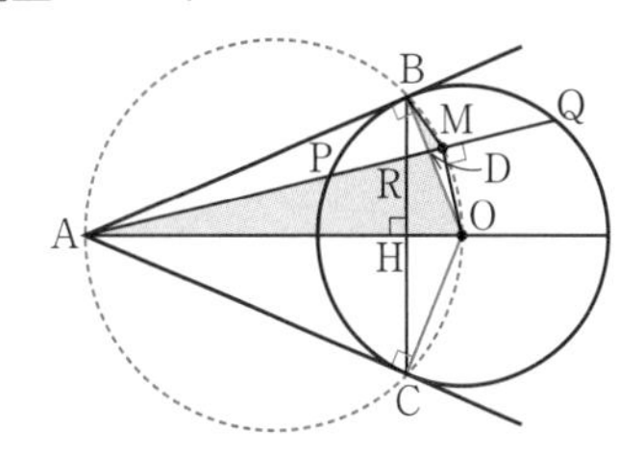

AM と OB の交点を D とすると，

△ABD∽△OMD であり，

AB＝12，OM＝3 だから，相似比は 12：3＝4：1

よって，BD：MD＝AD：OD＝4：1 だから，

BD＝$4x$，MD＝x，AD＝$4y$，OD＝y とおくと，

BO＝5 より，$4x+y=5$ ……①

AM＝$4\sqrt{10}$ より，$x+4y=4\sqrt{10}$ ……②

①，②を解くと，

$x=\dfrac{20-4\sqrt{10}}{15}$，$y=\dfrac{16\sqrt{10}-5}{15}$

△BMD∽△AOD より，

BM：AO＝MD：OD＝$x:y$ だから，

$BM=AO\times\dfrac{x}{y}=13\times\dfrac{20-4\sqrt{10}}{16\sqrt{10}-5}$

$=\dfrac{13(20-4\sqrt{10})(16\sqrt{10}+5)}{2535}$

$=\dfrac{13(300\sqrt{10}-540)}{2535}=\dfrac{60(5\sqrt{10}-9)}{195}$

$=\dfrac{4(5\sqrt{10}-9)}{13}=\dfrac{20\sqrt{10}-36}{13}$

5 (1) 円の中心 A，B を結ぶ直線 AB は直線②と垂直である。直線②の傾きが $\dfrac{4}{3}$ だから，直線 AB の傾きは $-\dfrac{3}{4}$

A の x 座標が -4 のとき，A の座標は $(-4,\ 8)$ だから，直線 AB の式は $y=-\dfrac{3}{4}x+5$

よって，この直線と放物線 $y=\dfrac{1}{2}x^2$ との交点のうち，A ともう 1 つの点が B であるから，

$\frac{1}{2}x^2=-\frac{3}{4}x+5$ より，$2x^2+3x-20=0$

$x=\frac{-3\pm\sqrt{3^2-4\times2\times(-20)}}{2\times2}=\frac{-3\pm\sqrt{169}}{4}$

$=\frac{-3\pm13}{4}\quad x=-4,\ \frac{5}{2}$

これより，B の x 座標は $\frac{5}{2}$ である。

ここに注意　2 つの直線が垂直に交わるとき，その直線の傾きの積は -1 になる。

(2) 直線 AB の傾きが $-\frac{3}{4}$ であることから，右の図において，AC：BC：AB＝3：4：5 とわかる。

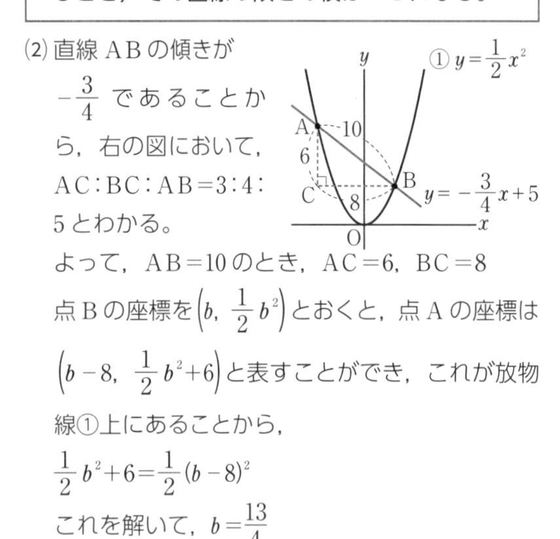

よって，AB＝10 のとき，AC＝6，BC＝8

点 B の座標を $\left(b,\ \frac{1}{2}b^2\right)$ とおくと，点 A の座標は $\left(b-8,\ \frac{1}{2}b^2+6\right)$ と表すことができ，これが放物線①上にあることから，

$\frac{1}{2}b^2+6=\frac{1}{2}(b-8)^2$

これを解いて，$b=\frac{13}{4}$

(3) B を中心とする円が x 軸にも接するのは，下の図のように，点 B が直線②と x 軸がつくる角の二等分線上にあるときである。

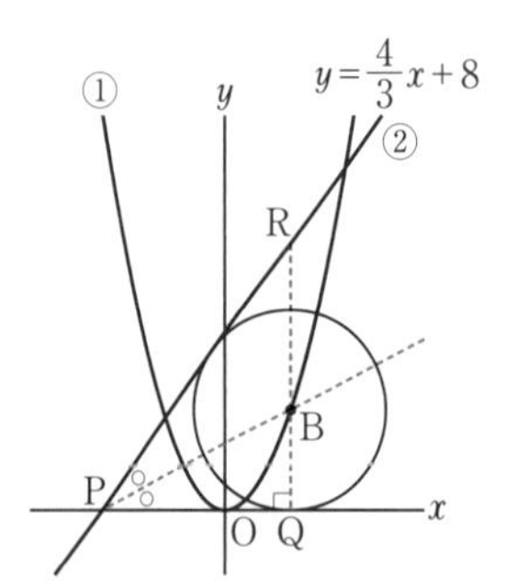

ここで，PQ：QR：RP＝3：4：5 であるから，

PQ＝$3a$，QR＝$4a$，RP＝$5a$ とおくと，

QB：RB＝PQ：PR＝3：5 より，

QB＝QR$\times\frac{3}{8}=4a\times\frac{3}{8}=\frac{3}{2}a$ となるので，

PQ：QB＝$3a$：$\frac{3}{2}a$＝2：1

よって，直線 PB の傾きは $\frac{1}{2}$ とわかる。

点 P は直線②と x 軸との交点だから，その座標は P$(-6,\ 0)$ とわかるので，角の二等分線の式は $y=\frac{1}{2}x+3$

これと放物線①との交点のうち，x 座標が正である点が B であるから，$x^2-x-6=0$ の解より，

B の座標は $\left(3,\ \frac{9}{2}\right)$

これより，求める円の半径は $\frac{9}{2}$ cm とわかるので，その面積は $\frac{81}{4}\pi\text{cm}^2$ である。

23 標本調査

Step A　解答　本冊▶p.116〜p.117

1 (1) およそ 300 個　(2) およそ 130 頭
(3) およそ 700 人

2 例 度数分布表から，標本における睡眠時間 7 時間未満の生徒の割合を求め，それを母集団全体の割合であると推定する。
推定した人数…70 人

3 (1) 43　(2) 61g
(3) ウ，例 卵の総数に対する L 区分の個数の割合は，階級 64 〜 70g の相対度数に等しいと推測できる。

解き方

1 (1) 56 個の標本の中に 35 個の黒玉がふくまれていたので，母集団においてもその割合は $\frac{35}{56}=\frac{5}{8}$ と推測できる。よって，箱の中の黒玉の数は，

$480\times\frac{5}{8}=300$（個）と推測できる。

(2) 捕獲した 40 頭のうち，印のついたカモシカが 12 頭いたことから，標本のうち $\frac{12}{40}=\frac{3}{10}$ に印がついていたことになる。よって，母集団全体の $\frac{3}{10}$ のカモシカに印がついていると推測できるから，母集団全体を x 頭とすると，

$x\times\frac{3}{10}=40$ より，$x=40\div\frac{3}{10}=133.33\cdots$

十の位までの概数にすると，130 頭になる。

(3) 200 人の標本において，その 30％が中学生であることから，母集団全体の 2315 人においてもその 30％が中学生であると推測できる。

よって，$2315\times0.3=694.5$ より，十の位を四捨五入すると 700 人と考えられる。

2 睡眠時間 7 時間未満の生徒の数は $1+5+10=16$

(人)とわかるから，その割合は $16\div40=0.4$ である。
よって，$175\times0.4=70$(人)

3 (1) 階級値は階級の中央の値であるから，
$(40+46)\div2=43$

(2) 度数が最も大きい階級はM区分の58g～64gであるから，階級値で答えて，最頻値は61g

総合実力テスト

解答 本冊▶p.118～p.120

1 (1) $(x-3)(y+2)(y-2)$ (2) $x=3,\ y=-1$
(3) 16 (4) $n=96$

2 (1) 3 (2) $\frac{1+\sqrt{2}}{2}$ (3) $\frac{1+\sqrt{5}}{2}$

3 (1) 62万円 (2) 30g

4 (1) 75° (2) $4\sqrt{2}$ (3) $2\sqrt{2}+2\sqrt{6}$
(4) $12+8\sqrt{3}$

5 (1) $32\sqrt{5}$ (2) 144 (3) $2\sqrt{17}$

6 (1) $24\sqrt{3}\ \mathrm{cm}^3$ (2) $2\sqrt{7}$ cm (3) $5\sqrt{3}\ \mathrm{cm}^2$
(4) $\frac{12}{5}$ cm

解き方

1 (1) $(x-3)y^2+4(3-x)=(x-3)y^2-4(x-3)$
$=(x-3)(y^2-4)=(x-3)(y+2)(y-2)$

(2) $x+y-2=0$ より，$y=2-x$
これを，$x^2+3y^2+12y=0$ に代入すると，
$x^2+3(2-x)^2+12(2-x)=0$
$4x^2-24x+36=0 \quad x^2-6x+9=0$
$(x-3)^2=0 \quad x=3$
$y=2-x=2-3=-1$

(3) $\frac{12}{\sqrt{6}}-\frac{(\sqrt{3}-5)(5+\sqrt{3})}{2}+(\sqrt{3}-\sqrt{2})^2$
$=2\sqrt{6}-\frac{(3-25)}{2}+(5-2\sqrt{6})$
$=2\sqrt{6}+11+5-2\sqrt{6}=16$

(4) $\sqrt{24n}=2\sqrt{6n}$ より，これが整数となる n は，6×(平方数)の形で表される整数である。
また，$\sqrt{24n}<60$ より，$24n<3600 \quad n<150$ とわかる。
よって，最大の整数 n は，$n=6\times4^2=96$

2 (1) 点A$(-1,\ 1)$で，直線ABの傾きが1だから，
直線ABの式は $y=x+2$
これと，$y=x^2$ との連立方程式を解いて，
$x=-1,\ 2$ より，点Bの座標はB$(2,\ 4)$
直線ABと y 軸の交点をCとすると，C$(0,\ 2)$ より，
△AOB＝△AOC＋△BOC
$=2\times1\times\frac{1}{2}+2\times2\times\frac{1}{2}=3$

(2) 点A，点Bの x 座標をそれぞれ a，b とすると，
A$(a,\ a^2)$，B$(b,\ b^2)$
AB＝2のとき，点Aと点Bの x 座標の差は
$2\times\frac{1}{\sqrt{2}}=\sqrt{2}$ になるから，$b-a=\sqrt{2}$ ……①
また，直線ABの傾きは1だから，
$\frac{b^2-a^2}{b-a}=\frac{(b+a)(b-a)}{b-a}=b+a=1$ ……②
①，②より，$b=\frac{1+\sqrt{2}}{2}$

(3) 点A，点Bの x 座標をそれぞれ a，b とすると，
直線OAの傾きは $\frac{0-a^2}{0-a}=a$，直線OBの傾きは $\frac{b^2-0}{b-0}=b$ となり，OA⊥OBより，$ab=-1$
また，直線ABの傾きは1だから，$a+b=1$ より，
$a=1-b$ だから，$ab=-1$ に代入すると，
$(1-b)b=-1 \quad b^2-b-1=0$
$b>0$ だから，$b=\frac{1+\sqrt{5}}{2}$

3 (1) 宝石の価格は重さの2乗に比例するから，重さが k 倍になると価格は k^2 倍になる。よって，重さが2：3：5に分かれた3つの宝石の価格はそれぞれ100万円の $\left(\frac{2}{2+3+5}\right)^2=\frac{4}{100}$(倍)，
$\frac{9}{100}$ 倍，$\frac{25}{100}$ 倍になるから，4万円，9万円，25万円である。
したがって，$100-(4+9+25)=62$(万円)安くなったことになる。

(2) はじめに捨てた食塩水の量を x g とすると，x g の食塩水を捨てて同量の水を補うことによって，
食塩水の濃度はもとの $\frac{20-0.2x}{20}=\frac{100-x}{100}$ (倍)
になり，このあと，$2x$ g の食塩水を捨てて同量の水を補うことによって，食塩水の濃度はもとの $\frac{100-2x}{100}$ 倍になることから，
$20\times\frac{100-x}{100}\times\frac{100-2x}{100}=5.6$
が成り立つ。これを整理すると，
$x^2-150x+3600=0 \quad (x-30)(x-120)=0$
$x=30,\ 120$
ここで，$2x\leqq100$ だから，$x\leqq50$
よって，$x=30$

4 (1) $180^\circ \times \dfrac{5}{5+3+4} = 75^\circ$

(2) $\angle ABC = 180^\circ \times \dfrac{3}{5+3+4} = 45^\circ$,

$\angle ACB = 180^\circ \times \dfrac{4}{5+3+4} = 60^\circ$ とわかるので，

$\angle AOC = 2\angle ABC = 90^\circ$ である。

よって，$OA : AC = 1 : \sqrt{2}$ となり，$OA = 4$ であるから，$AC = 4\sqrt{2}$

(3) A から CD に垂線 AH をひくと，$\angle ACH = 30^\circ$，$\angle ADH = \angle ABC = 45^\circ$。

よって，$AC = 4\sqrt{2}$ より，$AH = \dfrac{1}{2}AC = 2\sqrt{2}$，

$CH = \sqrt{3}\,AH = 2\sqrt{6}$，$DH = AH = 2\sqrt{2}$ とわかるので，$CD = DH + CH = 2\sqrt{2} + 2\sqrt{6}$

(4) $AD = AH \times \sqrt{2}$

$= 2\sqrt{2} \times \sqrt{2} = 4$

だから，A から BC に垂線 AF，D から AB に垂線 AG をひいて，右上の図のように直角三角形に分けて面積を計算すると，

$\triangle ABD + \triangle ABC$

$= 4\sqrt{3} \times 2 \times \dfrac{1}{2} + (2\sqrt{6} + 2\sqrt{2}) \times 2\sqrt{6} \times \dfrac{1}{2}$

$= 4\sqrt{3} + 12 + 4\sqrt{3} = 12 + 8\sqrt{3}$

5 (1) DA＝DB，M は AB の中点だから，△ADM は直角三角形になる。したがって，三平方の定理より，$DM = \sqrt{12^2 - 8^2} = 4\sqrt{5}$

よって，△ABD の面積は，

$16 \times 4\sqrt{5} \times \dfrac{1}{2} = 32\sqrt{5}$

(2) M は△ ABC に外接する円の中心になるから，AM－BM－CM である。これより，

$CM^2 + DM^2 = AM^2 + DM^2 = AD^2 = 12^2 = 144$

ここに注意

直角三角形 ABC で斜辺 BC の中点を M とすると BM＝AM＝CM（3 点 A，B，C は M を中心とする円周上の点で，AM はその半径になる。）

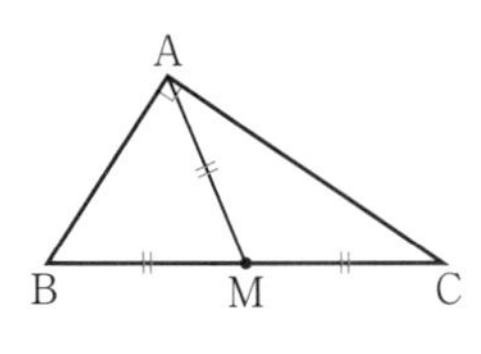

(3) △MCD で，中線定理より，

$CM^2 + DM^2 = 2(MN^2 + CN^2)$ が成り立つ。

よって，$144 = 2(MN^2 + 2^2)$　$MN^2 = 68$

$MN = 2\sqrt{17}$

6 (1) 正六角形 ABCDEF の面積は，1 辺が 2cm の正三角形の面積の 6 倍だから，$\dfrac{\sqrt{3}}{4} \times 2^2 \times 6$

$= 6\sqrt{3}$ (cm^2)

よって，体積は，$6\sqrt{3} \times 4 = 24\sqrt{3}$ (cm^3)

(2) DC＝DE，$\angle CDE = 120^\circ$ だから，

$CE = \sqrt{3}\,CD = 2\sqrt{3}$ (cm)

よって，$EI = \sqrt{CE^2 + CI^2} = \sqrt{(2\sqrt{3})^2 + 4^2}$

$= \sqrt{28} = 2\sqrt{7}$ (cm)

(3) △IEA は二等辺三角形で，$AE = CE = 2\sqrt{3}$ cm

I から AE に垂線 IN をひくと，

$IN = \sqrt{(2\sqrt{7})^2 - (\sqrt{3})^2} = 5$ (cm)

よって，面積は，$2\sqrt{3} \times 5 \times \dfrac{1}{2} = 5\sqrt{3}$ (cm^2)

(4) 四面体 ACEI で考えると，△ACE は 1 辺が $2\sqrt{3}$ cm の正三角形だから，

面積は $\dfrac{\sqrt{3}}{4} \times (2\sqrt{3})^2 = 3\sqrt{3}$ (cm^2)

これより，四面体 ACEI の体積は，

$3\sqrt{3} \times 4 \times \dfrac{1}{3} = 4\sqrt{3}$ (cm^3)

よって，$\triangle IEA \times CM \times \dfrac{1}{3} = 4\sqrt{3}$ が成り立つことから，$CM = 4\sqrt{3} \times 3 \div 5\sqrt{3} = \dfrac{12}{5}$ (cm)